普通高等院校建筑电气与智能化专业规划教材

综合布线技术与网络工程

杨国庆　主　编

张志钢　姚浩伟　副主编

U0279493

中国建材工业出版社

图书在版编目（CIP）数据

综合布线技术与网络工程/杨国庆主编. —北京：
中国建材工业出版社，2015.5（2023.1 重印）
普通高等院校建筑电气与智能化专业规划教材
ISBN 978-7-5160-1181-2

Ⅰ. ①综… Ⅱ. ①杨… Ⅲ. ①计算机网络-布线-高
等学校-教材 Ⅳ. ①TP393.03

中国版本图书馆 CIP 数据核字（2015）第 061026 号

内 容 简 介

本书主要针对现代建筑综合布线技术与网络工程的不断发展，将综合布线与网络工程、光纤配线、系统集成与管理相结合，将理论与实际设计和应用相结合、相渗透，同时结合相关工程设计标准和规范要求，突出实用性、系统性、相融性和工程性等特点。全书主要内容包括绪论、传输介质、综合布线系统、综合布线系统工程设计、综合布线系统测试与验收、网络规划与设计、网络工程系统集成、网络测试验收与管理维护、综合布线工程的招投标与合同管理以及工程实例等章节，具有一定的连贯性和针对性。

本书可作为高等院校建筑电气与智能化、电气自动化、电子工程、通信工程、网络工程、计算机技术等专业的教材或教学参考书，同时也可作为从事智能建筑以及相关工程领域技术人员的参考书和培训教材。

综合布线技术与网络工程

杨国庆　主编

张志钢　姚浩伟　副主编

出版发行：中国建材工业出版社

地　　址：北京市海淀区三里河路 11 号
邮　　编：100831
经　　销：全国各地新华书店
印　　刷：北京雁林吉兆印刷有限公司
开　　本：787mm×1092mm　　1/16
印　　张：18
字　　数：446 千字
版　　次：2015 年 5 月第 1 版
印　　次：2023 年 1 月第 3 次
定　　价：**48.00 元**

前　　言

目前，信息通信已经成为人类工作和生活中必不可少的组成部分，人们对信息的高速传输需求更高，对网络通信性能要求也越来越高，而综合布线系统和网络工程则是其中面向建筑物和建筑群的高速传输系统。其中网络工程是信息传输的重要基础，而综合布线系统则为构建通信网络的基础平台，在网络通信工程中具有很长的生命周期，其重要性越来越被人们所认识。同时为使网络工程向宽带化、数字化、智能化和模块化方向更好更快发展，需综合布线系统与网络工程两者有机结合，才能更好地满足网络工程灵活性及可扩展性等要求，更好地传输数据，同时也才能适应智慧城市、智能建筑及智能社区网络化建设的需要，更好地促进社会信息化建设的不断发展。同时，在倡导建立节能、环保型社会的前提之下，光纤配线系统、光纤通信传输网络作为今后发展的必然，将会逐渐覆盖并渗透到各个领域。

与此同时，随着网络技术、现代通信技术的快速发展，高效稳定的网络通信工程、良好的综合布线系统将带来信息传输的稳定性。在网络通信工程的常见故障中，有一部分主要来源于布线系统，同时综合布线系统的质量对提高网络通信性能起着举足轻重的作用。如何规划和设计综合布线系统、如何正确地进行布线和网络测试，都是十分重要的。目前由于对信息与通信业务的多样化及宽带的需求，数据与图像等信息种类越来越多，数量也越来越大，呈现出了指数型的增长，网络技术的发展给整个现代社会带来了重大变革，网络通信的应用已经深入社会生活中的每一个角落。综合布线系统与网络工程将进一步实现高速的数据传输，智能建筑、智能社区、智慧城市各智能化子系统必然走向网络化，综合布线系统的应用领域将进一步延伸和扩大，最终实现光纤到户（FTTH）、光纤到桌面（FTTO）。

本书在编写过程中，针对现代建筑综合布线系统与网络工程技术的快速发展，将综合布线与网络工程有机结合，将理论与实际设计相结合、相互渗透，同时结合相关工程设计标准和规范要求，突出先进性、实用性、系统性、相融性和工程性等特点。全书主要内容包括绪论、传输介质、综合布线系统、综合布线系统工程设计、综合布线系统测试与验收、网络规划与设计、网络工程系统集成、网络测试验收与管理维护、综合布线工程的招投标与合同管理及工程实例等章节，具有一定的连贯性和针对性，适应了电气自动化、通信、网络、计算机类等专业对此类教材的需求。同时本书也可作为从事智能建筑及相关工程领域技术人员的参考书和培训教材。

本书共分10章，全书由天津城建大学杨国庆、张志钢、刘云生、李振刚老师和郑州轻工业学院姚浩伟老师负责编写，其中第2、3、4章和附录由杨国庆编写，第5、9章由张志钢编写，第1、10章由姚浩伟编写，第6、8章由刘云生编写，第7章由李振刚编写；杨国庆老师负责全书统稿。在编写过程中，得到了陈建辉、陈冰、王哲、巴云飞、黄梦溪等同志的大力协助，在此一并表示衷心感谢。

由于编者水平有限，编写时间仓促，书中难免有错漏之处，恳请广大读者批评指正。

编者

2015 年 4 月

目　　录

第1章 绪 论

1.1 综合布线系统

1.1.1 综合布线系统概念

建筑物与建筑群综合布线系统（Generic Cabling System for Building and Campus）是建筑物或建筑群内的传输网络，是建筑物内的"信息高速路"。综合布线是指建筑物或建筑群内的线路布置标准化、简单化，是一套标准的集成化分布式布线系统。它使语音和数据通信设备、交换设备和其他信息管理系统彼此相连，又使这些设备与外界通信网络相连接。它包括建筑物到外部网络或电话局线路上的连接点与工作区的话音和数据终端之间的所有电缆及相关联的布线部件。

综合布线系统是智能化办公室建设数字化信息系统基础设施，是将所有语音、数据等系统进行统一的规划设计的结构化布线系统，为办公提供信息化、智能化的物质介质，支持将来语音、数据、图文、多媒体等综合应用。

1.1.2 综合布线系统的特点

相对于以往的布线系统，综合布线系统的特点可以概括为：

1. 实用性

综合布线系统将能够适应现代和未来通信技术的发展，并且实现语音、数据通信等信号的统一传输。

2. 灵活性

综合布线系统能满足各种应用的要求，即任一信息点能够连接不同类型的终端设备，如电话、计算机、打印机、电脑终端、电传真机、各种传感器件以及图像监控设备等。

3. 模块化

综合布线系统中除去固定于建筑物内的水平缆线外，其余所有的接插件都是基本式的标准件，可互连所有语音、数据、图像、网络和楼宇自动化设备，以方便使用、搬迁、更改、扩容和管理。

4. 扩展性

综合布线系统是可扩充的，以便将来有更大的用途时，很容易将新设备扩充进去。

5. 经济性

综合布线系统的采用可以使管理人员减少，同时，因为模块化的结构，大大降低了日后更改或搬迁系统时的工作难度和费用。

6. 通用性

综合布线系统对符合国际通信标准的各种计算机和网络拓扑结构均能适应，对不同传递速度的通信要求均能适应，可以支持和容纳多种计算机网络的运行。

7. 兼容性

综合布线系统是一套由共用配件所组成的全开放式配线系统。

8. 标准化

综合布线系统的系统平台、网络协议、网路技术和网络标准均遵循国际标准、国家标准或行业推荐标准。

9. 开放性

综合布线系统采用开放式体系结构，几乎对所有主流厂商的产品都是开放的，并支持所有的通信协议。

10. 重要性

（1）随着全球社会信息化与经济国际化的深入发展，信息网络系统变得越来越重要，已经成为一个国家最重要的基础设施，是一个国家经济实力的重要标志；

（2）网络布线是信息网络系统的"神经系"；

（3）网络系统规模越来越大，网络结构越来越复杂，网络功能越来越多，网络管理维护越来越困难，网络故障系统的影响也越来越大；

（4）网络布线系统关系到网络的性能、投资、使用和维护等诸多方面，是网络信息系统不可分割的重要组成部分；

（5）综合布线系统是智能化建筑连接"3A"系统的基础设施。

1.1.3 综合布线系统的系统构成

1. 综合布线系统的构成

综合布线系统是由若干功能的子系统构成。综合布线系统可分为建筑群子系统、垂直干线子系统、水平干线子系统、工作区子系统等 4 个子系统。除此之外，把综合布线系统的有关管理功能，列为管理，把放置配线设备、网络设备的地点和管理场所列为设备间，即在《综合布线系统工程设计规范》（GB 50311—2016）中把综合布线系统分为六个部分。

2. 综合布线的子系统

（1）建筑群子系统

两个以上的建筑物称为建筑群。建筑群子系统由连接各建筑物之间的布线线缆、建筑配线设备（CD）和跳线等组成。部件包括电缆、光缆和防止浪涌电压进入建筑物的电气保护设备。

（2）垂直干线子系统

垂直干线子系统是由设备间的建筑物配线设备（BD）和跳线以及设备间至各楼层交接的干线线缆组成，线缆一般为大对数双绞线或光缆。

（3）水平干线子系统

水平干线子系统是由楼层配线设备（FD）的配线线缆至信息插座、楼层配线设备和跳线等组成。

（4）工作区子系统

工作区是放置应用系统终端设备的地方。工作区是由信息插座延伸到终端设备的连接电缆和适配器组成。

（5）设备间子系统

设备间是在每一栋大楼的适当地点放置综合布线缆线和相关连接件及应用设备的场所，是设置电信设备、计算机网络设备以及建筑物配线设备，进行网络管理的场所。

（6）管理子系统

管理子系统是对设备间、交接间和工作区的配线设备、线缆、信息插座等设施，按一定的模式进行标识和记录。

1.1.4 综合布线系统设计标准规范

1. 综合布线系统的国际标准主要有

ANSI/EIA/TIA—569《商业大楼通信通路与空间标准》

ANSI/EIA/TIA—568—A《商业大楼通信布线标准》

ANSI/EIA/TIA—606《商业大楼通信基础设施管理标准》

ANSI/EIA/TIA—607《商业大楼通信布线接地与地线连接需求》

ANSI/TIA TSB—67《非屏蔽双绞线端到端系统性能测试》

EIA/TIA—570《住宅和 N 型商业电信布线标准》

ANSI/TIA TSB—72《集中式光纤布线指导原则》

ANSI/TIA TSB—75《开放型办公室新增水平布线应用方法》

ANSI/TIA/EIA—TSB—95《4 对 $100\Omega5$ 类线缆新增水平布线应用方法》

2. 综合布线系统的我国国家标准有

《综合布线系统工程设计规范》（GB 50311—2016）

《综合布线系统工程验收规范》（GB/T 50312—2016）

1.2 网络工程

1.2.1 网络工程概述

网络工程是一门按计划进行的以工程化的思想方法，研究网络系统的规划、分析、设计、开发、实现、应用、测评、维护、管理等的综合性工程科学。要求掌握网络工程的基本理论与方法以及计算机技术和网络技术等方面的知识，根据用户的需求和投资规模，合理选择网络设备和软件产品，通过集成设计、应用开发、安装调试等工作，建成具有良好的性能价格比的计算机网络系统的过程。

网络工程主要是指计算机网络系统。以分组交换技术为核心的计算机网络，自 20 世纪 70 年代以来得到了飞速发展，采用 TCP/IP 体系结构的 Internet 得到广泛运用。

1.2.2 网络工程的发展

因特网的基础结构大致历经了三个时期。第一个时期是从单个网络 ARPANET 向互联网发展的过程。第二个时期的特点是建成了三级结构的因特网。第三个时期的特点是逐渐形成了多层次 ISP 结构的因特网。

随着当代信息技术的发展，在科学技术的不断更新支持下，网络工程也有着日新月异的变化，网络工程的发展也呈上升趋势。在此形势下，促使了一批如阿里巴巴、百度和新浪等网络公司成为新型产业的代表。互联网的发展深刻改变着我们的生活和工作方式。

在今天，对计算机网络的研究迅速发展，特别是 Internet 在全世界的应用，对全世界的科学、经济、社会产生了重大而深远的影响。近些年来随着信息化技术和宽带光纤入户到家的不断普及，互联网的不断强大，无论是政府机构、学校、医院还是企业都采用了信息技术进行管理，计算机网络在世界的兴起，也带动了整个社会的科技和经济以及各项事业的革命性发展，由此可见计算机网络的建设对社会的发展起着关键的作用。随着现代社会各行各业对网络的应用的深入和依赖，行业企业、政府机构、各级单位对自己的网络建设越来越重视，这也促进着全世界网络的研究和迅速发展。

1.2.3　特点和构成

网络工程向用户提供的最重要的功能特点有三个：

1. 共享性

所谓共享性就是指资源共享。网络工程使上网用户之间可以进行信息交换，比如信息共享、软件共享，也可以是硬件共享。由于网络的存在，这些资源似乎就在身边。

2. 快捷性

所谓快捷性就是高效迅速地完成下达的指令。网络工程的不断发展可以根据用户对带宽的要求进行带宽升级。这不仅提高了数据的传输效率也降低了传输的成本。

3. 创新性

飞速发展的网络工程让人们开始考虑下一代因特网，不断创新技术水平，以求得更便捷的服务。

网络工程（Network Engineering）分为硬件工程和布线工程两部分：

（1）硬件工程：指计算机网络所使用的设备（交换机、防火墙、网关、硬件内存、CPU、服务器等），网络工程包括网络的需求分析、网络设备的选择、网络拓扑结构的设计、施工技术要求等。

（2）布线工程：也称综合布线，它的目的是为了保持正常通讯而使用光缆、铜缆将网络设备进行连接，布线工程包括线缆路由的选择、桥架设计、线缆及接插件的选型等。

1.2.4　网络工程的相关标准

因特网的标准化工作对因特网的发展起到非常重要的作用。标准化的工作能够避免混乱，也克服了互不兼容的状态，因此国际标准的制定至关重要。1992 年起，因特网不再归美国政府管辖，因此成立了一个国际性组织叫作因特网协会（ISOC），以便对因特网进行全面管理以及在全世界范围内形成统一标准促进发展。

制定因特网的正式标准要经过以下四个阶段：

1. 因特网草案；

2. 建议标准；

3. 草案标准；

4. 因特网标准。

网络工程相关的国家标准规范有：

《计算机场地安全要求》（GB/T 9361—2011）

《计算机场地通用规范》（GB/T 2887—2011）

《电子信息系统机房设计规范》（GB 50174—2008）

《电子信息系统机房施工及验收规范》（GB 50462—2008）

《建筑物电子信息系统防雷技术规范》（GB 50343—2012）

1.3　数据通信技术

人类的发展离不开信息与信息的传递。在人类的发展过程中，初期是以语言和文字作为通信手段；伴随电器时代的到来，增加了电报、电话、广播等通信技术；进入信息时代后，因为信息大爆炸，通信技术得到了巨大的发展。

1.3.1 数据通信概述

数据通信是将模拟信号或数字信号作为单位，通过电缆、光纤、无线电波等方式，从一个数据终端传输到另一个数据终端的过程。

在数据通信中，数据是一种被记录下的可识别的符号，有一定的内涵，可以体现某种事物的特定属性，经规范处理后的一种表现形式。信息是数据的内涵，是对数据的解析，是数据所承载的内容。信号在数据通信中通常指电信号，电信号分为模拟信号和数字信号，它是数据的一种物理体现方式。

1.3.2 数据通信的传输手段

1. 并行传输和串行传输

并行数据传输是指在传输过程中，设备之间有多个数据位同时进行；而串行数据传输则每次只能传输一个数据位。早期，并行数据传输是提升传输效率的主要方式，但由于时钟频率无法过度提升，并行数据传输的发展遇到了瓶颈。而随着差分传输技术、USB 技术的成熟，串行数据传输又逐渐成为主流。

2. 同步传输和异步传输

异步传输是将比特分成小组进行传送，小组可以是 8 位的 1 个字节或更长。发送方与接收方并非同时进行操作。但由于异步传输中接收方并不知道数据何时传输到，可能当它开始接收的时候，已经漏了一个比特。解决它的办法是对每个信息进行"同步"标记。每次异步传输中信息都在开头加起始位，结尾加终止位。用于通知接收方信息传输的开始和结束。但这样就大大增加了传输的信息量，降低了传输效率。

同步传输中，比特分组就比较大。同步传输中是将数据组合起来一起发送。这些组合称为数据帧，或简称为帧。数据帧的开头与结尾也分别拥有一组同步字符，与异步传输中类似，也用于通知接收方帧的开始和结束。但它还有一个特殊的作用，保证收发双方同步。

3. 单工、半双工和全双工通信

在通信线路上，数据传输是有方向的。根据某个时间点通信线路上数据传输方向的不同，可将数据传输方式分为单工、半双工和全双工三种方式。单工通信指在通信线路上信息的传输只有一个方向；半双工指在通信线路上信息的传输是双向的，但在一个时间点上只能有一个方向；全双工指在一个时间点信息可以进行双向传输。

4. 多路复用传输

为了提高信道的传输效率，在信道共享技术中采用了多路复用技术。其主要技术为频分多路复用和时分多路复用。频分多路复用是将一条传输线路中的传输频率范围分为多个频带，每个频带作为一条单独的传输线路，在电话和电缆电视系统多采用这种技术。时分复用传输分为同步时分和异步时分两种。前者是对信道进行固定的时隙分配，后者是按需求进行时隙分配，避免了空闲时隙的浪费。

1.3.3 通讯系统的组成

通讯系统通常包括信源、发送设备、传输媒介、接收设备、信宿。

信源指的是发送方；发送设备的作用是将信息源传递到传输媒介上，它将信息源进行编码、调制处理后送往传输媒介。往往发送设备还具备多路复用、保密处理等功能；传输媒介

分有线和无线两种，包括双绞线、同轴电缆、光纤、红外线、电磁波等介质；接收设备的基本功能与发送设备的功能相反，是对信息的解调、译码、解密等，并将多路复用信号正确分路；信宿是指接收方。

1.4 智能建筑

1.4.1 智能建筑概述

智能建筑（IB，Intelligent Building）的发展历史较短，作为一个诞生仅30多年的新兴事物，已逐渐成为现代高层建筑的主流。众多的描述至今没有统一的概念。

我国于2000年颁布了智能建筑国家标准《智能建筑设计标准》（GB/T 50314—2000），其中智能建筑的定义为：智能建筑是以建筑为平台，兼备建筑设备、办公自动化及通信网络系统，集结构、系统、服务、管理及它们之间的最优化组合，向人们提供一个安全、高效、舒适、便利的建筑环境。其基本内涵是：以综合布线系统为基础，以计算机网络系统为桥梁，综合配置建筑物内的各功能子系统，全面实现对通信系统、办公自动化系统、大楼内各种设备（空调、供热、给排水、变配电、照明、电梯、消防、公共安全）等的综合管理。

修订版的国家标准《智能建筑设计标准》（GB/T 50314—2006）中对智能建筑的定义为：以建筑物为平台，兼备信息设施系统、信息化应用系统、建筑设备管理系统、公共安全系统等，集结构、系统、服务、管理及其优化组合为一体，向人们提供安全、高效、便捷、节能、环保、健康的建筑环境。

国外对智能建筑的概念也不一致。美国智能化建筑学会（AIB Institute）对智能建筑的定义是：IB将结构、系统、服务、运营及其相互联系全面综合，达到最佳组合，获得高效率、高功能与高舒适性的建筑。

欧洲智能建筑界认为：智能建筑是能以最低的保养成本最有效地管理本身资源，从而让用户发挥最高效率的建筑。

1.4.2 智能建筑的组成

智能建筑包括楼宇自动化系统 BAS（Building Automation System）、通信自动化系统 CAS（Communication Automation System）、办公自动化系统 OAS（Office Automation System），国际上通常称为"3A"系统。

1. 楼宇自动化系统

楼宇自动化系统是指集中管理智能建筑中所有的机械电气装置及能源控制设备以实现高度的智能化。楼宇自动化系统的出现彻底颠覆了人们建筑的看法，为管理者提供了方便的管理手段，为用户提供了良好的工作环境，它通过中央总机对各个分系统进行统一的控制、监测。楼宇自动化系统主要包含消防报警监控系统、变配电监控系统、中央空调监控系统、照明监控系统等。

楼宇自动化系统对楼宇建筑进行实时的监控，根据现场的实际情况自动加以处理。采用楼宇自动化系统的优点有以下三点：

（1）可以集中统一地对楼宇进行监控和管理，这样不仅节约了人力物力，而且提高了现代化楼宇的管理水平。

（2）可以定期地对楼宇进行检测和评估，加强设备管理，建立健全楼宇的运行档案，确保楼宇的运行安全。

（3）对楼宇的各项资源实行最优化的分配，以节约资源，提高经济效益。

2. 通信自动化系统

智能建筑的通信自动化系统又称通信网络系统。它既是建筑物里的语音、数据和图像的基础，同时又可以与外部通信网络相连，实现与世界各地的信息的互通。通信自动化系统可分为三大系统即语音通信系统、图文通信系统及数据通信系统。

（1）语音通信系统可以为用户提供用户账单报告、屋顶远程端口卫星通信、语音邮箱等通信服务。

（2）图文通信系统可实现传真通信、可视数据检索等图像通信，以及电子邮件、电视会议通信业务。

（3）数据通信系统可供用户建立计算机网络，用以连接其办公区内计算机及其他外部设备，以完成电子数据交换业务。

3. 办公自动化系统

办公自动化系统是指办公人员用先进的设备，实现办公科学化、自动化，改善办公条件，提高办公质量和效率，减少和避免各种差错与弊端，提高管理及决策水平。

办公自动化系统需要配置语音、图像、符号、文字、电话、电报、传真等数据传输设备，复印、激光照排与打印设备，以及计算机等各种网络设备及电子邮箱系统等。

1.4.3　智能建筑与综合布线的关系

综合布线系统与智能建筑关系密切，综合布线系统是伴随着智能建筑的发展而崛起的。综合布线系统是智能建筑的关键部分和基础设施之一。综合布线系统是衡量智能建筑的智能化程度的重要标志，衡量一个建筑的智能化的程度，就必须得看建筑物内综合布线系统的配线能力。智能建筑能否为用户提供高质量服务，有赖于信息传输网络的质量和技术，因此，综合布线系统具有决定性作用。

综合布线系统是智能建筑中必备的基础设施。综合布线系统把智能建筑内的通信、计算机和各种设施在一定的条件下相互联系起来，形成完整配套的整体，以实现高度智能化。由于综合布线系统具有兼容性强、可靠性强、使用灵活、管理科学等特点，因而能适应各种设施的当前需要和今后的发展，所以它是智能建筑能够高效优质服务所必备的基础设施。

综合布线系统是智能建筑内部联系和对外通信的传输网络。综合布线系统是智能建筑的对内对外并重的通信传输网络，以便在内部或外部进行通信。因此，综合布线系统除了在智能建筑的内部作为信息网络系统的组成部分外，对外还必须与公用通信网连接成一个整体，成为公用通信网的基础网络。为了满足智能建筑与外界联系而传输信息的需要，综合布线系统的网络组织方式、各种性能指标和有关技术要求，都应服从于公用通信网的有关标准和规定。

综合布线系统可以适应智能建筑今后发展的需要。综合布线系统犹如智能建筑内的一条高速公路，可以统一规划、统一设计，在建筑物的建设阶段可以投资相当于整个建筑物造价3% ~5%的资金，将先进的线缆综合布线放在建筑物内。至于楼内安装或增设什么样的应用系统，就完全可以根据时间和需要、发展与可能来决定。尤其目前各地兴建的高楼大厦，如何与时俱进，适应科技发展的需要，而又不增加过多的额外投资，积极采用综合布线系统才是最佳选择。由于智能建筑综合布线系统具有高度的适应性和灵活性，所以能在今后相当长的一段时间内满足通信发展的需求。

综合布线系统必须与房屋建筑融为一体。综合布线系统分布在智能建筑内，必然会有相互融合的需要，同时也有可能彼此产生矛盾。所以在综合布线的工程设计、安装施工和使用管理的过程中，应经常与建筑工程设计、施工、建设等有关单位密切配合，寻求合理的方式以解决问题。

1.4.4　智能建筑的现状及发展趋势

智能建筑的概念进入中国不过 30 多年，起初，中国科学院计算机技术研究所进行了"智能化办公大楼可行性研究"，并对此进行了讨论。北京大厦是我国被认为的第一座大型智能建筑，随着技术的进步，一大批高标准的智能建筑相继出现，如深圳的地王大厦、北京西客站等。自此智能建筑的发展在我国迎来了高潮。

为了智能建筑在我国能更好发展，国家相继出台了《建筑与建筑群综合布线系统工程设计规范》、《建筑与建筑群综合布线系统工程验收规范》、《智能建筑设计标准》、《智能建筑工程质量验收统一标准》等一系列标准和规范，为我国智能建筑市场的健康有序的发展奠定了基础，使我国智能建筑进入了一个全新的发展阶段。

智能建筑是人、信息和工作环境的智能结合，是建立在建筑设计、行为科学、信息科学、环境科学、社会工程学、系统工程学、人类工程学等各类理论学科之上的交叉应用。我国目前正处于一个整顿与规范的过程之中，市场逐步从无序走向有序，这门正在发展中的技术正逐步趋向成熟与稳定。

1.5　系统集成

1.5.1　系统集成的概念

所谓系统集成（SI，System Integration），就是通过结构化的综合布线系统和计算机网络技术，将各个分离的设备（如个人电脑）、功能和信息等集成到相互关联的、统一和协调的系统之中，使资源达到充分共享，实现集中、高效、便利的管理。系统集成应采用功能集成、BSV 液晶拼接集成、综合布线、网络集成、软件界面集成等多种集成技术。系统集成实现的关键在于解决系统之间的互连和互操作性问题，它是一个多厂商、多协议和面向各种应用的体系结构。这需要解决各类设备、子系统间的接口、协议、系统平台、应用软件等与子系统、建筑环境、施工配合、组织管理和人员配备相关的一切面向集成的问题。

根据预测，未来一段时间内中国系统集成服务市场将以 17.40% 的年均复合增长率增长，主要驱动因素来自于几个方面：① 信息化和工业化融合战略正在加快实施，利用信息技术改造提升传统产业成为普遍共识；② 技术更新周期加快，重点行业通过信息化应用提高自动化、智能化程度。

1.5.2　系统集成的特点

系统集成有以下几个显著特点：

1. 系统集成要以满足用户的需求为根本出发点；
2. 系统集成不是选择最好的产品的简单行为，而是要选择最适合用户的需求和投资规模的产品和技术；
3. 系统集成不是简单的设备供货，它体现更多的是设计、调试与开发的技术和能力；

4. 系统集成包含技术、管理和商务等方面，是一项综合性的系统工程。技术是系统集成工作的核心，管理和商务活动是系统集成项目成功实施的可靠保障；

5. 性能性价比的高低是评价一个系统集成项目设计是否合理和实施是否成功的重要参考因素。

总而言之，系统集成是一种商业行为，也是一种管理行为，其本质是一种技术行为。

1.5.3 系统集成的分类

系统集成指一个组织机构内的设备、信息的集成，并通过完整的系统来实现对应用的支持。系统集成包括设备系统集成和应用系统集成。

1. 设备系统集成

设备系统集成，也可称为硬件系统集成，在大多数场合简称系统集成，或称为弱电系统集成，以区分于机电设备安装类的强电集成。它指以搭建组织机构内的信息化管理支持平台为目的，利用综合布线技术、楼宇自控技术、通信技术、网络互联技术、多媒体应用技术、安全防范技术、网络安全技术等将相关设备、软件进行集成设计、安装调试、界面定制开发和应用支持。设备系统集成也可分为智能建筑系统集成、计算机网络系统集成、安防系统集成。

（1）智能建筑系统集成：英文 Intelligent Building System Integration，指以搭建建筑主体内的建筑智能化管理系统为目的，利用综合布线技术、楼宇自控技术、通信技术、网络互联技术、多媒体应用技术、安全防范技术等将相关设备、软件进行集成设计、安装调试、界面定制开发和应用支持。智能建筑系统集成实施的子系统包括综合布线、楼宇自控、电话交换机、机房工程、监控系统、防盗报警、公共广播、门禁系统、楼宇对讲、一卡通、停车管理、消防系统、多媒体显示系统、远程会议系统。对于功能近似、统一管理的多幢住宅楼的智能建筑系统集成，又称为智能小区系统集成。

（2）计算机网络系统集成：英文 Computer Network System Integration，指通过结构化的综合布线系统和计算机网络技术，将各个分离的设备（如个人电脑）、功能和信息等集成到相互关联的、统一和协调的系统之中，使资源达到充分共享，实现集中、高效、便利的管理。系统集成应采用功能集成、网络集成、软件界面集成等多种集成技术。系统集成实现的关键在于解决系统之间的互连和互操作性问题，它是一个多厂商、多协议和面向各种应用的体系结构。这需要解决各类设备、子系统间的接口、协议、系统平台、应用软件等与子系统、建筑环境、施工配合、组织管理和人员配备相关的一切面向集成的问题。

（3）安防系统集成：英文 Security System Integration，指以搭建组织机构内的安全防范管理平台为目的，利用综合布线技术、通信技术、网络互联技术、多媒体应用技术、安全防范技术、网络安全技术等将相关设备、软件进行集成设计、安装调试、界面定制开发和应用支持。安防系统集成实施的子系统包括门禁系统、楼宇对讲系统、监控系统、防盗报警、一卡通、停车管理、消防系统、多媒体显示系统、远程会议系统。安防系统集成既可作为一个独立的系统集成项目，也可作为一个子系统包含在智能建筑系统集成中。

2. 应用系统集成

应用系统集成，英文 Application System Integration，以系统的高度为客户需求提供应用的系统模式，以及实现该系统模式的具体技术解决方案和运作方案，即为用户提供一个全面的系统解决方案。应用系统集成已经深入到用户具体业务和应用层面，在大多数场合，应用系统集成又称为行业信息化解决方案集成。应用系统集成可以说是系统集成的高级阶段，独立的应用软件供应商将成为核心。

复习与思考题

1. 什么是综合布线，其特点是什么？
2. 综合布线系统由哪几部分构成，它们有什么联系？
3. 简述网络工程的特点和构成。
4. 简述数据通信的传输手段。
5. 智能建筑一般包括哪三种自动化系统？
6. 智能建筑与综合布线的关系是怎样的？
7. 简述系统集成的特点及分类。
8. 简述系统集成未来发展的趋势及前景。

第2章 传输介质

传输介质为通信设备之间提供信息传输的物理通道，完成通信设备之间的信息传递，是信息传输的实际载体。在网络通信中有双绞线、同轴电缆、光纤和无线传输介质等四种基本的介质类型。每种介质在数据传输速率、数据传输距离、数据传输时的衰减和抗干扰性能等方面都有其各自的特点和局限性。目前有线通信常用的传输介质是双绞线、同轴电缆和光纤，光纤由于价格较高和安装较复杂，所以主要用于主干网络以及在不同楼层和建筑物间网络连接，但随着数据流的不断增大，光纤将逐步取代双绞线，成为主要有线传输介质；无线通信则是利用卫星、微波、红外线等来传输。

2.1　双绞线（Twisted Pair, TP）

双绞线分为屏蔽双绞线和非屏蔽双绞线两种。双绞线就是将一对绝缘的铜导线按一定密度互相绞在一起，另一根导线在传输中辐射的电波会被另一根线上发出的电波抵消，以减少信号在电缆中传输的噪声和电磁干扰。其中屏蔽双绞线带有网状或金属箔静电防护层，可以提高介质的抗噪声特性。非屏蔽双绞线因为价格较低，数据传输的可靠性较高，因此被广泛应用于计算机网络通信中。双绞线由于价格便宜和安装简便，是目前被广泛使用的网络通信传输介质。

2.1.1　双绞线的结构

双绞线是由两条相互绝缘的细芯铜导线缠绕在一起构成的，因此称为一对双绞线。如图2-1所示。一般情况下，一条电缆中包含8根线，也就是4对双绞线。在布线时也经常使用将25对双绞线合并在一起的大对数双绞线电缆。因为两条导线缠绕在一起，所以能够消除电磁干扰和射频干扰。双绞线线皮的颜色通常为橙色、棕色、蓝色、绿色。

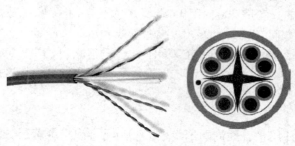

图2-1　非屏蔽双绞线

2.1.2　双绞线分类

目前应用的双绞线分为两种，即非屏蔽双绞线（UTP, Unshielded Twisted Pair）和屏蔽双绞线（STP, Shielded Twisted Pair）。UTP被广泛应用在电话和数据网之中。常用的双绞线电缆封装有4对双绞线，其他还有25对、50对和100对等大对数的双绞线电缆。

1. 非屏蔽双绞线（UTP）

非屏蔽双绞线是局域网布线中最常见的一类电缆，如图2-1所示。它价格便宜，轻便柔韧，易于安装。UTP依靠成对的绞合导线，使电磁干扰和射频干扰最小化，所以没有外加屏蔽层。塑料防护层内部的每一根线都与另外一根线相缠绕，以减少数据信号的干扰。

为了传输数字信号，在数据网络中禁止使用扁平电话线或未经绞合的电缆线。双绞线传输模拟信号带宽可以达到 250kHz，而传输数字信号的数据速率随距离而不同。美国电子工业协会（EIA）和电信工业协会（TIA）为双绞线电缆定义了不同的规格型号，根据双绞线所支持的传输速率，主要可以分为以下几类：

（1）一类线：由 2 对双绞线组成的非屏蔽双绞线。频谱范围窄，主要用于传输语音，而较少用于数据传输，最高只能支持 20kbit/s 的数据速率，一类双绞线表示为 CAT1。

（2）二类线：由 4 对双绞线组成的非屏蔽双绞线。主要用于语音传输和最高可达 4Mbit/s 的数据传输，二类双绞线表示为 CAT2。

（3）三类线：由 4 对双绞线组成的非屏蔽双绞线。主要用于语音传输和最高可送 10Mbit/s 的数据传输，10base-T 的以太网，即采用三类线，三类双绞线表示为 CAT3。

（4）四类线：由 4 对双绞线组成的非屏蔽双绞线。用于语音传输和最高达 16Mbit/s 的数据传输，四类双绞线表示为 CAT4。

（5）五类线：由 4 对双绞线组成的非屏蔽双绞线，该类电缆增加了绕线密度，外套一种高质量的绝缘材料。用于语音传输和高于 100Mbit/s 的数据传输，主要用于百兆以太网，如用在 100base-T 的以太网中，五类双绞线表示为 CAT5。

（6）超五类线：由 4 对双绞线组成的非屏蔽双绞线。与五类线相比，超五类线所使用的铜导线质量更高、单位长度绕数也更多，因而衰减更小、信号串扰更小，具有更小的时延误差，在使用 4 对双绞线同时用于传输的情况下，可以用于 1000base-T 的千兆以太网；与五类线缆相比，超五类在近端串扰、串扰总和、衰减和信噪比四个主要指标上都有较大的改进，超五类双绞线表示为 CAT5e。

（7）六类线：作为传输能力更强的双绞线，六类线带宽性能可到 250MHz，最大速度可达到 1000Mbps，主要应用于百兆快速以太网和千兆以太网中。与超五类相比，六类线具有更好的抗噪声性能。超六类线是六类线的改进，是一种非屏蔽双绞线电缆，主要应用于千兆位网络中。在传输频率方面与六类线一样，也是 200～250MHz，最大传输速度也可达到 1000Mbps，只是在串扰、衰减和信噪比等方面有较大改善。六类双绞线表示为 CAT6。

（8）七类线：七类线为全屏蔽双绞线，带宽性能可至 600MHz，传输速率可达 10Gbps，主要为了适应万兆以太网技术的应用和发展，连接时需采用特殊设计的插头和信息模块，七类双绞线表示为 CAT7。

2. 屏蔽双绞线（STP）

屏蔽双绞线与非屏蔽双绞线相比较，外层包着柔韧的绝缘层，然后是金属箔屏蔽层，最外层是塑料防护层，如图 2-2 所示。在有些多线的 STP 类电缆中，每对双绞线会有自己单独的金属箔屏蔽层。金属箔屏蔽层有助于消除电磁干扰。

屏蔽双绞线常用于强电设备和强干扰源环境的布线，而且为了提高抗干扰的效果，与 STP 连接的插头和插座也要屏蔽。另外，STP 在连接时要注意正确接地，以便获得可靠的信号传输。虽然屏蔽双绞线（STP）的抗干扰性比非屏蔽双绞线强，但是屏蔽双绞线以及插头的价格要比非屏蔽双绞线缆贵。

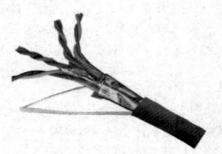

图 2-2　屏蔽双绞线（STP）

在 8 根 4 对的双绞线中，实际上只有 4 根 2 对线用于传输数据。其中 1、2 对线用于发送数据，3、6 对线用于接收数据。按照 TIA/EIA568A 标准和 TIA/EIA568B 标准，连接头与电缆线对的连接和排列有两种不同的方法，其颜色标志及电缆线对的排列顺序如下：

TIA/EIA568A 标准规定线对顺序为：1 绿白、2 绿、3 橙白、4 蓝、5 蓝白、6 橙、7 棕白、8 棕。

TIA/EIA568B 标准规定线对顺序为：1 橙白、2 橙、3 绿白、4 蓝、5 蓝白、6 绿、7 棕白、8 棕。

在实际的连接中，关键要保证"1、2"线对是一对；"3、6"线对是一对；"4、5"线对是一对。实际应用中使用较多的是 TIA/EIA568B 的连接方法。

双绞线的连接方法主要有直通方式和交叉方式。直通连接方法一般用于计算机与集线器或配线架与集线器之间的连接。这种连接方式的电缆两端的 RJ-45 连接头中的线序完全相同，线缆两端都是 TIA/EIA568A 或都是 TIA/EIA568B 的连接。交叉连接方法一般用于集线器与集线器或者网卡与网卡之间的连接。这种连接方式的电缆两端的 RJ-45 连接头中的线序一端是 TIA/EIA568A 的连接，而另一端是 TIA/EIA568B 的连接，具体如图 2-3 所示。

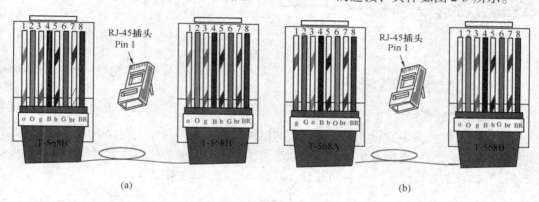

图 2-3　双绞线的连接方式
（a）直通方式；（b）交叉方式

2.1.3　双绞线的传输距离

在不用中继器的情况下，大多数网络通信中双绞线的最大安装长度为 100m。但考虑到网络设备的连接以及其他的额外布线，所以双绞线的使用一般都限制在 90m 内。在使用中继器的情况下，由于中继器起到信号放大作用，因此双绞线的传输距离可以更远，具体的传输距离要根据使用的中继器的个数和网络结构来决定。

2.1.4　双绞线的特点

1. 双绞线的优点

（1）低成本，易于安装：相对于各种同轴电缆，双绞线是比较容易制作的，它的材料成本与安装成本也都比较低，这使得双绞线得到了广泛的应用。

（2）应用广泛：目前在世界范围内已经安装了大量的双绞线，绝大多数以太网线和用户电话线都是双绞线。

2. 双绞线的缺点

（1）带宽有限：由于材料与本身结构的特点，双绞线的频带宽度是有限的。如在千兆以太网中就不得不使用 4 对导线同时进行传输，此时单对导线已无法满足要求。

（2）信号传输距离短：双绞线的传输距离只能达到 100m 以内，这对于很多场合的布线存在着比较大的限制，而且传输距离的增长还会伴随着传输性能的下降。

（3）抗干扰能力不强：双绞线对于外部干扰很敏感，特别是外来的电磁干扰，而且湿气、腐蚀以及相邻的其他电缆这些环境因素都会对双绞线产生干扰。在实际的布线中双绞线一般不应与电源线平行布置，否则就会引入干扰；而且对于需要埋入建筑物的双绞线，还应套入其他防腐防潮的管材中，以消除湿气的影响。

2.2 同轴电缆（Coaxial Cable）

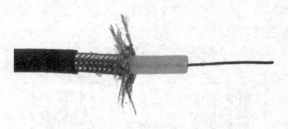

图 2-4　同轴电缆实物图

同轴电缆是局域网中较早使用的传输介质，主要用于总线型拓扑结构的布线，它以单根铜导线为内芯（内导体），外面包裹一层绝缘材料（绝缘层），外覆密集网状导体（外屏蔽层），最外面是一层保护性塑料（外保护层）。同轴电缆已经逐渐被 UTP 和光纤所替代，由于网络设备和网络技术的快速发展，目前的网络组建中大量使用非屏蔽双绞线（UTP）和光纤。同轴电缆的实物如图 2-4 所示。

2.2.1　同轴电缆的结构

同轴电缆由单根或多股铜线或敷铜箔膜的铝导体构成内部导体，紧挨着内部导体的是由聚氯乙烯（PVC）塑料或特富龙塑料组成的绝缘体，绝缘体的外层包围着网状铝层、铜屏蔽层或外层导体，最外层是一层塑料的外套。同轴电缆的结构如图 2-5 所示。

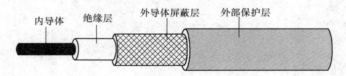

图 2-5　同轴电缆的结构

同轴电缆的内部导体用来传输信号。外导体网状金属层一方面用来接地，另一方面作为屏蔽层，用于内部导体传输信号时免受电磁干扰。塑料绝缘体包围着内部铜导体，防止铜导体与金属屏蔽网相接触，如果两者接触，会导致电缆短路。同轴电缆的最外的塑料外皮起到保护电缆的作用，粗缆与细缆在结构上是相同的。同轴电缆的铜导体要比双绞线中的铜导体更粗，具有比双绞线更高的传输带宽。

同轴电缆的传输特性优于双绞线，这主要是缘于同轴电缆使用更粗的铜导体和更好的屏蔽层。更粗的铜导体可以提供更宽的频谱，一般可达数百兆赫（MHz）。另外信号传输时的衰减更小，也可以提供更长的传输距离。普通的非屏蔽双绞线是没有接地屏蔽的，因此同轴电缆的误码率大大优于双绞线。同轴电缆的这种结构，使它具有高带宽和极好的噪声抑制特性。实际应用中，同轴电缆的可用带宽取决于电缆长度。1km 的电缆最高可以达到 1 ～

2Gbit/s 的数据传输速率。也可以使用更长的电缆，但是传输率就要降低或需要使用信号放大器。

2.2.2 同轴电缆的特点

（1）可用频带宽：同轴电缆可供传输的频谱宽度最高可达吉赫（GHz，数量级），比双绞线更适于提供视频或是宽带接入业务，也可以采用调制和复用技术来支持多信道传输；

（2）抗干扰能力强，误码率低，但这会受到屏蔽层接地质量的影响；

（3）性能价格比高：虽然同轴电缆的成本要高于双绞线，但是它也有着明显优于双绞线的传输性能，而且绝对成本并不很高，因此其性能价格比还是比较合适的；

（4）安装较复杂：双绞线和同轴电缆一样，线缆都是制作好的，使用时需要的是截取相应的长度并与相应的连接件相连。在这一环节中，由于同轴电缆的铜导体较粗，因此一般需要通过焊接与连接件相连，其安装比双绞线更为复杂。

2.2.3 同轴电缆的应用

同轴电缆的应用：

（1）有线电视（CATV）系统的信号线：直接与用户电视机相连的电视电缆多是采用同轴电缆。这一电缆一般既可以用于模拟传输，也可以用于数字传输。在传输电视信号时一般是利用调制和频分复用技术将声音和视频信号在不同的信道上分别传送。

（2）射频信号线：同轴电缆也经常在通信设备中被用作射频信号线，例如基站设备中功率放大器与天线之间的连接线。相对于用做基带信号传输的同轴电缆（如以太网），用于射频信号传输的同轴电缆对于屏蔽层接地的要求更为严格。

2.3 光纤（Optical Fiber）

光纤是指玻璃纤维或塑料纤维传输数据信号的网络传输介质。在光纤中传输的是光脉冲信号，而在电缆中传输的是电脉冲信号，光脉冲信号由激光或发光二极管产生。光纤介质的特点是传输距离远、传输速度快以及传输频带较宽。光纤中传输的是光信号，所以不受电磁干扰的影响。光纤的线径较细，重量较轻。此外，光纤介质的安全性要远远高于同轴电缆和双绞线。正是基于光纤介质的这些特性，光纤正在被广泛地应用于通信网络和计算机网络的组建中。

多种多样的通信业务迫切需要建立高速率的信息传输网。在传输网，特别是骨干网中，高速数字通信的速率已迈向每秒 G 比特级（百万比特每秒：Gbps），正在向 T 比特级（万亿比特每秒：Tbps）迈进，要实现这样高速的数字通信，必须依靠光纤作为传输介质。

2.3.1 光纤的结构

一般所说的光纤是由纤芯和包层组成，纤芯通常由玻璃或塑料制成，是信号传输的中心通道，纤芯的直径和折射率随光纤的规格不同而不同。纤芯完成信号的传输，包层与纤芯的折射率不同，将光信号封闭在纤芯中传输并起到保护纤芯的作用。$62.5/125\,\mu m$ 光纤结构如图 2-6 所示。反射层可将光线反射回纤芯，涂覆层用来保护纤芯和反射层不受损坏，它不参与光信号的传输，只起到保护作用。实用的光纤是比人的头发丝稍粗的玻璃丝，通信用光纤的外径一般为 $125\sim140\,\mu m$。工程中一般将多条光纤固定在一起构成光缆。四芯光缆剖面示意图如图 2-7 所示。

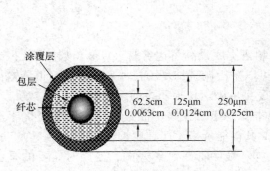

图 2-6　62.5/125μm 光纤结构　　　　　图 2-7　四芯光缆剖面示意图

光信号在传输时反射的次数越多，信号的损失越大。大多数局域网的光纤传输系统都使用两根光纤，一根用于发送信号，另一根用于接收信号。在网络通信系统中，光纤可用于以太网、令牌环和 FDDI 的网络结构中。

2.3.2　光纤的分类

光纤可分为单模光纤（SMF，Single Mode Fiber）和多模光纤（MMF，Multi Mode Fiber）两种。单模光纤的纤芯直径极细，约为 5～10μm，使用激光传送表示二进制信息的光信号。多模光纤的纤芯直径较大，通常为 62.5μm，使用发光二极管（LED）传送产生的光信号。光信号在单模光纤中传输的距离要比在多模光纤中传输的距离远得多。

光以一特定的入射角度射入光纤，在光纤和包层间发生全反射，从而可以在光纤中传播，即称为一个模式。当光纤直径较大时，可以允许光以多个入射角射入并传播，此时就称为多模光纤；当直径较小时，只允许一个方向的光通过，就称单模光纤。

（1）单模光纤

单模光纤只传输一种波长的光信号，纤芯的直径约为 5～10μm，它的直径由所传输的光波波长决定。通常使用的单模光纤的纤芯直径是 8μm，反射层直径为 125μm，记为 "8/125μm" 的形式。单模光纤一次只能传输一路光信号。单模光纤传输时可以将信号衰减降到最小，因此单模光纤传输的速度和距离要比多模光纤更快更远。单模光纤如图 2-8（a）所示。单模光纤多用于传输距离长、传输速率相对较高的线路中，如长途干线传输、城域网建设等，目前的 FTTx 和 HFC 网络以单模光纤为主。

由于只有一种波长的信号在单模光纤中传输，因此单模光纤不存在多模光纤中的扩散和延时问题。单模光纤在制作时纤芯较细且密度较低，传播的光线基本是水平的，从而可以忽略传输延迟。单模光纤在短距离数据传输中不常用，主要应用于长距离的数据传输中。由于单模光纤较细，它的安装比较困难且费用较高。

（2）多模光纤

多模光纤允许光信号沿不同路径传输多路信号，纤芯直径约为 50～100μm，它的直径比单模光纤大得多，可供不同波长的光信号在纤芯中同时传输。不同光信号进入纤芯时的入射角不同，经过反射层的反射角也不相同。因此，光线在多模光纤纤芯中的传输速度各异。通常使用的多模光纤的纤芯直径是 62.5μm，反射层直径为 125μm，记为 "62.5/125μm" 的形式。多模光纤如图 2-8（b）所示。

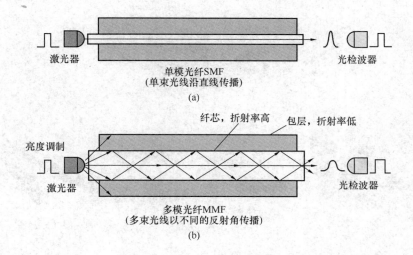

激光器　　　　　　　单模光纤SMF　　　　　　光检波器
　　　　　　　　　（单束光线沿直线传播）
(a)

纤芯，折射率高　　　包层，折射率低

亮度调制

激光器　　　　　　　多模光纤MMF　　　　　　光检波器
　　　　　　　　（多束光线以不同的反射角传播）
(b)

图 2-8 单模光纤、多模光纤

多模光纤多用于传输速率相对较低、传输距离相对较短的网络中，如局域网等，这类网络中通常具有节点多、接头少、弯路多，而且连接器、耦合器的数量多，单位光纤长度使用的有源设备多等特点，使用多模光纤可以降低网络成本。

多模光纤有多模阶跃型折射系数和多模渐变型折射系数两种模式。多模阶跃型折射系数光纤的折射系数单一，光信号会在光纤中跳跃而影响传输速度并且会产生衰减，因此信号在到达接受端时会产生传输延迟。多模渐变型折射系数光纤的折射系数是从中心向外逐渐变化的，纤芯中心的折射系数最大，传输速度最慢，不同光信号在纤芯中的传输速度不同，这样多路信号可以在一个统一的时间到达接收端。多模光纤的传输速度和传输距离小于单模光纤。多模光纤网段的长度约为 2km，单模光纤网段的长度约为 3km。多模光纤主要用于短距离的系统中（低于 2km），如房屋通信系统、个人专用数据网络及并行光学应用系统。

由于多模光纤会产生干扰、干涉等复杂问题，因此在带宽、容量上均不如单模光纤。实际通信中应用的光纤绝大多数是单模光纤。

2.3.3 光纤连接器

由于光纤的结构较特殊，因此为它的连接和安装带来了极大的不方便。在光纤的使用中需要用到多种连接器。光纤连接器有多种，它们既适合单模光纤使用，也适合多模光纤使用，主要包括 SC、ST、FC 和 MTRJ 等光纤连接器。部分光纤连接器如图 2-9 所示。为了建立可靠的连接，光纤连接器必须使光缆中的光纤几乎完全对齐，否则会产生漏光，导致光缆中传输信号的损失。下面简要介绍几种光纤连接器。

（1）SC 连接器

SC 连接器是一种方形的插销式连接器。它既可用于单模光纤，也可用于多模光纤。SC 连接器根据制作连接器的材料不同，可重复使用的次数约为 500～1000 次，被广泛地应用于以太网的连接中。

（2）ST 连接器

ST 连接器使用类似于同轴电缆的连接装置，形状与细同轴电缆连接装置相类似，是直尖形的连接器。ST 连接器根据连接器的制作材料不同，可重复使用的次数约为 250～1000 次。

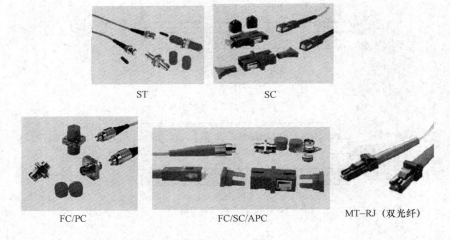

图 2-9　部分光纤连接器

（3）FC 连接器

FC 连接器是一种小型连接器，采用旋拧式的固定方式。FC 连接器的连接较为可靠，多用于局域网的连接中。

（4）MTRJ 连接器

MTRJ 连接器类似于双绞线的 RJ-45 连接器，它被广泛地用于网络通信的连接中。

2.3.4　光纤的损耗

（1）损耗：当光波通过光纤后，光的强度会被衰减，这说明光纤中存在某种物质或是由于某种原因阻挡光波信号通过，这就形成了光纤的传输损耗。损耗是影响光纤通信传输距离的重要因素。

（2）固有损耗和附加损耗：根据引起损耗的原因，可以把损耗分为固有损耗和附加损耗。固有损耗是光纤本身具有的损耗，由光纤本身的特点决定，一般又可以分为散射损耗、吸收损耗和由于波导结构不完善引起的损耗。附加损耗是指由于使用条件引起的损耗。需要特别说明的是，在不同的工作波长下，光纤的固有损耗是不同的。

（3）吸收损耗：制造光纤的材料会在一定程度上吸收光能，材料中的粒子吸收光能后，会产生振动发热等现象而将能量散失掉，这就产生了吸收损耗。根据常用光纤的工作波长，这种粒子吸收能量主要以紫外吸收和红外吸收的形式存在。

（4）散射损耗：如果光纤材料粒子的固有振动频率与入射光波的频率相同，就会产生共振，该粒子就会把入射光向各个方向散射，从而衰减了入射光的能量。另外，光纤中的杂质（如气泡）以及粗细不均匀等现象也会引起散射。

（5）使用损耗：光纤的附加损耗主要是由使用损耗构成的。在光纤的连接处，微小弯曲、挤压、拉伸受力均会引起使用损耗。使用损耗的机理是：光纤在这些情况下，传输模式发生了变化。施工工艺的提高可以最大限度地减小使用损耗。

2.3.5　光纤的特点

（1）传输频带宽：更宽的带宽就意味着更大的通信容量和更强的业务能力，一根光纤的潜在带宽可达 T 比特级。通信媒质的通信容量大小不是由导线（媒质）本身的体积大小决定的，而是由它传输电磁波的频率高低来决定的，频率越高，带宽就越宽。

（2）传输距离长：在一定线路上传输信号时，由于线路本身的原因，信号的强度会随距离增长而减弱，为了在接收端正确接收信号，就必须每隔一定距离加入中继器，进行信号的放大和再生。常用的同轴电缆的中继距离只有数公里，而光纤的传输损耗可低于 0.2dB/km，理论上光纤的损耗极限可达 0.15dB/km。

（3）抗电磁干扰能力强：一是由于光纤是绝缘体，不存在普通金属导线的电磁感应、耦合等现象；二是光纤中传输的信号频率非常高，一般干扰源的频率远低于这个值，因此光纤抗电磁干扰的能力非常强。此外，光纤对于湿气等环境因素也具有很强的抵抗能力。这一特性使它非常适用于沿海区域和越洋通信。

（4）保密性好：由于金属导线存在电磁感应现象，同时屏蔽不好，导线本身就可以看作是一段天线，因此其保密性较差。而光纤本身的工作原理使得光波只在光纤内传播（即使在拐角很大处，也只有少量泄漏），如果再在表面涂装吸光剂，基本上就不会发生信号泄漏。这一特性使光纤被大规模地应用于军用通信，美英等发达国家的军用通信网基本上已经是全光通信网。

（5）节省大量有色金属：光纤制造的主要原料是二氧化硅，即砂子，这基本是取之不尽的，而传统电缆需要使用大量的铜、铝等有色金属。

（6）体积小，质量轻。

（7）需要经过额外的光/电转换过程。

目前在通信网络中仍然是以电信号的形式进行对信息的处理，要使用光纤进行信息传输，就必须先把电信号转换为光信号，接收时亦然。在网络通信，特别是以太网的发展过程中，采用了 10BASE5、10BASE2、10BASE-T、100BASE-T、100BASE-F 等类型传输电缆，简要介绍如下：

（1）10BASE5：这里"10"表示信号在电缆上的传输速率为 10Mb/s，"BASE"表示电缆上的信号是基带信号，"5"表示每一段电缆的最大长度为 500m。由于采用的传输媒体是特性阻抗为 50Ω、直径为 10mm 的同轴电缆，所以这种以太网通常称为粗缆以太网。

（2）10BASE2：用 BNC 和 T 型连接器（它有三个头，外观像"T"，简称 T 型头），其两个反向头连接两段电缆，中间的一个头连接到网卡外露的 BNC 插座上。它采用 50Ω、直径为 5mm 的细同轴电缆，通常称为细缆以太网。"2"表示每个网段长度约为 200m，准确的为 185m。

（3）10BASE-T："T"表示双绞线星型网，使用 RJ-45 连接器连接。10BASE-T 的出现是局域网发展史上的一个非常重要的里程碑，它为以太网在局域网中的地位奠定了基础。

（4）100BASE-T：100BASE-T 是在双绞线上传送 100Mb/s 基带信号的星型快速以太网。用户只要更换一张 100Mb/s 的网卡，配上 100Mb/s 的集线器，就可方便地由 10BASE-T 升级到 100Mb/s，所有在 10BASE-T 上的应用软件和网络软件都可以保持不变。100BASE-TX 大多使用 2 对 5 类非屏蔽双绞线（UTP），一对用于发，一对用于收。

（5）100BASE-F：100BASE-F 采用光纤作为传输媒体，其中 100BASE-FX 使用 2 对光纤，一对发，一对收。100BASE-TX 和 100BASE-FX 合在一起称为 100BASE-X。

（6）1000BASE-T：1000BASE-T 使用 4 对 5 类线 UTP，传输距离为 25～100m。

（7）1000BASE-SX：1000BASE-SX 用多模光纤和 850nm 激光器，距离为 300～550m。

（8）1000BASE-LX：1000BASE-LX 用单模光纤（距离为 3km）或多模光纤（距离为

300~550m）和 1300nm 激光器。

综合布线系统在网络的应用中，可选择不同类型的电缆和光缆，因此，在相应的网络中所能支持的传输距离是不相同的。在 IEEE 802.3ae 标准中，综合布线系统 6 类布线系统在 10G 以太网中所支持的长度应不大于 55m，但 6A 类和 7 类布线系统支持长度仍可达到 100m。对于布线系统在网络中的应用，在表 2-1、表 2-2 中分别列出光纤在 100M、1G、10G 以太网中支持的传输设计参考距离。

表 2-1　100M、1G 以太网中光纤的应用传输距离

光纤类型	应用网络	光纤直径（μm）	波长（nm）	带宽（MHz）	应用距离（m）
多模	100BASE-FX	62.5			2000
	1000BASB-SX		850	160	220
	1000BASE-LX			200	275
				500	550
	1000BASE-SX	50	850	400	500
				500	550
	1000BASE-LX		1300	400	550
				500	550
单模	1000BASE-LX	<10	1310		5000

表 2-2　10G 以太网中光纤的应用传输距离

光纤类型	应用网络	光纤直径（μm）	波长（nm）	模式带宽（MHz·km）	应用范围（m）
多模	10GBASE-S	62.5	850	160/150	26
				200/500	33
				400/400	66
		50		500/500	82
				2000	300
	10GBASBLX4	62.5	1300	500/500	300
		50		400/400	240
				500/500	300
单模	10GBASE-L	<10	1310		1000
	10GBASE-E		1550		30000~40000
	10GBASE-LX4		1300		1000

2.3.6　光纤的接续与端接

（1）光纤接续

光纤的接续是完成两段光纤之间的连接。在光纤网络的设计和施工中，当链路距离大于光缆盘长、大芯数光缆分支为数根小芯数光缆时，都应当考虑以低损耗的方法把光纤或光缆相互连接起来，以实现光链路的延长或者大芯数光缆的分支等应用。光纤链路的接续，主要有熔接接续和机械接续两种。

（2）光纤端接

　　光纤的端接通常采用活动连接技术，也就是说将光缆的末端制成各种不同类型的光纤活动连接器，以实现光链路与设备的端口之间的连接，已经广泛应用在光纤传输线路、光纤配线架和光纤测试仪器、仪表中。

　　光缆结构主要用于保护内部的光纤不受外界机械应力和水、潮湿的影响。因此光缆设计、生产时，需要按照光缆的应用场合、敷设方法设计光缆结构。不同材料构成了光缆不同的机械、环境特性，有些光缆需要使用特殊材料从而达到阻燃、阻水等特殊性能。光缆可以根据不同的分类方法加以区分，通常的分类方法如下：

　　（1）按照应用场合分类：室内光缆、室外光缆、室内外通用光缆等。

　　（2）按照敷设方式分类：架空光缆、直埋光缆、管道光缆、水底光缆等。

　　（3）按照结构分类：紧套型光缆、松套型光缆、单一套管光缆等。

2.4　无线传输介质

　　无线传输介质通过通信设备之间不使用任何物理连接，而是通过空间传输的一种方式。目前使用较多的无线电波、红外线、微波等无线传输介质都可以通过传输信号。因此，在网络通信过程中，很多有线传输介质无法铺设的场合正在越来越多的使用无线传输介质，以实现数据的有效无线传输。

2.4.1　无线电传输

　　无线电波可以穿过墙壁，在空气中可以向任何方向传播。它在电磁波谱中的频率低于微波，它的频率范围在 $10^4 \sim 10^8$ Hz 之间，无线电系统使用这一频段的无线电波来传输数据。大多数无线电频率的使用是有标准的，并且需要得到无线电管理委员会的批准。但是保密性差，信号很容易被窃听。无线电波的传输需要使用不同种类的发送天线和接收天线。

　　无线电波传输的优点是信号的传输能够穿过墙壁和其他建筑物，因此不需要在发送端和接收端之间清除障碍。无线电波受电磁干扰的影响较大。无线电发射器和接收器的价格较低，安装简便，在任何的方向都可以接收到无线电波的信号。它的传输距离可以根据发射器功率的大小进行调节，信号的接收方的移动性较强。但是无线电波信号的传输也存在着一些问题，比如无线电信号的传播方向是多方向的，因此信号很容易被截获。

2.4.2　微波通信

　　微波通信是在对流层视距离范围内利用无线电波进行传输的一种通信方式，它的频率为 $1 \sim 20$ GHz。在空中的传播特性与光波相近，直线前进，遇到阻挡就被反射或被阻断，超过视距以后需要中继转发。微波通信由于其频带宽、容量大，可以用于各种电信业务传送，如电话、电报、数据、传真以及彩色电视等均可通过微波电路传输。

　　微波系统常用于两个不易使用有线介质的建筑物之间，它工作在高频范围内，可以实现很高的数据传输率。微波不如红外通信的方向性好，存在易窃听、串扰和不保密等安全问题。微波信号受雨、雾等大气气候因素的影响较红外线小得多，但微波信号抗电磁干扰的能力较差。微波通信系统的费用根据信号的传输距离的不同而不同。一般情况下，短距离传输系统的价格相对较低，可以在几百米的范围内使用；长距离传输系统的价格比较昂贵。微波信号的传输要求是无障碍的，因此系统在安装时天线的安装位置就显得非常重要，为设备的安装带来了一定的困难。

微波通信使用功率极大的聚焦能量束，在很远的距离上实现信息的传输。微波传输分为地面微波通信系统和卫星微波通信系统两类。地面微波通信系统的两点之间没有物体阻挡，通常需要使用抛物面天线，信号的覆盖范围依赖于天线的高度。天线越高，信号传输距离越远。微波信号一次只能向一个方向传输，因此需要将双向通信信号的接收设备和发送设备集成在一个收发器设备中，从而使单个的天线可以处理双向信号的频率。微波信号的传输通常使用转播塔来增加信号的传输距离。

微波传输的信道也被称为地面视距信道，视距传播模型主要考虑的因素包括大气效应和地面效应。其中，大气效应主要包括吸收衰减、雨雾衰减和大气折射；地面效应主要包括费涅尔效应和地面反射。

（1）吸收衰减：主要发生在微波的高频段，不同的大气成分如水蒸气、氧气具有不同的吸收衰减，对 12GHz 以下的低频段影响较小。

（2）雨雾衰减：在 10GHz 以下频段，雨雾衰减并不严重，一般只有几分贝；在 10GHz 以上频段，雨雾衰减则会大大增加。下雨衰减是限制高频段微波传播距离的主要因素，在暴雨天气下出现的电视转播中断常是由此原因造成的。

（3）大气折射：是由于空气密度存在梯度而造成的微波传播方向的改变。

（4）费涅尔效应：描述了微波传播在遇到障碍物时产生的附加损耗。

（5）地面反射：是传播过程中产生电平衰落的主要原因。

2.4.3 红外传输

红外传输常见于我们的日常生活中，如电视机、空调以及录像机的遥控器等。它通过空气使用红外线传输数据。红外线在电磁波谱中的频率低于可见光但高于微波，它的频率范围在 $10^{12} \sim 10^{14}$ Hz 之间。红外传输主要实现的是视距传输，它不具有穿透性，因此红外传输信号无法穿过墙壁，从一个房间传输到另一个房间。基于这种特性，红外传输的防窃听能力较强。红外传输主要应用于同一个房间内的通信。

红外传输由一对红外发送器和红外接收器组成，红外发送器和红外接收器将不相干的红外光进行调制，就可以在没有建筑物遮挡的环境中进行视距通信。红外线的传输是成直线的，所以发射器和接收器必须相互对准。红外线由于它的视距传输的特点，所以是不受政府管制的电磁波。

红外传输主要有点对点和广播式两种方式。最常用的是点对点的方式，如我们经常使用的遥控器，它是使用高度聚焦的红外线光束来控制一点到另一点的传输。红外点对点传输系统需要在一条直线上传输，近距离红外传输系统的价格相对较低。红外广播系统传输的信号不像点对点的传输方式那样高度聚焦，它是向一个区域传送信号，多个红外接受器可以同时接收到信号。与点对点传输方式比较，红外广播传输方式的接收器的移动性较强。红外传输在遇到天花板等建筑物表面时会发生反射。红外传输的防窃听能力较强，但红外线容易受到强光的干扰，导致信号被破坏。

2.4.4 卫星通信

卫星通信利用空间 3600km 高空的同步卫星作为微波中转站，进行远距离传输。卫星通信系统由卫星和地球站两部分组成。优点是具有广播多址传输功能、覆盖面积大、传输距离远，适用于广域网络的远程传输。但卫星成本高，传输延迟较长，安全问题突出。

卫星通信其实就是非地面微波通信，最常见的卫星系统就是同步地球轨道卫星，如图

2-10 所示。同步地球轨道卫星始终处在赤道正上方的位置上，卫星微波通信系统可以抵达地球上最偏远的地方，与移动通信设备通信。如图 2-11 所示是一个信号从地面上的卫星天线发送给轨道卫星，然后又被地面卫星天线接收的示意图。

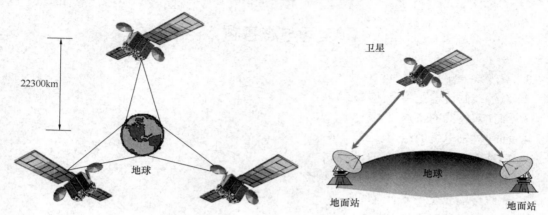

图 2-10　同步地球轨道卫星　　　　　　图 2-11　卫星天线接收的示意图

　　早期的卫星通信一般使用大型地面站和大型的天线，用户通过卫星通信系统打电话、接收电视或接收其他任何信号都需要大型地面站和大型天线。随着卫星通信技术的进一步发展，卫星在多种轨道中提供通信，用户可以从很多地方接收卫星信号，进行有效的沟通和联络。各种普通的卫星通信业务包括电话、电视广播、数据接收与分发、直播电视、灾害预警、气象监测、航空器跟踪和指令、星际链路、邮件传递、互联网接入、数据采集、GPS 定位和定时、移动车辆跟踪等。卫星通信网络正在推动社会各个领域不断发生着变化。

　　卫星通信具有诸多优点，它的覆盖区域广泛，由于处在几千公里甚至更高的高度，卫星所能发射及接收信号的范围很大。因此，卫星在点对多点和广播的应用中具有很大的优势。卫星信号衰减的大小取决于频率、功率、天线尺寸和空气的条件。卫星微波的频率越高，受天气的影响就越大。卫星微波信号容易受到地磁干扰，容易被窃听，保密性和安全性较差。信号的传输延迟也是卫星通信的问题之一。

2.4.5　无线信道的特点

　　（1）频谱资源有限：虽然可供通信用的无线频谱从数十兆赫（MHz）到数十吉赫（GHz），但由于无线频谱在各个国家都是一种被严格管制使用的资源，因此对于某个特定的通信系统来说，频谱资源是非常有限的。而且目前移动用户处于快速增长中，因此必须精心设计移动通信技术，以使用有限的频谱资源。

　　（2）传播环境复杂：前面已经说明了电磁波在无线信道中传播会存在多种传播机制，这会使得接收端的信号处于极不稳定的状态，接收信号的幅度、频率、相位等均可能处于不断变化之中。

　　（3）存在多种干扰：电磁波在空气中的传播处于一个开放环境之中，而很多的工业设备或民用设备都会产生电磁波，这就对相同频率的有用信号的传播形成了干扰。此外，由于射频器件的非线性还会引入互调干扰，同一通信系统内不同信道间的隔离度不够还会引入邻道干扰。

（4）网络拓扑处于不断的变化之中：无线通信产生的一个重要原因是可以使用户自由的移动。同一系统中处于不同位置的用户以及同一用户的移动行为，都会使得在同一移动通信系统中存在着不同的传播路径，并进一步会产生信号在不同传播路径之间的干扰。

复习与思考题

1. 双绞线分哪几类，有何区别？
2. 双绞线的传输距离有何规定？
3. 简述双绞线的特点。
4. 简述同轴电缆的结构。
5. 同轴电缆有何特点？简述同轴电缆的应用。
6. 简述光纤结构、分类、损耗及特点。
7. 无线传输介质主要有哪些？
8. 简述无线信道的特点。

第3章 综合布线系统

综合布线系统（GCS，Generic Cabling System），也称结构化综合布线系统（SCS，Structured Cabling Systems），是一种模块化、灵活性很高的建筑物内或建筑群之间的信息传输网络。综合布线系统应为开放式网络拓扑结构，应能支持语音、数据、图像、多媒体业务等信息的传递，通过它可使语音设备、数据设备、交换设备及各种控制设备与信息管理系统连接起来，同时也使这些设备与外部通信网络相连。综合布线系统还包括建筑物外部网络或通信线路的连接点与应用系统设备之间的所有线缆及相关的连接部件。

3.1 综合布线系统概述

信息通信已经成为人类生存中必不可少的组成部分，人们对信息的高速传输需求显得更为依赖，而综合布线系统则是其中面向建筑物和建筑群的高速传输系统。综合布线由不同系列和规格的部件组成，其中包括：传输介质、相关连接硬件（如配线架、连接器、插座、插头、适配器）以及电气保护设备等。这些部件可用来构建各种子系统，它们都有各自的具体用途，不仅易于实施，而且能随需求的变化而平稳升级。建筑物综合布线系统的兴起与发展，是在计算机技术和通信技术发展的基础上进一步适应社会信息化、网络化、数字化和经济全球化的需要，也是现代建筑技术与信息技术相结合的产物。

综合布线系统将建筑物内各种应用中相同或类似信息线缆、连接件按一定的秩序和内部关系组合成为整体，几乎可以支持大楼内的所有弱电系统，例如电话（音频信号）、计算机局域网（高速数据信号）、有线电视（视频信号）、保安监控（视频信号）、建筑设备自动化（监控数据信号）、背景音乐（音频信号）、消防报警（监控数据信号）等。综合布线也可以作为城域网的最后一段用户线路，将建筑物的计算机局域网与广域公用信息网连通，以多种接入方式进行对外通信联络，这些信息系统的共同特点是采用计算机技术实现自动化，人们可以利用综合布线组建自己的网络，并且借助于综合布线集成为统一的智能建筑网络平台，从而实现各系统信息资源的有机共享和综合应用。另外，有时由于行业管理的要求，消防报警和保安监控所用线路可单独敷设，不必纳入综合布线中。

在一个现代化的大楼内，除了具有电话、电视、传真、空调、消防、动力、照明线路外，同时还有计算机网络线路。而综合布线系统的对象是建筑物或楼宇内的传输网络，以使话音和数据通信设备、交换设备和其他信息管理系统彼此相连，并使这些设备与外部通信网络连接。它包含着建筑物内部和外部线路（网络线路、电话局线路）间的电缆及相关的设备连接措施。布线系统是由许多部件组成的，主要有传输介质、线路管理硬件、连接器、插座、插头、适配器、传输电子线路、电气保护设施等，并由这些部件来构造各种子系统。

3.2 综合布线系统结构

布线系统采用模块化的结构，灵活性高，目前被划分为 7 个部分，分别是工作区、配线子系统、干线子系统、建筑群子系统、设备间、进线间和管理子系统。综合布线系统是将各种不同组成部分构成一个有机的整体，而不是像传统的布线那样自成体系，互不相干。综合布线系统结构如图3-1所示。

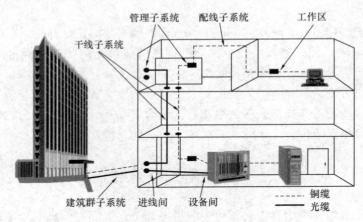

图3-1　综合布线系统结构图

3.2.1　工作区

一个独立的需要设置终端设备（TE）的区域宜划分为一个工作区。工作区应由配线子系统的信息插座模块（TO）延伸到终端设备处的连接缆线及适配器组成，包括：信息插座、插座盒、连接跳线和适配器。工作区布线要求相对简单，容易移动、添加和变更设备。终端设备可以是电话、微机和数据终端，也可以是仪器仪表、传感器和探测器等。一个独立的需要设置终端设备的区域常划分为一个工作区。工作区可支持电话机、数据终端、微型计算机、电视机、监视及控制等终端设备的设置和安装。工作区如图3-2所示。工作区设计时要注意如下要点：

（1）在设备连接器处采用不同信息插座的连接器时，可以用专用电缆或适配器；

（2）信息插座须安装在墙壁上或

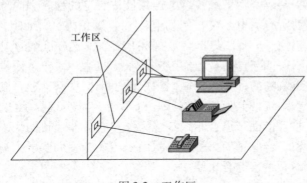

图3-2　工作区

不易碰到的地方，插座距离地面30cm以上；

（3）从RJ45插座到设备间的连线用双绞线，一般不要超过5m。

各种不同的终端设备或适配器均安装在工作区的适当位置，并应考虑现场的电源与接地。工作区适配器的选用宜符合下列要求：

（1）设备的连接插座应与连接电缆的插头匹配，不同的插座与插头之间应加装适配器；

（2）在连接使用信号的数模转换，光、电转换，数据传输速率转换等相应的装置时，采用适配器；

（3）对于网络规程的兼容，采用协议转换适配器。

3.2.2　配线子系统

　　配线子系统也称为水平子系统。配线子系统应由工作区的信息插座模块、信息插座模块至电信间配线设备（FD）的配线电缆和光缆、电信间的配线设备及设备缆线和跳线等组成。

配线子系统如图 3-3 所示。它由工作区用的信息插座、楼层配线设备至信息插座的水平电缆、楼层配线设备和跳线等组成。结构一般为星型结构，它与干线子系统的区别在于：配线子系统总是在一个楼层上，仅与信息插座、管理间连接。

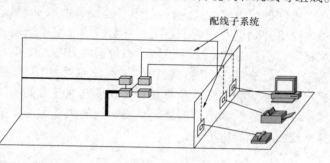

图 3-3　配线子系统

　　水平布线采用星型拓扑结构，每个设备配线区的连接端口应通过水平线缆连接到水平配线区或主配线区的水平交叉连接配线模块。水平布线包含水平线缆，端接配线设备，设备线缆、跳线，以及区域配线区的区域插座或集合点。在设备配线区的连接端口至水平配线区的水平交叉连接配线模块之间的水平布线系统中，不能含有多于一个的区域配线区的集合点。水平布线系统的信道最多存在 4 个连接器件，水平布线线缆结构示意图如图 3-4 所示。

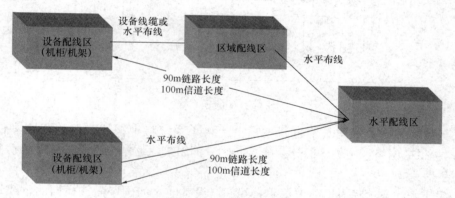

图 3-4　水平布线线缆结构示意图

　　一般情况下，水平电缆应采用 4 对双绞线电缆。在水平子系统有高速率应用的场合，应采用光缆，即光纤到桌面。水平子系统根据整个综合布线系统的要求，应在电信间或设备间的配线设备上进行连接，以构成电话、数据、电视系统和监视系统等，并方便地进行管理。在配线子系统的设计时要注意如下要点：

　　（1）配线子系统用线一般为双绞线；

　　（2）长度一般不超过 90m；

　　（3）用线必须走线槽或在天花板吊顶内布线，尽量不走地面线槽；

　　（4）用 3 类双绞线可传输速率为 16Mbps，用超 5 类双绞线可传输 100Mbps；

　　（5）确定介质布线方法和线缆的走向；为适应语音、数据、多媒体及监控设备的发展，应选用较高类型的线缆；

　　（6）确定距接线间距离最近的 I/O 位置；

（7）计算水平区所需线缆长度。

3.2.3 干线子系统

干线子系统也称垂直子系统，干线子系统应由设备间至电信间的干线电缆和光缆，安装在设备间的建筑物配线设备（BD）及设备缆线和跳线组成。它提供建筑物的干线电缆，负责连接管理到设备间的子系统，一般使用光缆或选用大对数的非屏蔽双绞线。它也提供了建筑物垂直干线电缆的路由。该子系统通常是在二个单元之间，特别是在位于中央节点的公共系统设备处提供多个线路设施。干线子系统如图 3-5 所示。该子系统由所有的布线电缆组成，或由导线和光缆以及将此光缆连到其他地方的相关支撑硬件组合而成。传输介质可能包括一幢多层建筑物的楼层之间垂直布线的内部电缆，或从主要单元如计算机房或设备间和其他干线接线间的电缆。

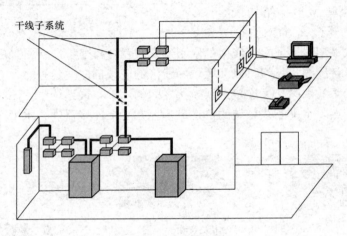

图 3-5 干线子系统

为了与建筑群的其他建筑物进行通信，干线子系统将中继线交叉连接点和网络接口（由电话局提供的网络设施的一部分）连接起来。网络接口通常放在设备相邻的房间。干线子系统还包括：

（1）垂直干线或远程通信（卫星）接线间、设备间之间的竖向或横向的电缆走向用的通道；

（2）设备间和网络接口之间的连接电缆或设备与建筑群子系统各设施间的电缆；

（3）垂直干线接线间与各远程通信（卫星）接线间之间的连接电缆；

（4）主设备间和计算机主机房之间的干线电缆。

干线子系统设计一般选用光缆，以提高传输速率，光缆可选用多模（室外远距离），也可选用单模（室内）；垂直干线电缆的拐弯处，不要直角拐弯，应有相当的弧度，以防光缆受损；干线子系统垂直通道穿过楼板时宜采用电缆竖井方式，也可采用电缆孔、管槽的方式，电缆竖井的位置应上、下对齐。

3.2.4 建筑群子系统

建筑群子系统应由连接多个建筑物之间的主干电缆和光缆、建筑群配线设备（CD）及设备缆线和跳线组成，如图 3-6 所示。它支持楼宇之间通信所需的硬件，其中包括导线电缆、光缆以及防止电缆上的脉冲电压进入建筑物的电气保护装置。在建筑群子系统中，会遇

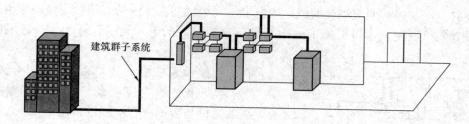

图 3-6　建筑群子系统

到室外敷设电缆问题，一般有三种情况：架空电缆、直埋电缆、地下管道电缆，或者是这三种的任何组合，具体情况应根据现场的环境来决定。设计时的要点与干线子系统相同。但要注意电气保护，如：雷击、电源碰地、感应电压、寄生电流等，应使用各种保护器。

3.2.5　设备间

设备间是在每幢建筑物的适当地点进行网络管理和信息交换的场地。对于综合布线系统工程设计，设备间主要安装建筑物配线设备。电话交换机、计算机主机设备及入口设施也可与配线设备安装在一起。设备间也称设备子系统，设备间如图 3-7 所示。

设备间指建筑物内专设的安装设备的房间，其系统由设备间中的电（光）缆、各种大型设备、总配线架及防雷电保护装置等构成。它是把建筑内公共系统需要互相连接的各种不同设备集中装设的子系统，可以完成各个楼层水平子系统之间的通信线路的调配、连接和测试等任务，还与建筑外的公用通信网连接形成对外传输的通道。它可以说是整个综合布线系统的中心单元。设备间设计时注意要点为：

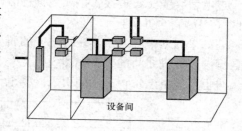

图 3-7　设备间

（1）设备间宜处于干线子系统的中间位置，并考虑主干缆线的传输距离与数量；

（2）设备间宜尽可能靠近建筑物线缆竖井位置，有利于主干缆线的引入；

（3）设备间的位置宜便于设备接地；

（4）设备间应尽量远离高低压变配电、电机、X 射线、无线电发射等有干扰源存在的场地；

（5）设备间室温度应为 10~35℃，相对湿度应为 20%~80%，并应有良好的通风；

（6）设备间内应有足够的设备安装空间，其使用面积不应小于 10m²，该面积不包括程控用户交换机、计算机网络设备等设施所需的面积在内；

（7）设备间梁下净高不应小于 2.5m，采用外开双扇门，门宽不应小于 1.5m。

设备间要有足够的空间保障设备的存放；设备间要有良好的工作环境（温度和湿度），保持室内无尘或少尘，通风良好，安装良好的消防系统、UPS 等电源系统；设备间的建设标准应按机房建设标准设计，保持一定的温度和湿度。

3.2.6　进线间

进线间是建筑物外部通信和信息管线的入口部位，并可作为入口设施和建筑群配线设备的安装场地。建筑群主干电缆和光缆、公用网和专用网电缆、光缆及天线馈线等室外缆线进入建筑物时，应在进线间成端转换成室内电缆、光缆，并在缆线的终端处可由多家电信业务经营者设置入口设施，入口设施中的配线设备应按引入的电、光缆容量配置，进线间如图3-8所示。

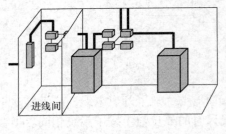

图3-8 进线间

在进线间设置安装的入口配线设备应与BD或CD之间敷设相应的连接电缆、光缆，实现路由互通。缆线类型与容量应与配线设备相一致。

进线间若针对数据中心，是结构化布线系统和外部配线及公用网络之间接口与互通交接的场地，设置用于分界的连接硬件。基于安全目的，进线间宜设置在机房之外。根据冗余级别或层次要求的不同，进线间可能需要多个，以根据网络的构成和互通的关系连接外部或电信业务经营者的网络。在数据中心面积非常大的情况下，次进线间就显得非常必要，这是为了让进线间尽量与机房设备靠近，以使设备之间的连接线缆长度不超过线路的最大传输距离。进线间主要用于电信线缆的接入和电信通信设备的放置。这些设备在进线间内经过电信线缆交叉转接，接入数据中心内。如果进线间设置在计算机机房内部，则与主配线区（MDA）合并。

如果数据中心只占建筑物之中的若干区域，则建筑物进线间、数据中心主进线间和可选数据中心次进线间的关系如图3-9所示。若建筑物只有一处外线进口，数据中心主进线间的进线也可经由建筑物进线间引入。某电信间如图3-10所示。

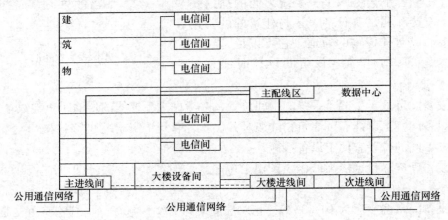

图3-9 建筑物进线间、数据中心主进线间及次进线间

3.2.7 管理

管理也称为管理子系统。在结构化布线系统中，管理子系统是干线子系统和配线子系统的连接管理，由通信线路互连设施和设备组成，通常设置在楼层配线间内，包括光纤、双绞线配线架、跳线等。管理应对设备间、电信间、进线间和工作区的配线设备、缆线、信息点、信息插座模块等设施应按一定的模式进行标识和记录，并宜符合综合布线的每一电缆、光缆、配线设备、端接点、接地装置、敷设管线等组成部分均应给定唯一的标识符的原则，并设置标签。标识符应采用相同数量的字母和数字等标明；电缆和光缆的两端均应标明相同的标识符；设备间、电信间、进线间的配线设备宜采用统一的色标区别各类业务与用途的配

图 3-10　某电信间实物图

线区。

（1）布线系统的管理程度分级

布线系统的管理程度分为以下 4 级：

① 一级管理：针对单一电信间或设备间的系统。

② 二级管理：针对同一建筑物内多个电信间或设备间的系统。

③ 三级管理：针对同一建筑群内多栋建筑物的系统，包括建筑物内部及外部系统。

④ 四级管理：针对多个建筑群的系统。

管理系统的设计应使系统可在无需改变已有标识符和标签的情况下升级和扩充。

（2）标签的选用要求

综合布线系统应在需要管理的各个部位设置标签，分配由不同长度的编码和数字组成的标识符，以表示相关的管理信息。标识符可由数字、英文字母、汉语拼音或其他字符组成，布线系统内各同类型的器件与缆线的标识符应具有同样特征（相同数量的字母和数字等）。标签的选用应符合以下要求：

① 选用粘贴型标签时，缆线应采用环套型标签，标签在缆线上至少应缠绕一圈或一圈半，配线设备和其他设施应采用扁平型标签；

② 标签衬底应耐用，可适应各种恶劣环境；不可将民用标签应用于综合布线工程；插入型标签应设置在明显位置、固定牢固；

③ 不同颜色的配线设备之间应采用相应的跳线进行连接。

管理为连接其他子系统提供手段，它是连接干线子系统和配线子系统的设备，其主要设备是配线架、交换机和机柜、电源。交连和互联允许将通信线路定位或重定位在建筑物的不同部分，以便能更容易地管理通信线路。I/O 位于用户工作区和其他房间或办公室，使在移动终端设备时能够方便地进行插拔。在使用跨接线或插入线时，交叉连接允许将端接在单元一端的电缆上的通信线路连接到端接在单元另一端的电缆上的线路。跨接线是一根很短的单根导线，可将交叉连接处的两根导线端点连接起来；插入线包含几根导线，而且每根导线末端均有一个连接器。插入线为重新安排线路提供了一种简易的方法。互联与交叉连接的目的相同，但它不使用跨接线或插入线，只使用带插头的导线、插座、适配器。互联和交叉连接也适用于光纤。

（3）布线管理设计注意要点

布线管理设计时要注意如下要点：

① 配线架的配线对数可由管理的信息点数决定；

② 利用配线架的跳线功能，可使布线系统实现灵活、多功能的作用；

③ 配线架一般由光配线盒和铜线配线架组成；

④ 管理应有足够的空间放置配线架和网络设备（交换机等）；

⑤ 有交换机等的地方要配有专用稳压电源。

电信间主要为楼层安装配线设备（为机柜、机架、机箱等安装方式）和楼层计算机网络设备的场地，可在该场地设置缆线竖井、等电位接地体、电源插座、UPS配电箱等设施。在场地面积满足的情况下，也可设置建筑物诸如安防、消防、建筑设备监控系统、无线信号覆盖等系统的布缆线槽和功能模块的安装。如果综合布线系统与弱电系统设备合设于同一场地，从建筑的角度出发，称为弱电间。

3.2.8 楼宇内综合布线系统的典型结构

综合布线系统的典型结构如图3-11所示，综合布线采用的主要布线部件有下列几种：

（1）建筑群配线架（CD，Campus Distributor）；

（2）建筑群干线电缆、建筑群干线光缆；

（3）建筑物配线架（BD，Building Distributor）；

（4）建筑物干线电缆、建筑物干线光缆；

（5）楼层配线架（FD，Floor Distributor）；

（6）集合点（选用）（CP，Consolidation Point）；

（7）信息插座（TO，Telecommunications Outlet）；

（8）终端设备（TE，Terminal Equipment）。

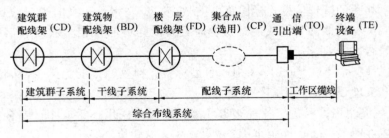

图3-11 综合布线系统的典型结构

综合布线系统可以是一种分级星形拓扑结构，如图3-12所示。对一个具体的综合布线系统，其子系统的种类和数量由建筑群或建筑物的相对位置、区域大小及用户密度决定。综合布线系统中，电缆、光缆安装在两个相邻层次的配线架间。这样就构成分级星形拓扑，这种拓扑结构具有很高的灵活性，能适应多种应用系统的要求。有时，为了提高综合布线的可靠性和灵活性，可在几个楼层配线架（FD）或建筑物配线架（BD）间用建筑物主干电缆、建

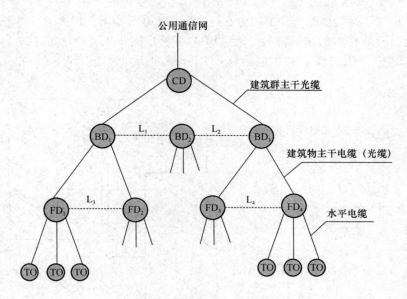

图 3-12　布线部件的相互关系

筑物主干光缆增加直通连接，如图 3-12 中的 L_1、L_2、L_3 和 L_4 所示。如果一个综合布线区域只含一幢建筑物，其一次配线点就在建筑物配线架，这时就不需要建筑群主干布线子系统。反之，一幢大型建筑物就可能看作一个建筑群，可以具有一个建筑群主干子系统和几个建筑物主干子系统。

综合布线系统中配线架可以设置在设备间或电信间中，在楼宇内布线部件的典型设置示意图如图 3-13 所示。

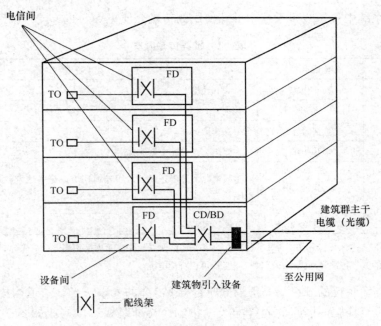

图 3-13　楼宇内布线部件的典型设置

楼宇内允许将不同配线架的功能组合在一个配线架中,如图 3-14 所示, A 楼中的配线架是分开放置的,而 B 楼中的建筑物配线架(BD)和楼层配线架(FD)的功能就组合在一个配线架中,同时建筑物配线架和底层的楼层配线架的功能也合二为一,在一个配线架上实现。

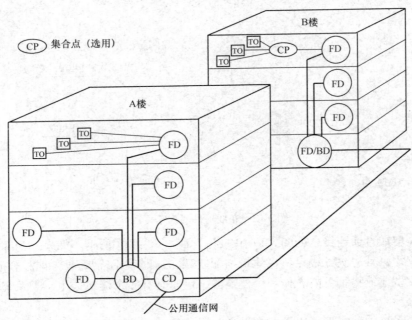

图 3-14　配线架功能的组合示意图

综合布线系统中各布线子系统中推荐使用的传输介质见表 3-1。

表 3-1　推荐传输介质

子系统	传输媒介型式	建议用途
配线布线	对称电缆	音频和数据①
	光缆	数据①
干线布线	光缆	中高速数据
	对称电缆	主要用于音频和中低速数据
建筑群主干布线	光缆	多数情况下采用光缆,采用光缆还可以克服地电位差和其他的干扰的影响②
	对称电缆	按用户要求

① 在特定条件下(例如环境条件、保密等原因)在水平布线子系统中宜考虑使用光缆;
② 不需要光纤的宽带特性时(如用户交换机线路)可用对称电缆。

综合布线铜缆系统的分级与类别划分应符合表 3-2 的要求。光纤信道构成方式中,水平光缆和主干光缆至楼层电信间的光纤配线设备应经光纤跳线连接构成如图 3-15 所示,水平光缆和主干光缆在楼层电信间应经端接(熔接或机械连接)构成如图 3-16 所示,水平光缆经过电信间直接连至大楼设备间光配线设备构成如图 3-17 所示。

表 3-2 铜缆布线系统的分级与类别

系统分级	支持带宽（Hz）	支持应用器件	
		电缆	连接硬件
A	100k	—	—
B	1M	—	—
C	16M	3 类	3 类
D	100M	5/5e 类	5/5e 类
E	250M	6 类	6 类
F	600M	7 类	7 类

注：3 类、5/5e 类（超 5 类）、6 类、7 类布线系统应能支持向下兼容的应用。

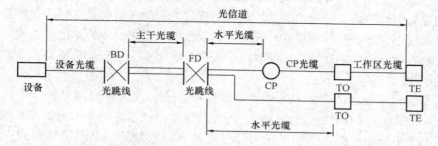

图 3-15 光纤信道构成（一）（光缆经电信间 FD 光跳线连接）

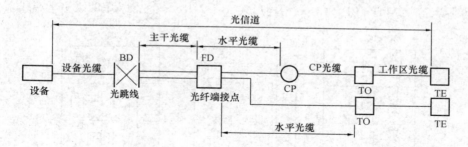

图 3-16 光纤信道构成（二）（光缆在电信间 FD 做端接）
注：FD 只设光纤之间的连接点

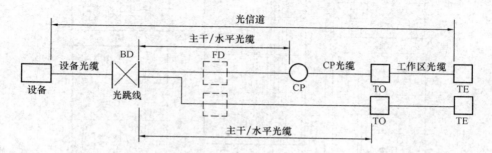

图 3-17 光纤信道构成（三）（光缆经过电信间 FD 直接连接至设备间 BD）

3.2.9 布线部件配置要点

从综合布线系统的典型结构、布线部件的相互关系和典型设置等方面来分析，布线部件

35

配置时应注意以下要点：

（1）楼层配线架的配备应根据楼层面积大小、用户信息点数量多少等因素来确定。一般情况下，每个楼层通常在电信间设置一个楼层配线架。如楼层面积较大（超过$1000m^2$）或用户信息点数量较多时，可适当分区增设楼层配线架，以便缩短水平配线子系统的缆线长度。如某个楼层面积虽然较大，但用户信息点数量不多时，在门厅、地下室或地下车库等场合，可不必单独设置楼层配线架，由邻近的楼层配线架越层布线供给使用，以节省设备数量。但应注意其水平布线最大长度不应超过90m。

（2）为了简化拓扑结构和减少配线架设备数量，允许将不同功能的配线架组合在一个配线架上。

（3）建筑物配线架至每个楼层配线架的建筑物主干布线子系统的主干电缆或光缆，一般采取分别独立供线给各个楼层的方式，在各个楼层之间无连接关系。这样当线路发生障碍时，影响范围较小，容易判断和检修。同时可以取消或减少电缆或光缆的接头数量，有利于安装施工。缺点是因分别单独供线，使线路长度和条数增多，工程造价提高，安装敷设和维护的工作量增加。

（4）综合布线系统总体方案中的主干线路连接方式若采用星型网络拓扑结构，其目的是为了简化布线系统结构和便于维护管理。因此，整个布线系统的主干电缆或光缆的交接次数在正常情况下不应超过两次（除已采用分级连接方式或分级星型网络结构的应急迂回路由等特殊连接方式外），即从楼层配线架到建筑群配线架之间，只允许经过一次配线架，即建筑物配线架，成为 FD－BD－CD 的结构形式（图3-18）。这是采用两级主干布线系统（建

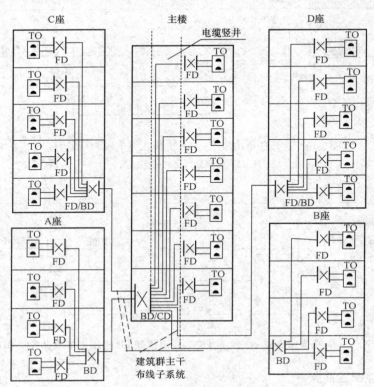

图 3-18 综合建筑物 FD-BD-CD 结构示意图

筑物主干布线子系统和建筑群主干布线子系统）进行布线的情况。如没有建筑群配线架，只有一次交接，成为 FD－BD 的结构形式（图 3-19）和一级建筑物主干布线子系统进行布线。在有些智能化建筑中的底层（如地下一、二层或地面上一、二层），因房屋平面布置限制或为减少占用建筑面积，可以不单独设置电信间安装楼层配线架。如与设备间在同一楼层时，可考虑将该楼层配线架与建筑物配线架共同装在设备间内，甚至将 FD 与 BD 合二为一，既可减少设备，又便于维护管理。但是采用这一方法时，必须在 BD 上划分明显的分区连接范围和增加醒目的标志，以示区别和有利于维护。

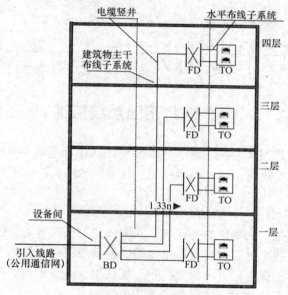

图 3-19　建筑物 FD-BD 结构

对于缆线长度划分，综合布线系统水平缆线与建筑物主干缆线及建筑群主干缆线之和所构成信道的总长度不应大于 2000m。建筑物或建筑群配线设备之间（FD 与 BD、FD 与 CD、BD 与 BD、BD 与 CD 之间）组成的信道出现 4 个连接器件时，主干缆线的长度不应小于 15m。配线子系统各缆线长度应符合如图 3-20 所示的划分，并符合下列要求：

（1）配线子系统信道的最大长度不应大于 100m；

（2）工作区设备缆线、电信间配线设备的跳线和设备缆线之和不应大于 10m，当大于 10m 时，水平缆线长度（90m）应适当减少；

（3）楼层配线设备（FD）跳线、设备缆线及工作区设备缆线各自的长度不应大于 5m。

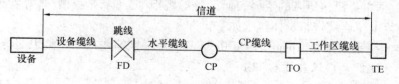

图 3-20　配线子系统线缆划分

综合布线系统工程的产品类别及链路、信道等级确定应综合考虑建筑物的功能、应用网络、业务终端类型、业务的需求及发展、性能价格、现场安装条件等因素，可对照表 3-3 相应要求。

表 3-3　布线系统等级与类别的选用

业务种类	配线子系统		干线子系统		建筑群子系统	
	等级	类别	等级	类别	等级	类别
语音	D/E	5e/6	C	3（大对数）	C	3（室外大对数）
数据	D/E/F	5e/6/7	D/E/F	5e/6/7（4 对）		
	光纤（多模或单模）	62.5μm 多模/50μm 多模/<10μm 单模	光纤	62.5μm 多模/50μm 多模/<10μm 单模	光纤	62.5μm 多模/50μm 多模/<1μm 单模
其他应用	可采用 5e/6 类 4 对对绞电缆和 62.5μm 多模/50μm 多模/<10μm 多模、单模光缆					

注：其他应用指数字监控摄像头、楼宇自控现场控制器（DDC）、门禁系统等采用网络端口传送数字信息时的应用。

3.3　综合布线系统接地

综合布线系统接地是保证系统稳定运行的关键，其接地电阻不应大于 4Ω。主要包括进线间接地、电信间接地、机房接地、机柜接地、管槽接地等，同时等电位联结导体的作用也至关重要。

3.3.1　进线间接地

进线间主要用来连接、汇集楼内外网络，其中设置的局部等电位连接端子板（LEB）位置应该尽量靠近主干布线竖井部位。进入进线间的通信线缆的金属构件与浪涌保护器必须连接到局部等电位联结端子板上。安装的配线箱、配线架、配线柜内的接地汇集必须连接到局部等电位联结端子板或大楼总等电位联结端子板。

3.3.2　电信间接地

建筑物每层的电信间应设置一个局部等电位联结端子板。电信间所有金属外壳的设备，包括金属管槽及架桥、机柜宜分别采用绝缘铜导线连接到局部等电位联结端子板上。局部等电位联结端子板的位置应该尽量靠近网络布线主干竖井部分。等电位联结导体应尽可能短，以减少阻抗，就近接到等电位联结端子板。

3.3.3　机房接地

对于设备间/数据中心机房，由于设备比较密集，设备工作频率较高，为了提供一个更加可靠的接地系统，设备间/数据中心机房需设置等电位联结带和等电位联结网络（可以利用活动地板下的金属支撑底座相互连接形成等电位连接网络）。

设备间/数据中心机房所有的金属表面设备如机柜/架、金属线槽/管等就近联结到等电位联结网格或等电位连接带，具体要求如下：

（1）网格至少采用宽度 10mm、厚度 0.3mm 的扁平铜箔或 25mm^2 编织铜带；

（2）网格水平距离应该在 0.6～3m；

（3）等电位联结带采用 30mm×3mm 铜带。

对于机房如数据中心内设置的等电位连接网络接地，为防静电地板、金属桥架、机柜、机架、金属屏蔽线缆外层和设备等有效及时释放浪涌电流、感应电流及静电电流提供了保证，从而最大限度地保护了人员和设备的安全，确保网络系统的高性能以及设备正常运行。

相关接地的要求，针对机房内的接地系统设计时需要考虑以下几方面：

（1）机房内应该设置等电位连接网络；

（2）机房内的各种接地应该共用一组接地装置，接地电阻值应该按照各种电子信息设备中所要求的最小值来确定，如果与防雷接地共用接地装置，接地电阻值不大于 1Ω；

（3）各系统共用一组接地装置时，实施的接地端应以最短的距离分别采用接地线与接地装置进行连接；

（4）机房内交流工作接地线和计算机直流地线不允许断绝或混接；

（5）机房内交流配线回路不能够与计算机直流地线紧贴或近距离平行敷设；

（6）数据中心内的机架和机柜应当保持电气连续性。由于机柜和机架带有绝缘喷漆，因此用于交流机架的固定件不可作为连接接地导体使用，必须使用接地端子；

（7）数据中心里使用金属元器件都必须与机房内的接地装置相连接，其中包括：设备、机架、机柜、爬梯、箱体、线缆托架、地板支架等；

（8）在进行接地线的端接之前，使用抗氧化剂涂抹于连接处；

（9）接地线缆外护套表面可以附有绿色或黄绿相间等颜色，以易于辨识；

（10）接地线缆外护套应为防火材料；

（11）总接地端子板应当位于进线间或进线区域设置。机房内或其他区域设置等电位接地端子板。

3.3.4　机柜接地

综合布线系统传输带宽大都在 100MHz 以上，有时甚至会达到 1000MHz，对于屏蔽布线系统而言，屏蔽对绞电缆和屏蔽模块上感应到的电荷能够通过等电位联结导体尽快泄放，以免残留电荷引起二次辐射干扰，造成抗干扰能力下降。其二是高频电阻要小，根据趋肤效应原理，在高频情况下，电流主要是经导体的表面传递，所以尽量增加等电位联结导体的表面积，将会大幅度地降低高频电阻。机房内机柜接地要求如下：

（1）机房内机柜接地应采用多股铜线或网状编制铜导线。如果对接地要求很高时，还可在其表面镀银，以减小导线的表面电阻率，从而达到减小接地线高频阻抗的目的。同时要求使用铜质导线；

（2）在机房内，每一个机柜采用 2 根不同长度的联结导体与等电位联结网格连接；

（3）在没有设置等电位联结网格的场所（如电信间），每个机柜/架都必须分别采用等电位联结导体以并行方式连接到局部等电位联结端子板上，以确保接地是可靠的；

（4）为确保机柜内的每个设备/配线架接地连续可靠，每个机柜内可以安装一个专用的接地汇集排，接地汇集排可以采用垂直或水平安装方式，每个设备/配线架的接地导体采用并行连接到接地汇集排；

（5）设备/配线架也可以通过等电位联结导体直接连接到配线间或机房局部等电位联结端子板；

（6）等电位联结导体应采用黄、绿色相间绝缘护套。

3.3.5　管槽接地

对金属桥架至少在两端应该就近做等电位联结并接地。为尽量消除累积在金属桥架中的高频感应电荷，也可以采用多点接地（不少于 2 点）的接地方式。基于这一点，金属桥架可添加附加的等电位联结导体，每一段桥架或在一定的间距部位进行就近接地。这种接地方法的好处是避免了桥架每一段连接的部位万一有一个接地连接点出现故障，后续桥架的接地将会悬浮或中断，使得抗干扰能力下降的现象出现。

3.3.6 等电位联结导体要求

1. 接地导体总要求

（1）等电位联结导体长度应该尽量短，以减少阻抗。接地导体可以采用圆形铜导体、金属条/带或者金属编织网。当传输高频信号时，应采用金属条/带或者金属编织网；

（2）等电位联结导体不能采用串联方式连接；

（3）等电位联结导体应尽可能短，以减少阻抗，就近接到等电位联结端子板；

（4）等电位联结导体须贴有标签，标签应该贴在方便易观察的位置；

（5）等电位联结导体应采用黄、绿色相间绝缘护套。

2. 接地主干线要求

接地主干线是由总等电位联结端子板引出，延伸至每个楼层电信间局部等电位联结接端子板，接地主干线的主要目的是实现楼层电信间接地端子的等电位联结。为实现楼层电信间接地端子的等电位联结，保证各接地电位差不大于 1Vr.m.s（为电压有效值），楼层电信间局部等电位联结端子板应单独用接地主干线接至大楼总等电位联结端子板。

当建筑物中使用两个或多个垂直接地互联主干线时，为了保证接地主干线之间电位相等，接地干线之间每隔三层及顶层须用接地互联主干线等电位联结导体相连接。

3. 接地导体截面要求

（1）机柜类接地汇集排的等电位导体联结截面不应小于 4mm^2；

（2）等电位联结网格至活动地板金属底座、金属导管、建筑物金属构件的等电位联结导体截面不应小于 6mm^2；

（3）等电位联结网格到局部等电位联结端子板的等电位联结导体截面不应小于 16mm^2；

（4）机柜至局部等电位联结端子板的等电位联结导体截面不应小于 16mm^2；

（5）机柜至等电位网格的等电位联结导体截面不应小于 6mm^2；

（6）局部等电位联结端子板之间的等电位联结导体截面不应小于 16mm^2；

（7）局部等电位联结端子板至大楼总等电位联结端子板之间的等电位联结导体截面不应小于 25mm^2。

3.4 综合布线系统特点及设计标准要点

3.4.1 综合布线系统的特点

综合布线有许多优越性，特点如下：

（1）可靠性

布线系统要能够充分适应现代和未来技术发展，实现话音、高速数据通信、高显像度图片传输，支持各种网络设备、通信协议和包括管理信息系统、商务处理活动、多媒体系统在内的广泛应用。布线系统还要能够支持其他一些非数据的通信应用，如电话系统等。

（2）先进性

布线系统作为整个建筑的基础设施，要采用先进的科学技术，要着眼于未来，保证系统具有一定的超前性，使布线系统能够支持未来的网络技术和应用。

（3）灵活性

布线系统对其服务的设备有一定的独立性，能够满足多种应用的要求，每个信息点可以连接不同的设备，如数据终端、模拟或数字式电话机、程控电话或分机、个人计算机、工作站、打印机、多媒体计算机和主机等。布线系统要可以连接成包括星型、环型、总线型等各种不同的逻辑结构。

（4）模块化

布线系统中除去固定于建筑物内的水平线缆外，其余所有的设备都应当是可任意更换插拔的标准组件，以方便使用、管理和扩充。

（5）扩充性

布线系统应当是可扩充的，以便在系统需要发展时，可以有充分的余地将设备扩展进去。

（6）标准化

布线系统要采用和支持各种相关技术的国际标准、国家标准及行业标准，这样可以使得作为基础设施的布线系统不仅能支持现在的各种应用，还能适应未来的技术发展。

（6）兼容性、开放性

综合布线是完全独立的而与应用系统相对无关，可以适用于多种应用系统。系统应采用开放式体系结构，符合多种国际上现行的标准，对多数著名厂商的产品都是开放的，并支持所有通信协议。

（7）经济性

统一考虑闭路电视系统、网络系统、通信系统和视频点播系统，统一设计，统一施工，统一管理，避免重复劳动和设备占用。

3.4.2　综合布线系统的设计标准要点

随着信息技术的发展，布线技术也在不断推陈出新，与之相适应，布线系统相关标准的发展也有相当长的时间，国际标准化委员会 ISO/IEC、欧洲标准化委员会 CEN-ELEC 和北美的工业技术标准化委员会 TIA/EIA 都在努力制定更新的标准以满足技术和市场的需求。

1. 布线有关的组织与机构

（1）ANSI 美国国家标准协会（American National Standards Institute）；

（2）EIA 电子行业协会（Electronic Industries Association）；

（3）ICEA 绝缘电缆工程师协会（Insulated Cable Engineers Association）；

（4）IEC 国际电工委员会（International Electrotechnical Commission）；

（5）IEEE 美国电气与电子工程师协会（Institute of Electrical and Electronics Engineers）；

（6）ISO 国际标准化组织（International Standards Organization）（formally, International Organization for Standardization）；

（7）ITU‐TSS 国际电信联盟‐电信标准化分部（International Telecommunications Union‐Telecommunications Standardization Section）；

（8）CSA 加拿大标准协会（Canadian Standards Association）。

目前我国布线行业主要参照国际标准、美洲标准、《综合布线系统工程设计规范》（GB 50311—2016）、《综合布线系统工程验收规范》（GB/T 50312—2016）等国家标准实施。

2. 综合布线标准要点

国际电子工业协会（EIA）、国际电信工业协会（TIA）或国家制定的标准或规范，主要要点为：

（1）目的

① 规范一个通用语音和数据传输的电信布线标准，以支持多设备、多用户的环境；

② 为服务于商业的电信设备和布线产品的设计提供方向；

③ 能够对商用建筑中的结构化布线进行规划和安装，使之能够满足用户的多种电信要求；

④ 为各种类型的线缆、连接件以及布线系统的设计和安装建立性能和技术标准。

（2）范围

① 标准针对的主要是"商业办公"电信系统；

② 布线系统的使用寿命要求在 10 年以上。

（3）标准内容

标准内容为所用介质、拓扑结构、布线距离、用户接口、线缆规格、连接件性能、安装程序等。

（4）光缆布线系统

在光缆布线中分配线子系统和干线子系统，它们分别使用不同类型的光缆。

① 配线子系统：62.5/125μm 多模光缆（出入口有 2 条光缆），多数为室内型光缆。

② 干线子系统：62.5/125μm 多模光缆或 10/125μm 单模光缆。

综合布线系统中，水平布线子系统和主干布线子系统内的电缆、光缆最大长度应符合如图 3-21 所示的规定。

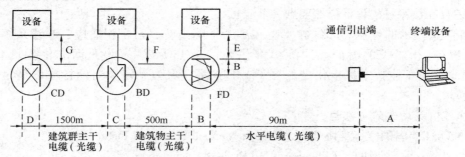

图 3-21　综合布线中电缆、光缆最大长度

注：（A+B+E）≤10m　水平子系统中工作区电缆、工作区光缆、设备电缆、设备光缆和接插软线或跳线的总长度；

（C 和 D）≤20m　在建筑物配线架或建筑群配线架中的接插软线或跳线；

（F 和 G）≤30m　在建筑物配线架或建筑群配线架中的设备电缆、设备光缆。

3.5　建筑智能化与综合布线系统的关系

由于智能化建筑是集现代建筑技术、通信技术、计算机网络和自动控制技术等多种新技术的有机集成，所以智能化建筑工程项目的内容极为广泛，综合布线系统作为智能化建筑中的神经系统，是智能化建筑的关键部分和基础设施之一，因此，不应将智能化建筑和综合布线系统相互等同，否则容易错误理解。综合布线系统在建筑内和其他设施一样，都是附属于建筑物的基础设施，为智能化建筑的主人或用户服务。虽然综合布线系统和房屋建筑彼此结合形成不可分离的整体，但要看到它们是不同类和工程性质的建设项目。它们从规划、设计直到施工及使用的全过程中，其关系是极为密切的。具体表现有以下几点：

（1）综合布线系统是评价建筑智能化程度的重要标志之一

在评价建筑智能化的过程中时，既不完全看建筑物的体积是否高大巍峨和造型是否新型壮观，也不会看装修是否宏伟华丽和设备是否配备齐全，主要是看综合布线系统配线能力，如设备配置是否成套，技术功能是否完善，网络分布是否合理，工程质量是否优良，这些都是决定智能化建筑的智能化程度高低的重要因素，因为智能化建筑能否为用户更好地服务，综合布线系统具有决定性的作用。

（2）综合布线系统使建筑智能化得以充分发挥

综合布线系统把智能化建筑内的通信、计算机和各种设备及设施，在一定的条件下纳入综合布线系统，相互连接形成完整配套的整体，以实现高度智能化的要求。由于综合布线系统能适应各种设施当前需要和今后发展，具有兼容性、可靠性、使用灵活性和管理科学性等特点，所以它是智能化建筑能够保证优质高效服务的基础设施之一。在智能化建筑中如没有综合布线系统，各种设施和设备因无信息传输媒质连接而无法相互联系、正常运行，智能化也难以实现，这时智能化建筑是一幢只有空壳躯体的、实用价值不高的土木建筑，也就不能称为智能化建筑。在建筑物中只有配备了综合布线系统时，才有实现智能化的可能性，这是智能化建筑工程中的关键内容。

（3）综合布线系统适应建筑智能化和科学技术发展的需要

现代建筑的使用较长，大都在几十年以上，因此，目前在规划和设计新的建筑时，应考虑如何适应今后发展的需要。由于综合布线系统具有很高的适应性和灵活性，能在今后相当长时期内满足客观发展需要。为此，在新建的高层或重要的智能化建筑中，应根据建筑物的使用性质和今后发展等各种因素，积极采用综合布线系统，以更好的满足信息时代的要求。

（4）"光纤到桌面"、"光纤入户"将全面实现，将越来越接近用户终端

"光纤到桌面"在水平配线系统的应用中，和铜缆的关系是相辅相成不可或缺的。光纤传输距离远、传输速度快、稳定、不受电磁干扰的影响、支持带宽高、不会产生电磁泄漏等。这些特点使得光纤在一些特定的环境中发挥着铜缆不可替代的作用。当信息点传输距离大于100m时，如果选择使用铜缆，须添加中继器或增加网络设备和弱电间，从而增加成本和故障隐患，使用光纤很容易解决这一问题。

在特定工作环境中（如工厂、医院、空调房、电力机房等）存在着大量的电磁干扰源，光纤可以不受电磁干扰，在这些环境中可稳定运行。光纤不存在电磁泄漏，要检测光纤中传输的信号是非常困难的。在保密等级要求较高的地方（如军事、研发、审计、政府等行业）是很好的选择。光纤的应用正在从主干线逐渐延伸到桌面和用户，越来越多网络通信和综合布线系统将由光纤来实现。

复习与思考题

1. 综合布线系统划分为几个部分？各部分的功能是什么？
2. 画出综合布线子系统结构图。
3. 简述综合布线的特点。
4. 简述综合布线系统设计要点。
5. 综合布线主要由哪几个部件组成？
6. 综合布线系统接地主要包括哪些方面？
7. 机房接地有哪些具体要求？
8. 画出楼宇内综合布线部件典型设置。
9. 在进行布线系统工程认证测试中有哪些主要电气特性？
10. 简述智能建筑与综合布线系统的关系。

第4章 综合布线系统工程设计

综合布线系统工程设计是现代公共建筑、民用建筑等楼宇智能化系统中的一项重要内容。为了适应通信网络的高速发展和信息社会对其高效率需求,信息和通信网络已向数字化、综合化、宽带化、智能化方向不断发展,应做好网络建设和综合布线系统工程设计。工程设计时,应根据综合布线系统工程项目的性质、功能、环境条件和近、远期要求,进行综合布线系统设施和管线的规划和设计。工程设计必须保证综合布线系统的质量和安全,考虑施工和维护的方便,便于系统的局部变更与功能升级,做到技术先进、经济合理、安全可靠。

4.1 概述

在综合布线系统设计时,应按照建筑物的特点和客观需要,结合工程实际,采取统筹兼顾、因地制宜的原则,从综合布线系统的标准、规范出发,在总体规划的基础上,进行综合布线系统工程的各项子系统的详细设计。综合布线设计基本内容如下:

(1)用户需求分析

① 确定工程实施的范围;

② 确定系统的类型;

③ 确定系统各类信息点接入要求;

④ 查看现场,了解建筑物布局。

(2)系统总体方案设计

系统总体方案设计主要包括系统的设计目标、系统设计原则、系统设计依据、系统各类设备的选型及配置、系统总体结构、各个布线子系统详细工程技术方案等内容。在进行总体方案设计时应根据工程具体情况,进行灵活设计。

(3)各部分方案详细设计

综合布线系统工程的各个子系统设计是系统设计的核心内容,它直接影响用户的使用效果。按照国内外综合布线的标准及规范,综合布线系统主要由七个部分构成,即工作区、配线子系统、干线子系统、建筑群子系统、设备间、进线间和管理,对各部分方案按要求详细设计。

(4)其他方面设计

① 交直流电源的设备选用和安装方法;

② 综合布线系统在可能遭受各种外界干扰源的影响时,采取的防护和接地等技术措施;

③ 综合布线系统要求采用全屏蔽技术时,应选用屏蔽线缆以及相应的屏蔽配线设备。在设计中应详细说明系统屏蔽的要求和具体实施的标准;

④ 在综合布线系统中,对建筑物设备间和楼层电信间进行设计时,应对其面积、门窗、内部装修、防尘、防火、电气照明、空调等方面进行明确的规定。

(5)综合布线系统设计流程

综合布线系统流程图如图 4-1 所示。综合布线系统工程设计实施的具体步骤，主要包括如下内容：

① 分析用户需求；
② 尽可能全面地获取工程相关的建筑资料；
③ 系统结构设计；
④ 布线路由设计；
⑤ 可行性论证；
⑥ 绘制综合布线施工图；
⑦ 计算出综合布线用料清单。

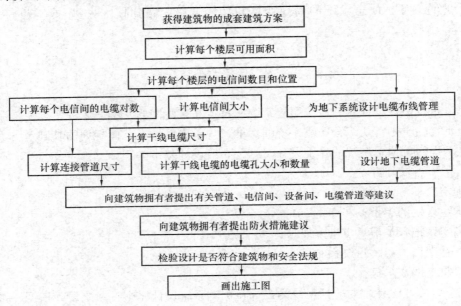

图 4-1　综合布线系统流程图

4.2　综合布线系统设计等级

综合布线系统设计等级可依据《综合布线系统工程设计规范》（GB 50311—2016）、《综合布线系统工程验收规范》（GB/T 50312—2016）来实施，对于建筑物与建筑群的工程设计，应根据实际需要，选择适当的综合布线系统。一般可根据非屏蔽对绞缆线、屏蔽对绞缆线和光纤缆线以及相关支撑的硬件设备材料的选择定为三种不同的布线系统等级。它们是：

（1）基本型综合布线系统

基本型布线系统适用于配置建筑物标准较低的场所，通常可采用铜芯缆线组网，以满足语音或语音与数据综合而传输速率要求较低的用户，基本型布线系统要求能够全面过渡到数据的异步传输或综合型布线系统。它的基本配置：

① 每一个工作区有 1 个信息插座（每 10m² 设 1 个信息插座）；
② 每一个工作区有一条水平布线 4 对 UTP 系统；

③ 完全采用 110A 交叉连接硬件，并与未来的附加设备兼容；

④ 每个工作区的干线电缆至少有 2 对双绞线。

（2）增强型综合布线系统

增强型布线系统适用于建筑物中等标准的场所，布线要求不仅具有增强的功能，而且还具有为增加功能提供发展的余地。增强型布线系统不仅支持语音和数据的应用，还支持图像、影像、影视、视频会议等。增强型布线系统可先采用铜芯缆线组网，并能够利用接线板进行管理，以满足语音或语音与数据综合而传输速率一般的用户。它的基本配置：

① 每个工作区有 2 个以上信息插座（每 $10m^2$ 设 2 个信息插座）；

② 每个信息插座均有水平布线 4 对 UTP 系统；

③ 具有夹接式（110A）或接插式（110P）交接硬件；

④ 每个工作区的电缆至少有 3 对双绞线。

（3）综合型综合布线系统

综合型布线系统适用于建筑物配置较高的场所，布线系统不但采用了铜芯对绞电缆，而且为了满足高质量的高频宽带信号，采用光纤缆线和双介质混合体缆线（铜芯缆线和光纤线混合成缆）组网。它的基本配置：

① 在建筑物内、建筑群的干线或水平布线子系统中配置光缆；

② 在每个工作区的电缆内配有 4 对双绞线；

③ 每个工作区的电缆中应有 2 条以上的双绞线。

夹接式交接硬件系指夹接、绕接固定连接的交接。接插式交接连接硬件系指用插头、插座连接的交接。每组信息插座附近宜配备 220V 电源三孔插座。暗装信息插座（RJ45）与其旁边电源插座应保持 20cm 的距离，且保护地线与零线严格分开。

4.3　综合布线系统设计

4.3.1　工作区设计

综合布线工作区是由终端设备、与配线子系统相连的信息插座以及连接终端设备的软跳线构成。工作区布线一般为非永久的布线方式，随着应用终端设备的种类而改变。从系统的整体性和系统性来看，工作区布线也是整个布线系统中不可缺少的组成部分。故在综合布线系统工程设计中，应本着技术先进、经济合理的原则，科学合理地确定信息插座的数量。

（1）工作区设计步骤

① 确定信息点数量

工作区信息点数量主要根据用户的具体的需求来确定。对于用户不能明确信息数量的情况下，应根据工作区设计规范来确定，即一个 $5 \sim 10m^2$ 面积的工作区应配置一个语音信息点或一个计算机信息点，或者一个语音信息点和计算机信息点。

② 确定信息插座数量

第一步确定了工作区应安装的信息点数量后，信息插座的数量就很容易确定了。假设信息点数量为 M，信息插座数量为 N，信息插座插孔数为 A，则应配置信息插座的计算公式应为：

$$N = \text{INT}\ (M/A)，\quad \text{INT}\ (\ )\ 为向上取整函数$$

考虑系统应为以后扩充留有余量，因此最终应配置信息插座的总量 P 应为：

$$P = N + N \times 3\%$$

其中，N 为信息插座数量，$N \times 3\%$ 为富余量。

③ 确定信息插座的安装方式

工作区的信息插座分为暗埋式和明装式两种方式，暗埋方式的插座底盒嵌入墙面，明装方式的插座底盒直接在墙面上安装。安装信息插座时应符合以下安装规范：安装在地面上的信息插座应采用防水和抗压的接线盒；安装在墙面或柱子上的信息插座底部离地面的高度宜为 30cm 以上；信息插座附近有电源插座的，信息插座应距离电源插座 30cm 以上。

（2）信息插座连接技术要求

信息插座是终端与配线子系统连接的接口。信息插座是 8 针模块化的标准插座，不同厂家的产品基本一样。信息模块压线时有两种方式：T568B 标准和 T568A 标准。如图 4-2 所示，引针 1、2、3、6 传送数据信号，引针 7、8 直接连通，并留作配件电源之用。

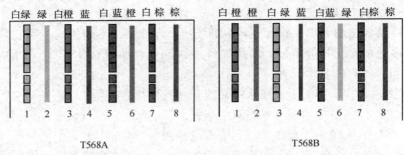

图 4-2　T568B 标准和 T568A 标准引脚

4.3.2　配线子系统设计

配线子系统指从楼层电信间至工作区用户信息插座。由用户信息插座、水平电缆或光缆、配线设备等组成。配线子系统采用星型拓扑结构，每个信息点均需连接到管理子系统。

配线子系统是综合布线系统的分支部分，具有面广、点多等特点。它由工作区用的信息插座及其至楼层配线架（FD）以及它们之间的缆线组成。配线子系统设计范围遍及整个智能化建筑的每一个楼层，且与房屋建筑和管槽系统有密切关系；配线子系统设计涉及配线子系统的传输介质和部件集成，在设计中应注意相互之间的配合。

（1）配线子系统设计步骤

① 确定路由

根据建筑物的结构、用途，确定配线子系统路由设计方案。有吊顶的建筑物，水平走线可走吊顶。一般建筑物采用地板管道布线方法。

② 配线子系统的线缆及选择

配线子系统线缆宜按下列原则选用：

a. 普通型线缆宜用于一般场合；

b. 填充型实芯电缆宜用于有空气压力的场合。

选择配线子系统的线缆，要依据建筑物信息的类型、容量、带宽或传输速率来确定。在水平干线布线系统中常用的线缆、光纤型号有 4 种：

a. 100Ω 非屏蔽双绞线电缆（UTP）和屏蔽双绞线电缆（STP）；

b. 50/125μm 多模光纤；

c. 62.5/125μm 多模光纤；

d. 8.3/125μm 多模光纤。

在配线子系统中，也可使用混合电缆。采用双绞电缆时，根据需要可选用非屏蔽双绞电缆或屏蔽双绞电缆，一般不宜采用同轴电缆。在一些特殊场合，可选用阻燃、低烟、无毒等线缆。随着微电子技术的发展，应用系统设备都已使用标准接口，如 RJ45 插座。另外，10Mbit/s 或 10Mbit/s 以下低速数据和话音传输，可采用3类双绞电缆；10Mbit/s 以上高速数据传输，可采用5类或6类等双绞电缆。高速率或特殊要求的场合可采用光纤。由于距离不是很远，所以多模光缆便可满足要求，且价格比单模光缆便宜。配线子系统布线发展方向将是光纤至桌面（FTTD，Fiber to The Desk）。

配线子系统应采用4对对绞线和8针脚模块化插座，在高速率应用的场合，也可采用光缆及其连接硬件。配线子系统应根据整个系统的要求，在电信间或设备间的配线设备上进行连接，以构成语音、数据、图像、建筑物监控等系统并进行管理。

③ 配线子系统的线缆长度确定

a. 确定介质布线方法和线缆的走向；

b. 确定每个干线电信间或二级电信间所需服务的区域；

c. 确定离电信间最远的信息插座的距离 D；

d. 确定离电信间最近的信息插座的距离 S；

e. 计算平均线缆长度：

$$L = \frac{D + S}{2}$$

f. 水平电缆的最大长度为90m，计算总电缆的长度 R：

$$R = L \times (1 + 10\%) + 端接容差(6 \sim 12m)$$

④ 配线子系统的信息插座类型选择

信息插座（TO）是终端（工作站）与配线子系统连接的接口。TO 一般应为标准的 RJ45 型插座，并与线缆类别相对应，TO 面板规格应采用国家标准。多模光纤插座宜采用 SC 或 ST 接插型式（SC 为优选型式），单模光纤插座宜采用 FC 接插型式。

（2）配线子系统的布线方法

水平布线是将线缆从电信间接到每一楼层的工作区的信息插座上。要根据建筑物的结构特点，从路由（线）最短、造价最低、施工方便、布线规范和扩充简便等几个方面考虑。但由于建筑物中的管线比较多，常要遇到一些矛盾，故设计配线子系统必须折中考虑，选取最佳的水平布线方案。下面介绍常用的几种方法，它们可以单独使用，也可混合使用。

① 直接埋管线槽方式

由一系列密封在现浇混凝土里的金属布线管道或金属馈线走线槽组成。这些管道从电信间向信息插座的位置辐射。这种布线方式目前较多使用 SC 镀锌钢管及阻燃高强度 PVC 管，建议容量为70%。老式建筑物面积不大，信息点不多，可以使用直接埋管方式，

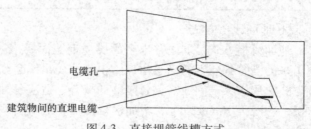

电缆孔

建筑物间的直埋电缆

图4-3 直接埋管线槽方式

设计、安装、维护方便，造价较低。直接埋管线槽方式如图 4-3 所示。

　　② 先走吊顶内线槽再走支管方式

　　线槽由金属或阻燃高强度 PVC 材料制成，线槽通常悬挂在天花板上方的区域，用在大型建筑物或布线系统比较复杂而需要额外支持物的场合。弱电井出来的缆线先走吊顶内的线槽，到各房间后，经分支线槽从横梁式电缆管道分叉后将电缆穿过一段支管引向墙柱或墙壁，贴墙而下到本层的信息出口，最后端接在用户的插座上。先走吊顶内线槽再走支管方式如图 4-4 所示。

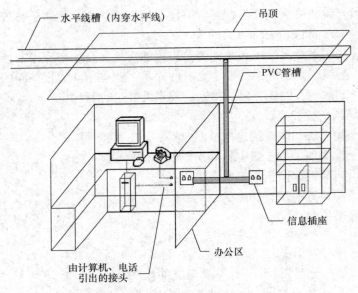

图 4-4　配线子系统布线示意图

　　在一个开放环境安装水平线时，至少应离开荧光灯 5 英尺（120mm），同时保证水平线缆的长度不超过 90m。在施工工程中，遵照 EIA/TIA-569 标准规定保持与电力线一定的间距，见表 4-1。

表 4-1　　EIA/TIA-569 推荐通信线与电力线间距

电力线小于 480V 的情况下	最小间隔距离		
	<2kV·A	2~5kV·A	>5kV·A
开放的或非金属的通信线槽与非屏蔽的电力线间距	127mm	305mm	610mm
接地的金属通信线槽与非屏蔽的电力线间距	64mm	152mm	305mm
接地的金属通信线槽与封密在接地金属导管的电力线		76mm	152mm

　　③ 地面线槽方式

　　地面线槽方式是弱电井出来的线缆走地面线槽（每隔 4~8m）到地面出线盒或由分线盒出来的支管到墙上的信息出口。由于地面出线盒或分线盒或柱体直接走地面垫层，因此这种方式适用于大开间或需要打隔断的场合，适应各种布置和变化，灵活性大，但也需要较厚垫层，一般为 70mm 以上，增加楼板荷重。地面线槽方式工程造价较高，是吊顶内线槽方式的 3~5 倍。

4.3.3　干线子系统设计

　　干线子系统由连接主设备间至各楼层电信间之间的线缆构成。其功能主要是把各分层配线架与主配线架相连。用主干电缆提供楼层之间通信的通道，是综合布线的主动脉，使整个布线系统组成一个有机的整体。干线子系统拓扑结构采用分层星型拓扑结构，每个楼层电信间均需采用垂直主干线缆连接到大楼主设备间。垂直主干线缆和水平系统线缆之间的连接需要通过楼层管理间的跳线来实现。

　　1. 干线子系统设计的基本原则

　　（1）干线子系统中的主干线路总容量的确定应根据综合布线系统中语音和数据信息共享的原则和采用类型的等级（即基本型、增强型和综合型）进行估计推算，并适当考虑今后的发展余地。

　　（2）干线子系统中，不允许有转折点 TP（Transition Point）。从楼层配线架到建筑群配线架间只应通过一个配线架，即建筑物配线架。当综合布线只用一级干线布线进行配线时，放置干线配线架的二级电信间可以并入楼层电信间。

　　（3）垂直干线是建筑物内综合布线的主馈缆线，是楼层之间垂直缆线的统称。与干线子系统有关的两个重要参数是介质的选择和干线对数的确定。介质的选择包括铜缆和光缆的选择，这是根据系统所处环境的限制和用户对系统等级的考虑而定的；垂直干线对数的确定则主要根据水平配线对数的大小以及业务和系统的情况来定。

　　（4）垂直干线电缆可采用点对点端接，也可采用分支递减端接以及电缆直接连接。如果设备间与计算机机房处于不同的地点，而且需要把语音电缆连至设备间，把数据电缆连至计算机机房，则应在设备中选取干线电缆的不同部分来分别满足不同路由的语音和数据的需要。

　　（5）干线子系统应选择干线电缆最短、最安全和最经济的路由。弱电缆线不应布放在电梯、供水、供气、供暖、强电等竖井中。

　　（6）在大型建筑物中，干线子系统可以由两级甚至三级组成，但不应多于三级。

　　2. 干线子系统的设计步骤

　　干线子系统设计的目标是选择垂直干线线缆最短、最安全和最经济的路由，必须既满足当前的需要，又适应今天的发展。干线子系统通常可按下列步骤进行设计：

　　（1）确定每层楼的干线要求；

　　（2）总结整栋楼的干线要求；

　　（3）确定从每一楼层到设备间的干线电缆的路由；

　　（4）确定干线电信间与二级电信间之间的接合方法；

　　（5）根据选定的接合方法确定干线线缆的尺寸；

　　（6）确定加横向线缆所需的支撑结构。

　　3. 干线子系统的布线距离

　　干线子系统布线的最大距离应满足建筑群配线架（CD）到楼层配线架（FD）间的距离不应超过 2km，建筑物配线架（BD）到楼层配线架（FD）的距离不应超过 500m。采用单模光缆时，建筑群配线架到楼层配线架的最大距离可以延伸到 3km。采用 6 类双绞电缆时，对传输速率超过 1kMbit/s 的高速应用系统，布线距离不应超过 90m，否则应选用单模或多模光缆。在建筑群配线架和建筑物配线架上，接插线和跳线的长度超过 20m 的长度应从允许的干线缆最大长度中扣除。把电信设备（如程控用户交换机）直接连接到建筑群配线架或建筑物配线架的设备电缆、光缆长度不宜超过 30m。如果使用的设备电缆、光缆超过 30m，干线电缆、光缆长度宜相应减少。

4. 干线子系统的线缆及选择

干线子系统布线应能满足不同用户的需求。根据应用特点，需要选择传输媒体。选择媒体一般是基于如下考虑的：业务的灵活性、布线的灵活性、布线所要求的使用期、现场大小和用户数量。

一般地，垂直干线线缆可选择 100Ω 双绞电缆（UTP 或 FTP）、62.5/125μm 多模光缆、50/125μm 多模光缆和 8.3/125μm 单模光缆几种传输介质，它们可单独使用也可混合使用。针对语音传输一般采用 3 类大对数双绞电缆（25 对、50 对等），针对数据和图像传输采用多模光纤或超 5 类及以上大对数双绞电缆。在带宽需求量较大、传输距离较长和保密性、安全性要求较高的干线以及雷电、电磁干扰较强的场所，应首先考虑选择光缆。

选择单模光纤还是多模光纤，要考虑数据应用的具体要求、光纤设备的相对经济性能指标及设备间的最远距离等情况。多模光纤以发光二极管（LED）作为光源，适合的局域网速度为 622Mbps，可提供的工作距离从 300~2000m 不等，与利用激光器光源在单模光纤上工作的设备相比更加经济。因发光二极管的工作速度不够快且不足以传送更高频率的光脉冲信号，故在千兆字节的高速网络应用中需要采用激光光源。因此单模光纤可以支持高速应用技术及较远距离的应用情况。根据单模光纤和多模光纤的不同特点，大楼内部的主干线路宜采用多模光纤，而建筑群之间的主干线路宜采用单模光纤。

4.3.4 管理子系统设计

管理子系统设置在楼层电信间，是水平和干线子系统电缆端接的场所；由大楼主配线架、楼层分配线架、跳线、转换插座等组成。用户可以在管理子系统中更改、增加、交接、扩展线缆。管理子系统提供了与其他子系统连接的手段，使整个布线系统与其连接的设备和器件构成一个有机的整体。调整管理子系统的交接则可安排或重新安排线路路由，因而传输线路能够延伸到建筑物内部各个工作区，是综合布线系统灵活性的集中体现。

管理是针对设备间、电信间和工作区的配线设备、缆线、信息插座等设施，按一定模式进行标识和记录的规定，内容包括管理方式、标识、色标、交叉连接等。这些内容的实施，将为今后的系统维护、管理带来很大的方便，有利于提高管理水平和工作效率。

1. 管理子系统的基本要求

规模较大的综合布线系统宜采用计算机进行管理，规模较小的综合布线系统宜按图纸资料进行管理。在每个交接区实现线路管理的方式是在各色标区域之间按应用的要求，采用跳线连接。管理子系统中干线配线管理宜采用双点管理双交接，管理子系统中楼层配线管理应采用单点管理。

配线架的结构取决于信息点的数量、综合布线系统网络性质和选用的硬件，应根据光缆的芯数及规格、型式确定光端箱规格、型式。交接设备跳接线连接方式宜符合下列规定：对配线架上一般不经常进行修改、移位或重组的相对稳定的线路，宜采用卡接式接线方法；对配线架上经常需要调整或重新组合的线路，宜使用快接式插接线方法。

建筑物配线柜（架）（BD）的规模宜根据楼内信息点数量、用户交换机门数、外线引入线对数、主干线缆对数来确定，并应留出适当的空间，供未来扩充之用。在电信间内配线柜（架）应留有一定的裕量空间以备容纳未来扩充的交接硬件设备。根据信息点（TO）的分布和数量确定电信间及楼层配线架（FD）的位置和数量，FD 的接线模块应有 20% ~ 30% 左右的裕量。

综合布线使用三种标记：电缆标记、区域标记和接插件标记。其中接插件标记最常用，可分为不干胶标记条或插入式标识两种，供选择使用。色标是用来区分配线设备的性质，标识按性质排列的接线模块，表明端接区域、物理位置、编号、容量、规格等，以便维护人员在现场一目了然地加以识别。

2. 管理交连方案

管理就是指线路的跳线连接控制，通过跳线连接可安排或重新安排线路路由，管理整个用户终端，从而实现综合布线系统的灵活性。管理交连方案有单点管理和双点管理两种。

（1）单点管理：单点管理属于集中型管理，是指在整个网络系统中只有一个"点"可以进行线路交连操作，其他连接点采用直接连接，一般均设在设备间（交换机房、主机房或交接房）内，采用星形网络。主配线架（MDF）使用跳线连接，而楼层电信间分配线架（IDF）使用直接连接。

（2）双点管理：双点管理属于集中、分散型管理，即在网络系统中有两个"点"可以进行线路交连操作，其他连接点使用直接连接。除了在设备间有一个管理点之外，在电信间仍有一级管理交连（跳线）。这是管理子系统普遍采用的方法，适用于大中型系统工程。例如：MDF 和 IDF 使用跳线连接。

在不同类型的建筑物中管理子系统常采用单点管理一次交连、单点管理二次交连、双点管理二次交连、双点管理三次交连和双点管理四次交连等方式。

3. 管理标记方案

色标场管理，在每个管理区，实现线路管理的方法是采用色标标记，即在配线架上，将来自不同方向或不同应用功能的设备的线路集中布放并规定了不同颜色的标记区域——称之为色标场。

在各色标场之间接上跨接线或接插线，这些色标分别用来标明该场是干线电缆、水平电缆还是设备端接点。这些场通常分配给指定的配线模块，而配线模块则按垂直或水平结构进行排列。若场的端接数量很少，则可以在一个配线模块上完成所有的端接。在管理点端接时，可按照各条线路的识别颜色插入色条，以标示相应的场。

综合布线系统的管理标识设计一般遵从《商业建筑物电信基础设施管理标准》（ANSI/TIA/EIA－606 标准）。ANSI/TIA/EIA－606 所规定的色谱见表4-2。虽然它是专门针对特定的系统，但其思路和步骤可以作为开发适合于任何综合布线系统的安装标记方案的范本，用户可以修改套用。

表 4-2 管理色标

颜　　色	功　　能
紫	公用主设备（PBX、LANS、MUX）
绿	公共网连接（如公共网络和辅助设备）
黄	辅助的和综合的设备
棕	建筑群主干网

续表

颜　色	功　　能
白	一级主干网
灰	二级主干网
蓝	水平布线
红	重要电话设备或为将来预留
橙	分界点（例如公共网终接点）

注：在建筑群主干网中，棕色可用白色和灰色取代。

目前在设备间、电信间、二级电信间里常用的色标规定见表4-3。对一个工程中应根据具体情况统一规定，以便于维护管理。

表 4-3　统一色标规定

色别	设　备　间	配　线　间	二级电信间
绿	网络接口的进线侧，即来自电信局的输入中继线或网络接口的设备侧	—	—
紫	来自系统公用设备（如分组交换机或网络设备）的连接线路	来自系统公用设备（如分组交换集线器）的线路	来自系统公用设备（如分组交换集线器）的线路
蓝	设备间至工作区或用户终端线路	连接电信间到工作区的线路	自交换间连至工作区的线路
黄	交换机的用户引出线或辅助装置的连接线路	—	—
白	干线电缆和建筑群电缆	来自设备间的干线电缆端接点	来自设备间的干线电缆的点对点端接
橙	网络接口、多路复用器引来的线路	来自电信间多路复用器的输出线路	来自电信间多路复用器的输出线路
灰	—	至二级电信间的连接线缆	来自电信间的连接电缆端接

注：在建筑群主干网中，棕色可用白色和灰色取代。

4.3.5　设备间子系统设计

设备间子系统由设备室的电缆、连接器和相关支撑硬件组成，通过电缆把各种公用系统设备互连起来。设备间是每一栋建筑物用以安装进出线设备、进行综合布线及其应用系统管理和维护的场所。在高层建筑物内，设备间通常设置在第 1～3 层，高度为 3～18m。对于综合布线工程设计，设备间主要是安装建筑物配线设备（BD）。

1. 设备间的基本要求

（1）位置的确定

设备间是外界引入（包括公用通信网或建筑群体间主干布线）和楼内布线的交汇点，是综合布线系统的关键部分。设备间位置的选择应考虑以下几个因素：

① 要求干线路由最短，应尽量使设备间建在建筑物平面及其综合布线综合体的中间位置；

② 设备间尽可能靠近建筑物电缆引入区和网络接口；

③ 设备间尽量选择便于接地的位置；

④ 设备间尽量远离高强振动源、强噪声源，远离强电磁场干扰源，远离有害气体（如 SO_2、H_2S、NH_3、NO_2）及腐蚀、易燃、易爆物等场所；

⑤ 设备间尽量避免设在建筑物的高层或地下室及上方不应有卫生间、水箱等有关水设施。

（2）结构要求

设备间要有足够的空间。当主电信间和设备间两者合二为一时，总面积应不小于分立时的面积要求之和。设备间最小使用面积不得小于 $10m^2$。设备间的净高依设备间使用面积的大小而定，一般为 2.5～3.2m。门的大小至少为高 2.1m，宽 900mm，主电信间与设备间的门开启方向须向外。楼板承重能力为：A 级≥$500kg/m^2$；B 级≥$300kg/m^2$。

（3）温度、湿度要求

根据综合布线系统有关的设备和仪器对温度和湿度的要求，表4-4 所列的是设备间在不同季节对温、湿度的要求。

表4-4　设备间温度和湿度指标

项　　目	A 级指标	B 级指标	C 级指标
温度（℃）	22±4（夏季）；18±4（冬季）	12～30	8～35
相对湿度（%）	40～65	35～70	30～80
温度变化率（℃/h）	＜5，不得凝露	＞0.5，不得凝露	＜15，不得凝露

设备间的温度、湿度和尘埃对微电子设备的正常运行及使用寿命都有很大的影响，过高的室温会使元件失效率急剧增加，使用寿命下降；过低的室温又会使磁介等发脆，容易断裂。相对湿度过低，容易产生静电，对微电子设备造成干扰；相对湿度过高会使微电子设备内部焊点和插座的接触电阻增大。尘埃或纤维性颗粒积聚，微生物的作用还会使导线被腐蚀断掉。应根据具体情况选择合适的空调系统。选择使用空调设备时，南方及沿海地区，主要应考虑降温和去湿；北方则既要降温、去湿，又要加温、加湿。电信间应有良好的通风。安装有源设备时，室温宜保持在 18～27℃，相对湿度宜保持在 60%～80%。

（4）空气要求

设备间内应保持空气洁净，有良好的防尘措施，并防止有害气体侵入。允许有害气体和尘埃含量的限值分别见表4-5 和表4-6。表中规定的灰尘粒子应是不导电的、非铁磁性和非腐蚀性的。

表4-5　有害气体限值

有害气体 （mg/m^3）	二氧化硫 （SO_2）	硫化氢 （H_2S）	二氧化氮 （NO_2）	氨 （NH_3）	氯 （Cl_2）
平均限值	0.2	0.006	0.04	0.05	0.01
最大限值	1.5	0.03	0.15	0.15	0.3

表 4-6 允许尘埃的限值

灰尘颗粒的最大直径（μm）	0.5	1.0	3.0	5.0
灰尘颗粒的最大浓度（粒子数/m³）	1.4×10^4	7×10^5	2.4×10^5	1.3×10^5

（5）照明要求

机房的照明质量，不仅会影响计算机操作人员和软硬件维修人员的工作效率和身心健康，而且会影响计算机的可靠运行。对于设备间内照明的要求，是在距地面 0.8m 处，水平照度为 200 ~ 500 lx。灯具应选用无眩光灯具或眩光指数为 I 级的灯具。灯具布置无方向性，并应结合设备的位置进行布置，应以间接照明为主，直接照明为辅。还应设置事故照明装置，要求在距地面 0.8m 处，照度不应低于 5 lx。根据规定，机房必须具备应急照明系统，照度要求不低于 50 lx。

（6）噪声要求

设备间的噪声应小于 65dB。因为技术维护人员经常在设备间工作，如果长时间在 65 ~ 80dB 噪声的环境下，不但影响人的身心健康和工作效率，还可能造成人为的噪声事故。

（7）电磁场干扰要求

设备间内无线电干扰场强，在频率为 0.15 ~ 1000MHz 范围内时，应不大于 126dB。设备间内磁场干扰场强应不大于 800A/m。应避免电磁源的干扰。当大楼接地方式采用联合接地方式时，楼层电信间应安装小于或等于 1Ω 阻值的接地装置。

（8）电源要求

设备间的电源通常采用直接供电与不间断电源（UPS）供电相结合的方式，可采用集中供电方式。

a. 设备间供电电源应为工频 50Hz、电压 380V/220V 的三相五线制式或三相四线制/单相三线制。为了操作电信间中的通信设备，电信间内应设置不少于两个 220V、10A 带有接地极的扁圆孔多用电源插座，应用设备较多时还应适当增加。设备间内安放计算机通信设备时，计算机主机电源系统应按设备的要求设计。依据设备的性能允许参数的变动范围，见表4-7。

表 4-7 设备的性能允许电源变动范围

项 目	A 级指标	B 级指标	C 级指标
电压变动（%）	− 5 ~ + 5	− 10 ~ + 7	− 15 ~ + 10
频率变化（Hz）	− 0.2 ~ + 0.2	− 0.5 ~ + 0.5	− 1 ~ + 1
波形失真率（%）	< ± 5	< ± 5	< ± 10
允许断电持续时间（ns）	0 ~ 4	4 ~ 200	200 ~ 1500

b. 设备间内供电容量。将设备间内存放的每台设备用量的标称值相加后，再乘以系数 $\sqrt{3}$，即为设备间内供电容量。从电源室到设备间分电盘使用的电缆，载流量应减少 50%。设备间内设备用的配电柜应设置在设备间内，并应采取防触电措施。设备间内的各种电力电缆应为耐燃铜芯屏蔽电缆。各电力电缆（如空调设备）供电电缆不得与双绞线走向平行。交叉时，应尽量以接近于垂直的角度交叉，并采取阻燃措施。各设备应选用铜芯电缆，严禁铜、铝混用。若不能避免时，应采用铜铝过渡头连接。设备间电源所有接头均应镀铅锡处

理，冷压连接。

电信间通常还放置各种不同的电子传输设备、网络互连设备等。这些设备的用电质量要求较高，最好由设备间的不间断电源供电或设置专用不间断电源，其容量与电信间内安装的设备数量有关。

（9）安全要求

设备间的安全要求见表4-8。

表 4-8　设备间的安全要求

项　目	C 级	B 级	A 级
场地选择	－	＋＋	＋＋
防火	＋＋	＋＋	＋＋
内部装修	－	＋＋	＋
供配电系统	－	＋＋	＋
空调系统	＋＋	＋＋	＋
火灾报警及消防设施	＋＋	＋＋	＋
防水	＋＋	＋＋	＋
防静电	－	＋＋	＋
防雷电	－	＋＋	＋
防鼠害	－	＋＋	＋
电磁波防护	－	－	＋
入侵报警系统	－	＋＋	＋＋
电视监控系统	＋＋	＋＋	＋＋
出入口控制系统	－	＋＋	＋

注：－ 代表无要求，＋ 代表有要求，＋＋ 代表有严格要求。根据设备间的要求，设备间安全可按某一类执行，也可按某些类综合执行。

（10）地面的要求

为了方便表面敷设电缆线和电源线，设备间地面最好采用抗静电活动地板，放置活动地板的设备间的建筑地面应平整、光洁、防潮、防尘。设备间地面忌铺毛制地毯。楼层电信间地坪面应光洁平整，并宜在地坪面上涂刷两遍防静电油漆。

（11）顶棚的要求

一般在设备间天花板下加一层吊顶。吊顶材料应选择满足防火要求的喷塑石英板、铝合金板、阻燃铝塑板等。机房吊顶采用专用暗架 600mm×600mm 微孔铝天花吊顶，防火、防潮、无尘、无眩光，具有防静电、吸声功能。当吊顶空间较高且维护事项较多时，一般考虑为活动顶棚。

2. 设备间的设计原则

设备间作为建筑通信线缆入口使用的情况下，还可作为楼外铜缆与电信部门引入电缆分界点安装主保护器的场合。设计设备间时应注意下列几点：

① 设备间位置及大小应根据设备数量、规格、最佳网络中心等因素，综合考虑确定；

② 设备间设备的布置应遵循"强弱电分排布放、系统设备各自集中、同类型机架集中"

的原则；

③ 在较大型的综合布线中，一般将计算机主机、程控用户交换机、建筑物自动化控制设备分别设置机房，把与综合布线密切相关的硬件或设备放在设备间；

④ 设备间内的所有总配线设备宜采用色标以区别各类用途的配线区；

⑤ 建筑物的综合布线系统与外部通信网连接时，应遵循相应的接口标准，并预留安装相应接入设备的位置。

3. 设备间的线缆敷设

设备间内线缆的敷设方式，主要有活动地板、预埋管路、机架走线架和地板或墙壁内沟槽等方式，应根据房间内设备布置和缆线经过走向的具体情况，分别选用不同的敷设方式。

（1）活动地板方式

活动地板方式是缆线在活动地板下的空间敷设，由于地板下空间大，电缆容量和条数多，路由自由短捷，节省电缆费用，缆线敷设和拆除均简单方便，能适应线路增减变化，有较高的灵活性，便于维护管理。但造价较高，会减少房屋的净高，对地板表面材料也有一定要求，如耐冲击性、耐火性、抗静电、稳固性等。

（2）预埋管路方式

预埋管路方式是在建筑的墙壁或楼板内预埋管路，其管径和根数根据缆线需要来设计。穿放缆线比较容易，维护、检修和拆建均有利，造价低廉，技术要求不高，是一种最常用的方式。预埋管路须在建筑施工中决定，缆线路由受管路限制，不能变动，在使用中会受到一些限制。

（3）机架走线架方式

机架走线架方式是在设备（机架）上沿墙安装走线架（或槽道）的敷设方式，走线架和槽道的尺寸根据缆线需要设计，不受建筑设计和施工限制，可在建成后安装，便于施工和维护，有利于扩建。

（4）地板或墙壁内沟槽方式

地板或墙壁内沟槽方式是缆线在建筑中预先建成的墙壁或地板内的沟槽中敷设，沟槽的断面尺寸大小根据缆线终期容量来设计，上面设置盖板保护。这种方式造价较低，便于施工维护，有利于扩建，但在与建筑设计和施工协调上较为复杂。

4.3.6 建筑群子系统设计

建筑群子系统提供建筑群间通信设施所需的硬件，包括电缆、光缆和防止电缆的浪涌电压进入建筑物的电气保护设备。建筑群之间还可采用无线通信手段，如微波、无线电通信等。

1. 建筑群子系统的基本要求

（1）建筑群和建筑物的干线电缆、主干光缆布线的交接不应多于两次。从楼层配线架（FD）到建筑群配线架（CD）之间只应通过一个建筑物配线架（BD）。

（2）线路路由选择应尽量短捷、平直，并照顾用户信息点密集的建筑群，以节省建设投资。线路路由应沿较永久性的道路敷设，并应符合有关标准规定和其他地上或地下各种管线以及建筑间的最小净距要求。除因地形或敷设条件限制，必须与其他管线合沟或合杆外，通信传输线路与电力线路应分开敷设，并保持一定的间距。建筑物之间的缆线尽量采用地下管道或电缆沟敷设方式。

（3）建筑群干线子系统是建筑群体综合布线系统的骨架，它必须根据所在地区的总体规划布置（包括道路和绿化等布局）和用户信息点的分布等情况来设计。

（4）建筑群干线电缆、光缆、公用网和专用网电缆、光缆（包括天线馈线）进入建筑物时，都应设置引入设备，并在适当位置终端转换为室内电缆、光缆。引入设备还应包括必要的保护装置。

（5）建筑群干线子系统的主干传输线路分支到各幢建筑的引入段落，应以地下引入为主。若采用架空方式（包括墙壁电缆引入方式），应尽量采取隐蔽方式引入。

2. 建筑群子系统的布线方式

建筑群干线通信线路一般主要以地下方式敷设为主，以下介绍地下方式常用的直埋缆线敷设和管道缆线敷设。

（1）直埋布线法

电缆（或光缆）直埋敷设是沿已选定的路线挖沟，然后把线缆埋在里面。一般在线缆根数较少，而敷设距离较长时采用此布线法。

直埋电缆应按不同环境条件采用不同程式铠装电缆，一般不用塑料护套电缆。电缆沟的宽度应视埋设线缆的根数决定。线缆埋设深度，一般要求线缆的表面距地面不小于 0.6m，遇到障碍物或冻土层较深的地方，则应适当加深，使线缆埋于冻土层以下。当无法埋深时，应采取措施，防止线缆受到损伤。在线缆引入建筑物与地下建筑物交叉及绕过地下建筑物处，则可浅埋，但应采取保护措施。直埋线缆的上下部应铺以不小于 100mm 厚的软土或细沙层，并盖上混凝土保护板，其覆盖宽度应超过线缆两侧各 50mm，也可用砖块代替混凝土盖板。电缆直埋布线最灵活、最经济，但主要的物理影响因素是土质、地下状况、公用设施（如下水道，水、电、气管道）、天然障碍物（如树木、石头）以及现有和未来的障碍物（如游泳池或修路）等。

当缆线与街道、园区道路交叉时，应穿保护管（如钢管），缆线保护管顶面距路面不小于 1m，管的两端应伸出道路路面。缆线引入和引出建筑物基础、楼板和过墙时均应穿钢管保护。

（2）管道布线法

管道布线是一种由管道和人孔组成的地下系统，它把建筑群的各个建筑物进行互连。图 4-5 给出一根或多根管道通过基础墙进入建筑物内部的结构。由于管道是由耐腐蚀材料做成的，所以这种布线方法为电缆提供了最好的机械保护，使电缆免受损害，而且不会影响建筑物的外观及周围环境。

管道电缆不宜采用钢带铠装结构，一般采用塑料护套电缆。电缆管道宜采用混凝土排管、塑料管、钢管和石棉水泥管。埋设深度一般为 0.8 ～ 1.2m。电缆管道应一次留足必要的备用孔数，当无法预计发展情况时，可留 10% 的备用孔但不少于 1 ～ 2 孔。

电缆管道的基础一般为素混凝土。如果土质不好、地下水位较高、冻土线较深和要求抗震设防的地区，宜采用钢筋混凝土基础和钢筋混凝土入孔。在线路转角、分支处应设入孔井，在直线段上，为便于拉引线缆也应设置一定数量的入孔井，每段管道的段长一般不大于 120m，最长不超过 150m，并应有大于或等于 2.5% 的坡度。

在电源入孔和通信入孔合用的情况下（入孔里有电力电缆），通信电缆不能在入孔里进行端接；通信管道与电力管道必须至少用 80mm 的混凝土或 300mm 的压实土层隔开。安装

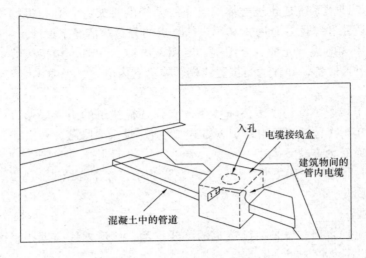

图 4-5　管道内布线法示意图

时至少应埋没一个备用管道并放进一根拉线，供以后扩充之用。

3. 建筑群干线子系统的设计步骤

建筑群干线子系统的设计可按照如下步骤来进行：

（1）了解敷设现场的特点，确定整个建筑群的大小；确定工地的地界；确定共有多少幢建筑物；

（2）确定线缆的一般参数，如确认起点、端接点位置；确定每个端接点所需的双绞线对数和光纤纤芯数；确认涉及的建筑物和每幢建筑物的层数；确定有多个端接点的每幢建筑物所需的双绞线总对数和光缆数等；

（3）确定建筑物的线缆入口；确定主线缆路由和备用线缆路由；

（4）选择所需线缆的类型和规格。

建筑群数据网主干缆线当使用光缆和电信公用网接连时，一般也应采用单模光缆，芯数应根据综合通信业务的需要确定。建筑群数据网主干线缆如果选用双绞线时，一般应选择高质量的大对数双绞线。建筑群和建筑物的干线电缆、主干光缆布线的交接不应多于两次。从楼层配线架（FD）到建筑群配线架（CD）之间只应通过一个建筑物配线架（BD），以保证网络信号的传输质量。

4.3.7　进线间子系统设计

进线间在一个建筑物宜设置 1 个，一般位于地下层，外线宜从两个不同的路由引入进线间，有利于与外部管道沟通。进线间与建筑物外红线范围内的入孔或手孔采用管道或通道的方式互连。进线间因涉及因素较多，难以统一提出具体所需面积，可根据建筑物实际情况，并参照通信行业和国家的现行标准要求进行设计。

4.4　光纤配线系统设计

4.4.1　光纤配线系统结构

光纤配线系统主要包括信息通信中心与终端设备光信息输出端口之间的所有光缆、光纤跳线、设备光缆、光连接器件和敷设的管道及安装配线设备等。对于不同建筑物，其构架与线缆及配线器件、设备安装场地等各不相同。对光纤配线系统，应考虑与公用通信网之间的互通，尤其是确定通信业务的接入点与采用的接入技术。

在《综合布线系统工程设计规范》（GB 50311—2016）中，单体建筑物主要是以垂直干线子系统中的数据传输为主，配以光纤到桌面的水平光纤配线系统。建筑楼群光纤的应用主要在建筑群干线子系统。通过光纤配线系统，可以将各种单体建筑物中的信息网络连接成一体，以满足各种大型企事业单位、机场、医院、校园、体育场馆、城市交通、城市监控和智能小区内部的自用信息通信业务需求。而对于住宅及住宅小区，随着光纤技术的发展，主要将"三网融合"做到技术与业务上的融合。利用无源光网络的信息传输系统作为主导的接入网技术，可以使计算机网络、电话交换和有线电视网络全部采用光纤传输，以达到资源共享、简化线路、节省造价的目的。

以太网无源光网络（Ethernet Passive Optical Network，EPON）是一种新型的光纤接入网技术，它采用点到多点结构、无源光纤传输，在以太网之上提供多种业务。它在物理层采用了PON 无源光网络（Passive Optical Network，PON）技术，在链路层使用以太网协议，利用 PON 的拓扑结构实现了宽带网的接入。如图 4-6 所示为 PON 光纤到户通信系统结构框图，支持语音、数据、网络电视（IPTV）的应用，提供公用电话交换网和互联网融合的宽带接入。

光纤到户的通信系统基本组成包括局端侧的光线路终端（Optical Line Terminal，OLT）、光分配网（Optical Distribution Network，OND）、用户端侧的光网络终端（Optical Network Terminal，ONT）三大部分，为单芯光纤双向传输系统。光分配网（OND）包括光线路终端（OLT）和用户端设备（Optical Network Unit，ONU）之间的所有光缆、光纤交接设备、光分路器、光纤连接器等无源器件。光网络终端（ONT）设备上的每一个端口（一芯光纤）的信号通过光分路器可连接多个，因此减少了配线光缆的芯数。光纤到户通信设施系统构成示意图如图 4-7 所示。光纤接入点连接方式如图 4-8 和图 4-9 所示。

1. 住宅光纤配线系统结构

在光纤到户工程设计中，为减少光缆与管道的数量，宜在接入点配线设备的机柜或箱体内设置光分路器设备，并将配线光缆与用户光缆互连，用户接入点处的配线箱（柜）具有光缆分路、配线及分纤的功能。如有多个光纤配线区时，可多栋建筑共用一个电信间。对于单个高层住宅建筑作为独立的配线区时，接入点应设于本建筑物内的电信间。别墅组成配线区时，接入点应设于光缆交接箱或设备间，对规模相对较小，别墅相对集中时，可将用户接入点设于设备间，采用从设备间直接布防光缆至每栋别墅的家居配线箱。住宅建筑主要以低层、多层、中高层住宅、高层住宅和别墅三种形式为主，下面分别以示例说明。

（1）低层、多层、中高层住宅，以楼、楼单元为例。其光纤配线系统结构如图 4-10 所示。某多层住宅光纤到户通信系统示意图如图 4-11 所示，中高层住宅光纤到户通信系统示意图如图 4-12 所示。

（2）高层住宅，以单栋楼、楼层为例，其光纤配线系统构成如图 4-13 所示。某高层住宅光纤到户通信系统示意图如图 4-14、图 4-15 所示。

（3）单栋别墅楼，以单栋楼为例，其光纤配线系统构成如图 4-16 所示。某别墅区光纤到户通信系统示意图如图 4-17 所示。部分住宅小区光纤到户通信系统示意图分别如图 4-18、图 4-19 和图 4-20 所示。

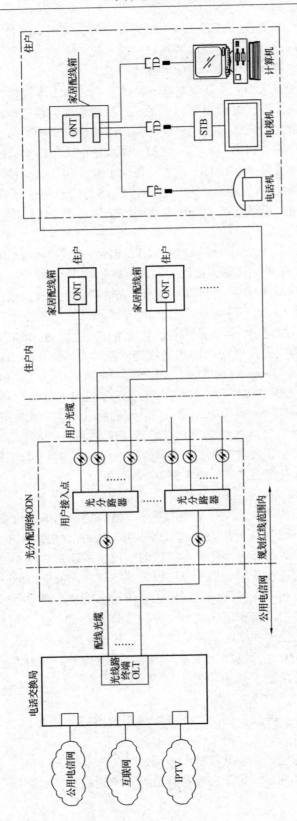

图 4-6 光纤到户通信系统框图

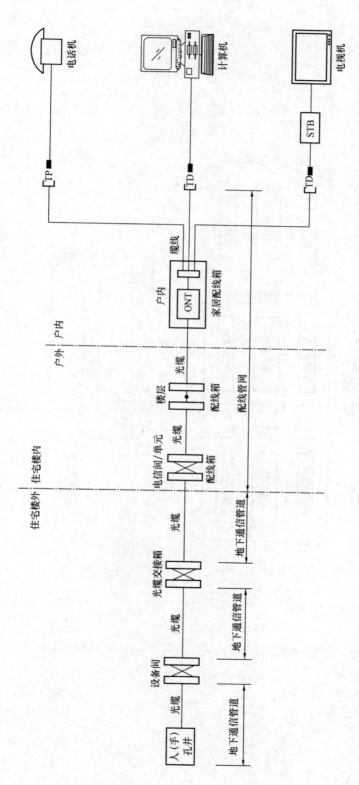

图 4-7 光纤到户通信设施系统构成示意图

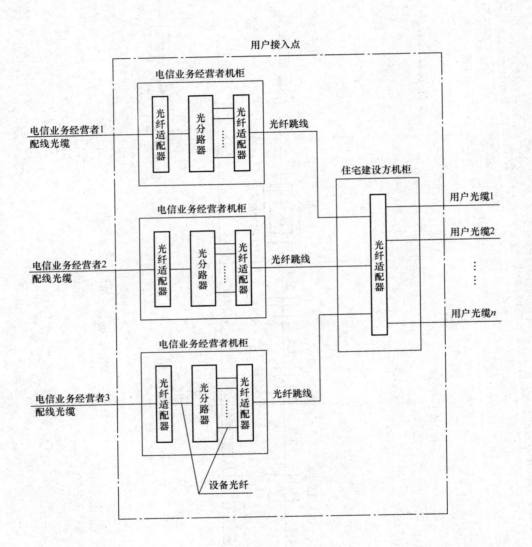

图 4-8 光纤接入点连接方式一（电信间/设备间采用机柜安装方式）

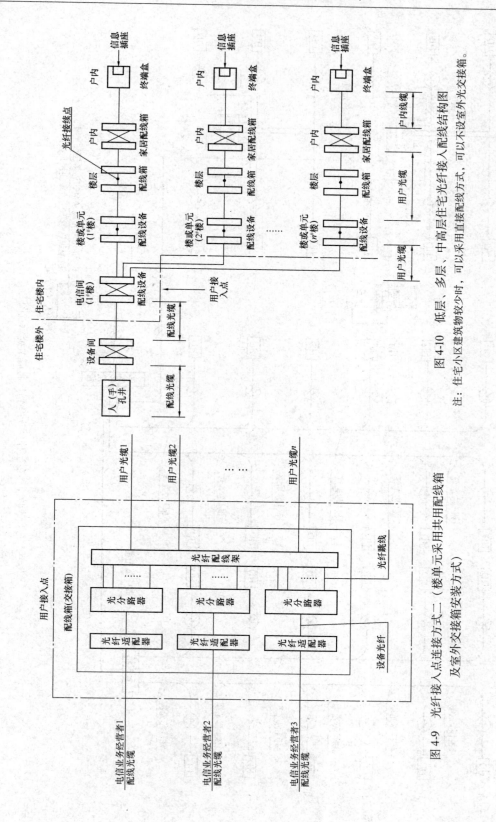

图 4-10 低层、多层、中高层住宅光纤接入配线结构图

注：住宅小区建筑物较少时，可以采用直接配线方式，可以不设室外光交接箱。

图 4-9 光纤接入点连接方式二（楼单元采用共用配线箱及室外交接箱简安装方式）

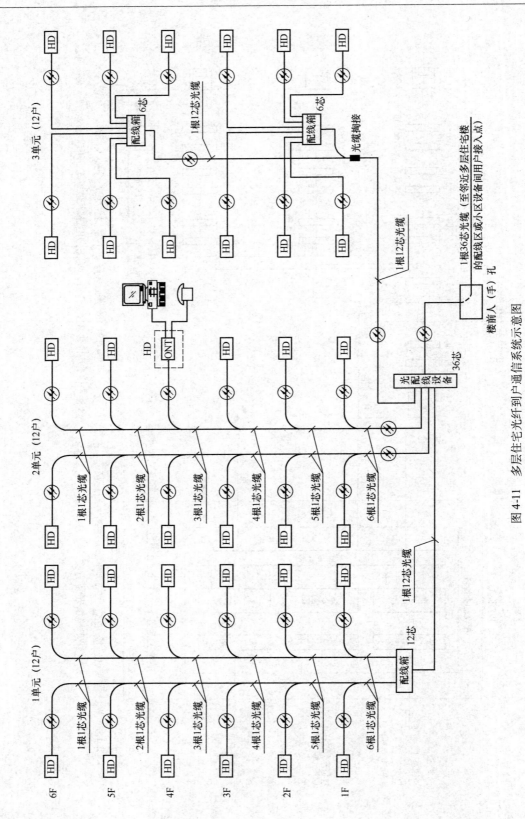

图 4-11 多层住宅光纤到户通信系统示意图

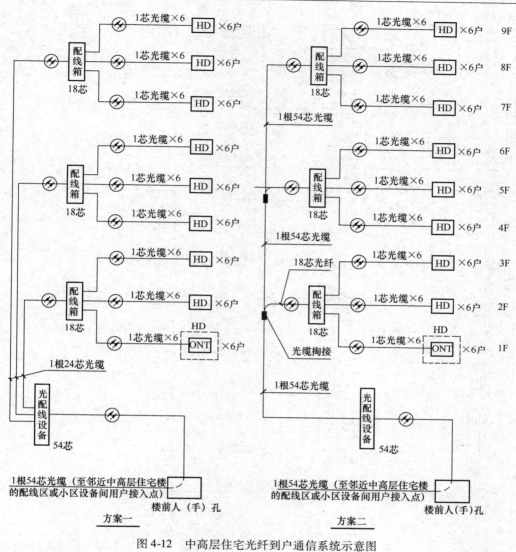

图 4-12 中高层住宅光纤到户通信系统示意图

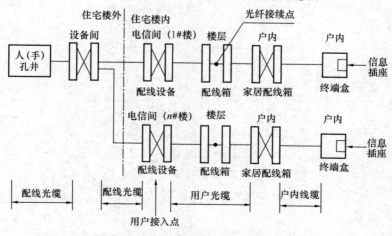

图 4-13 高层住宅建筑光纤接入配线结构图

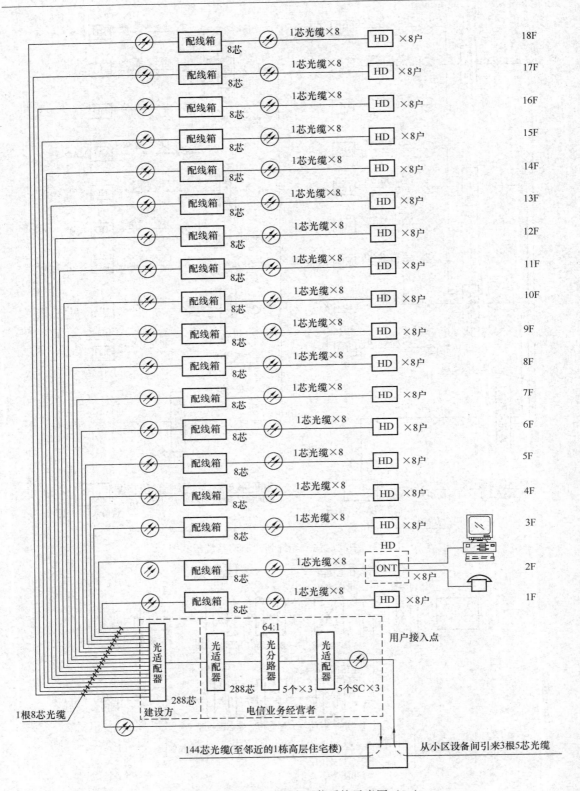

图4-14 高层住宅光纤到户通信系统示意图（一）

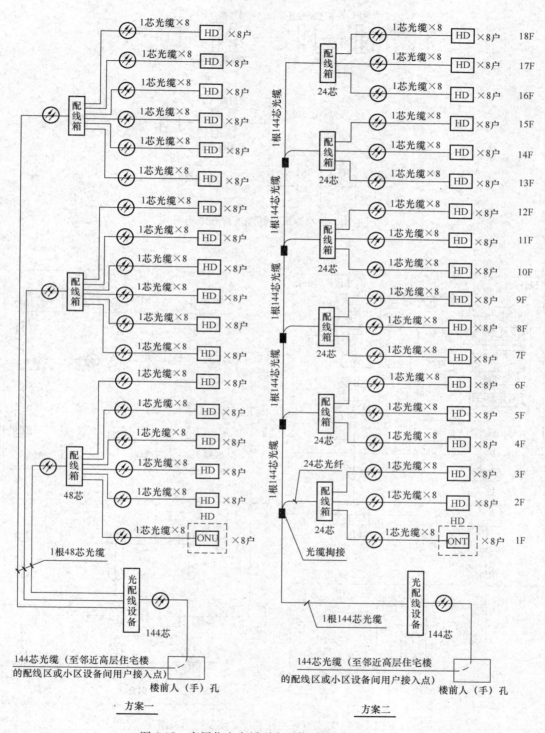

图 4-15　高层住宅光纤到户通信系统示意图（二）

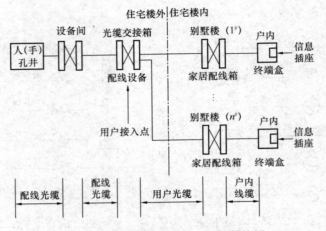

图 4-16 别墅建筑光纤接入配线结构图

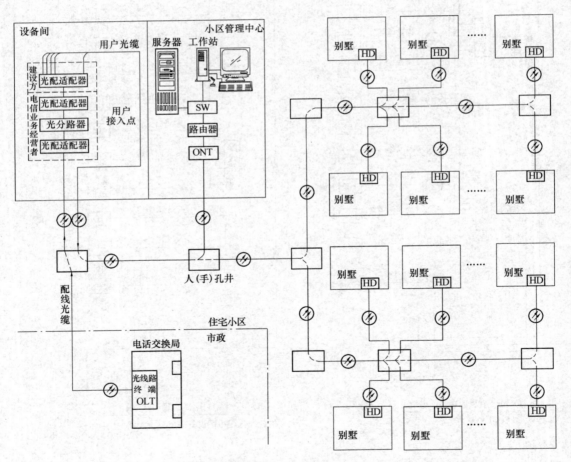

图 4-17 某别墅区光纤到户通信系统示意图

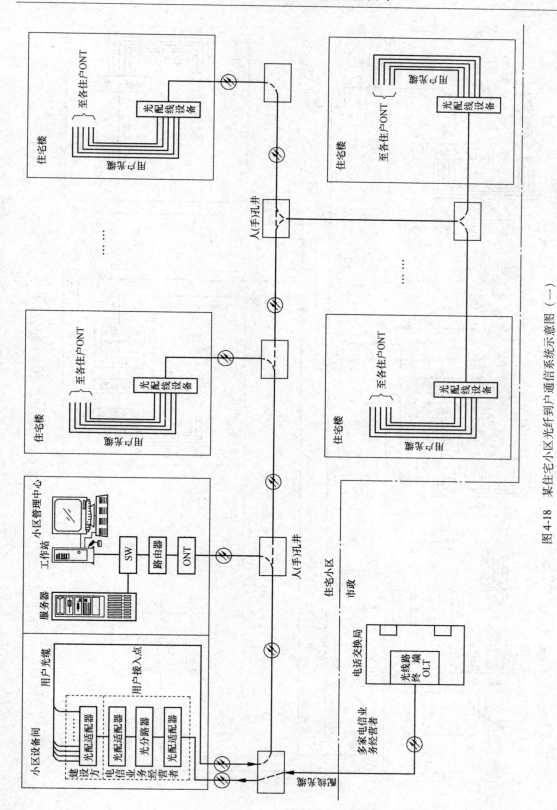

图 4-18　某住宅小区光纤到户通信系统示意图（一）

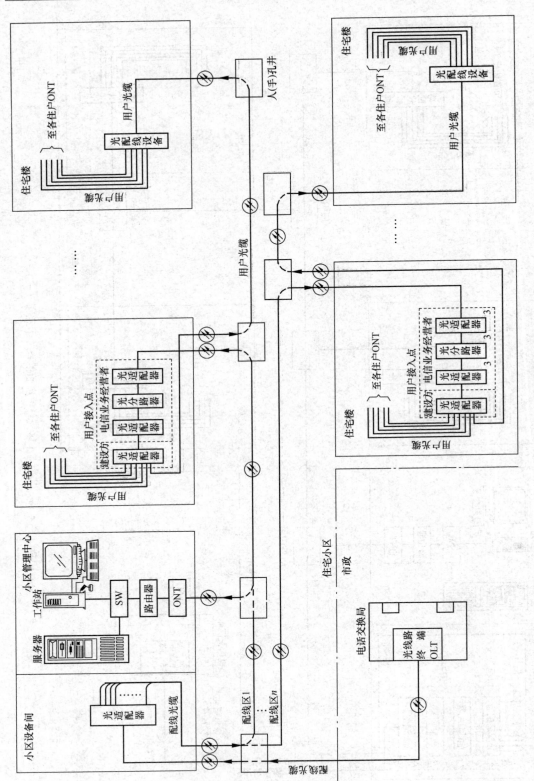

图 4-19 某住宅小区光纤到户通信系统示意图（二）

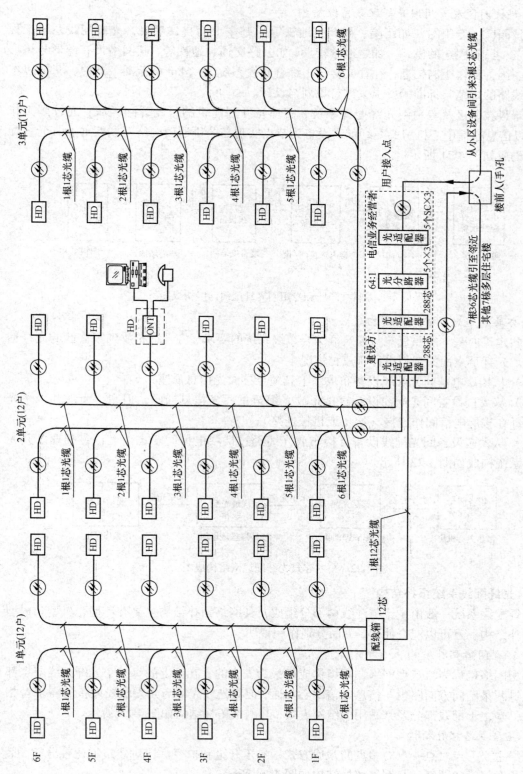

图 4-20　某住宅小区光纤到户通信系统示意图（三）

2. 科技园区及专用网光纤配线系统结构

科技园区内专用网（如医院、校园、地铁等）基本上为自建项目，光纤配线系统工程情况复杂，没有固定的模式。加之地域较大，如公路交通、地铁等，其网络带有链形与树形的特征。因为传输距离较远，往往又会超出综合布线系统 3~5km 的范畴。此时，只能以本地通信线路的规范与标准的要求去进行规划与设计。

对于科技园区及专用网光纤配线系统，实现光纤到建筑物、光纤到区域、光纤到工作区，并以信息通信中心机房的光纤配线设备为节点实现与公用通信网络互联互通。其光纤配线系统构成如图 4-21 所示。

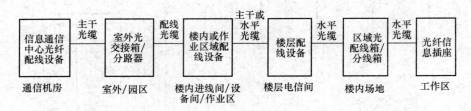

图 4-21 科技园区和专用网光纤配线网络构成图

3. 公共建筑光纤配线网络构成

公共建筑内基本按照建筑与建筑群综合布线系统的要求，将光纤布放到工作区的光纤信息插座。光纤至桌面的规划设计有三种情况。

（1）从楼层电信间光配线设备布放水平光缆至桌面光信息插座；

（2）从大楼设备间光配线设备直接布放光缆至桌面光信息插座，但主干光缆和水平光缆的光纤在楼层电信间作连接（熔接或机械连接）；

（3）从大楼设备间光配线设备直接布放光缆经过楼层电信间至桌面光信息插座。其光纤配线系统构成如图 4-22 所示。

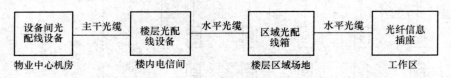

图 4-22 公共建筑光纤配线网络构成图

4.4.2 光纤配线系统拓扑结构

光纤配线系统一般由主干与配线两部分组成，其网络拓扑结构主要有环型、星型和树型网络拓扑结构，且可以混合使用，下面分别作一说明。

1. 环型网络拓扑结构

环型网络也称为自愈型网络，网络构成是最为安全的，在环上的每一个光纤配线节点都可以通过两条不同方向路由与信息通信中心互通，但对光纤光缆与光光配线设备的需求量相对较大，是主干配线部分经常采用的组网方式，其网络拓扑结构如图 4-23 所示。

2. 星型网络拓扑结构

网络主要为点对点、点对多点的互通方式，易于升级和扩容。针对建筑物比较分散，适用距离相对较远的园区。其网络拓扑结构如图 4-24 所示。

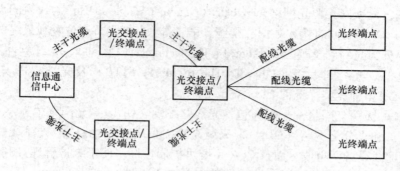

图 4-23　光纤配线系统环型网络拓扑结构

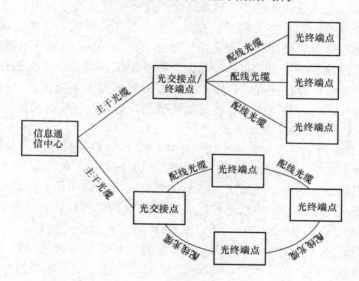

图 4-24　光纤配线系统星型网络拓扑结构

3. 树型网络拓扑结构

光纤配线系统树型网络拓扑结构具有逐渐延伸递减的特点，一般适用于城市交通网络、城市地铁等，其拓扑结构如图 4-25 所示。

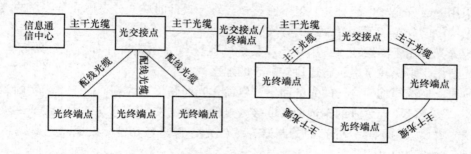

图 4-25　光纤配线系统树形网络拓扑结构

4.4.3　FTTx 全光纤网络

1. FTTx 技术综述

FTTx（Fiber-to-the-x，FTTx 光纤接入）光网络目前主要采用以 EPON（Ethernet Passive

75

Optical Network，以太网无源光网络）、GPON（Gigabit-Capable PON）为代表的无源光网络技术。EPON、GPON 都可同时接入数据、视频、语音等。根据光节点位置和最终的入户方案不同，FTTx 主要分为光纤到交换箱（Fiber To The Cabinet；FTTCab）、光纤到路边（Fiber To The Curb；FTTC）、光纤到大楼（Fiber To The Building；FTTB）及光纤到户（Fiber To The Home；FTTH）等多种类型，统称 FTTx。

FTTH 系统的无源光网络——PON 包括光线路终端（OLT）、光网络单元（ONU）、光网络终端（ONT）和光分配网络（ODN），无源光网络是由光缆（纤）、光跳线、尾纤、光无源器件和光缆配线设备所组成。而且 PON 系统可扩展性好，便于维护管理，利用光纤介质，点到多点的无源光纤分布网络结构是实现 FTTH 的主要方式。

光无源器件包括光纤活动连接器、机械式光纤连接装置、波分复用器和光分路器等。光缆配线设备则由室外（内）光缆交接箱、光缆接头盒、光纤配线架（柜、箱）、配线箱、用户终端盒、光纤信息插座面板和过路盒（箱）等组成。对 ODN 由光分路器、光纤光缆及光缆分线盒、光缆交接箱等一系列无源器件等无源器件组成，其特点是无需户外的有源设备，信号处理在交换机和室内设备完成，传输距离比有源光纤接入系统的短，覆盖的范围较小，造价低，维护容易。因此这种结构具有良好的经济型，适合大规模的园区用户接入服务。

2. 采用 PON 方式的 FTTH 全光网络

采用 PON 方式的全光网络主要用于住宅小区的建设，对于科技园区及其他的专用网络同样适用，其设计和配置与建筑物的形态、规模有很大的关系。住宅小区可分为别墅及独立房屋、多层和高层建筑等多种建筑形式，一个住宅小区由几栋到几十栋不等的建筑物组成，每栋建筑又可能有多个单元。每层楼面的户数也对 PON 网络的设计有很大的影响。

对于采用 PON 方式的全光网络，分光方式的选择、光分路器位置、分光比选择是线路设计中最为复杂的部分。设计时必须考虑光纤线路终端 OLT 每个光端口和光分路器（ODN）的最大利用率，根据用户分布密度和分度形式，选择最优化的光分路器组合方式和合适的安装位置。

光分路器的设置方式直接影响对接入光缆纤芯的占用和终端设备的接入。对于终端光纤信息插座密集的场合，光分路器越靠近用户，对接入光缆的主干/配线光缆纤芯使用效率越高；光分路器越靠近 OLT 设置，OLT 设备端口使用效率越高。ODL 以树型结构为主，分光方式可采用一级分光或二级分光，但不宜超过二级，设计时应充分考虑光分路器的端口利用率，根据终端的分布情况选择合适的分光方式。

一级分光适用于高层建筑，用在比较集中的区域或高档建筑（如别墅区级重点用户）；二级分光适用于多层建筑以及管道比较缺乏的地区。

现阶段，应选择均匀分光的光分路器，以简化光通路损耗计算、便于工程实施和后期维护。对于一些光纤资源紧张的偏远地区或接入点较分散的应用，可以考虑三级或三级以上的分光方式，以及采用不等分分光的分路器、减少光分路比等方式，以提高光缆线芯利用效率、满足不同距离组网需求。

3. 采用光纤（PON）+双绞线方式的光纤网络

采用光纤（PON）+双绞线方式的光纤网络，通过光纤配线系统将通信接入网设备、计算机网络设备、建筑群综合布线系统、光纤配线相结合，实现多种通信业务的融合。下面以 PON + xDSL 的 FTTB 接入、PON + LAN 的 FTTB 接入和 P2P + xDSL 的 FTTN 接入为例，讲述光纤配线系统的设计方案和配置。

（1）FTTB 接入（PON + xDSL，一级分光）

PON + xDSL 适用于各种类型建筑的住宅（别墅住宅、中低层住宅和高层住宅）和科技园区的建筑群。其实现方式是通过具有 PON 接口的铜缆接入网设备（xDSL），将光信号转换成电信号；适用带有多业务分离器的接线模块，将各种业务信号耦合到宽带信道上，完成对信息的处理和传送。从而充分利用 PON 端口和光分路器资源，并在一定的距离以内提供高宽带的 xDSL 业务。可将分光后的配线光缆引入室外机箱、楼内家居配线箱或楼内电信间内。配线箱内配置 DSL 设备，自带 xDSL 用户端语音分离器和适配器。配线光缆以尾纤的形式接到 xDSL 设备的光端口。xDSL 设备的分离器和适配器输出端口连接相应的铜缆（对绞电缆和同轴电缆），并延伸到相应等级的信息插座。

（2）FTTB 接入（PON + LAN，一、二级分光）

PON + LAN 的方案适用于中低层和高层住宅级建筑物。其实现的方式是，通过 PON 端口连接 LAN 设备，将光信号转换成电信号后，引至室内信息插座。从而充分利用 PON 端口和光分路资源，并在一定的距离以内，提供高带宽的 LAN 业务。将分光后的配线光缆引入楼内设备间或电信间内综合布线配线箱/柜/架，根据每层楼的信息插座数量，为每一层或每几层楼配置综合布线配线模块。配电箱/柜/架内配置 LAN 设备和 RJ-45 配线架。配线光缆以尾纤的形式接到 LAN 设备上。水平电缆和设备电缆接至 RJ-45 配线架的信息模块，经过对绞线缆跳线互通。

（3）FTTN 接入（P2P + DSL，一、二级分光）

P2P + DSL 的方案适用于各种类型的住宅（别墅住宅、中低层住宅和高层住宅）和较小规模的房屋。其实现的方式是，通过 xDSL 设备，充分利用 PON 端口和光分路器资源，并在一定的距离以内提供高带宽的综合通信 xDSL 业务。将配线光缆引入室外光交接箱，或信息通信中心机房。xDSL 将语音、数据、图像信息耦合后，通过室外电缆连接至楼外或楼内设置的电缆分线箱，如果分线箱在室外安装，则使用防潮的接续模块进行接续。从电缆分线箱铺设双绞电缆至信息插座。

4.4.4　光缆的敷设

光缆的敷设主要分为室外敷设和室内敷设，不同的光缆适用不同的敷设方式，同时考虑不同的环境选择不同的敷设方式。

1. 室外光缆敷设

（1）光缆管道与其他管线的最小净距

对于室外光缆敷设，其光缆管道与其他管道的最小净距要求见表 4-9。

表 4-9　光缆管道与其他管道的最小净距

管线名称		最小水平净距（mm）	最小垂直净距（mm）
建筑物		1.5	—
给水管	管径≤300mm	0.5	0.15
	300mm＜管径≤300mm	1.0	
排水管		1.0[①]	0.1[②]
热力管		1.0	0.25

续表

管线名称		最小水平净距（mm）	最小垂直净距（mm）
煤气管	压力≤300kPa	1.0	0.30③
电力电缆④	35kV 以下	0.5	0.25
	其他通信电缆，弱电电缆	0.75	
乔木		1.5	—
灌木		1.0	—
马路边石		1.0	—
地上杆柱		0.5～1.0	—
房屋建筑红线（或基础）		1.5	—

① 排水管后敷设时，其施工沟边与信息管道之间的水平净距不应小于1.5m；
② 当信息电缆管道在排水管下部穿过时，垂直净距不应小于0.4m。信息管道应做包封，包封长度自信息管两侧各加长2m；
③ 与煤气管交界处2m范围内，煤气管不应作结合装置及附属设备，如不能避免时，信息管道应包封2m。如煤气管道有套管时允许最小垂直净距为0.15m；
④ 电力电缆加管道保护时，净距可减为0.15m。

（2）直埋敷设

直埋敷设的主要特点是能够防止各种外来的机械损伤，而且低温较稳定，减少了温度变化对光线传输特性的影响，从而提高了光线的安全性和传输质量。直埋的埋深应不小于1m。直埋敷设位置，应在统一的综合协调下进行安排布设，以减少管线设施之间的矛盾。直埋光缆与其他建筑物之间的最小间距见表4-10。

表 4-10 直埋光缆与其他管线及建筑物间的最小间距

管线名称		最小水平净距（mm）	最小垂直净距（mm）
给水管	管径≤300mm	0.5	0.5①
排水管		0.8	0.5
热力管		1.0	0.5
煤气管	压力小于3kg/cm	1.0	0.5①
电力电缆	35kV 以下	0.5	0.5
	其他直埋通信电缆，弱电电缆		
乔木		2.0	—
灌木		0.75	—
地上杆柱		0.5～1.0	—
房屋建筑红线（或基础）		1.0	—

① 光纤采用钢管保护时，交叉时的最小径距可降为0.15m。

2. 楼内光缆敷设

在楼内垂直方向，光缆宜采用电缆竖井内电缆桥架或电缆走线槽方式敷设，电缆桥架或电缆走线槽宜采用金属材质制作；在没有竖井的建筑物内可采用预埋暗管方式敷设，暗管宜采用钢管阻燃硬质 PVC 管，管径不宜小于 50mm。水平通道可选择墙体或楼板内预埋暗管、槽及吊顶（天花板）内设置电缆桥架的敷设方式。

（1）预埋暗管敷设

暗配管时，按建筑物的结构和规模确定一处或多处进线。暗配管应与综合布线系统和建筑物协调设计，有利于布管和组网。暗管通过伸缩缝或沉降缝时应作伸缩或沉降处理，穿越有防火要求的区域时墙体洞口应作防火封堵。PVC 管在传出地面或楼板时应有保护措施，以免受机械损伤。导管在砌体上剔墙敷设时，应采用强度等级不小于 M10 的水泥砂浆抹面保护，保护层厚度不小于 15mm。

多层住宅建筑物宜采用暗管敷设方式，高层建筑物宜采用电缆竖井、电缆线架和暗管敷设相结合的方式。每一住宅单元宜设置独立的暗配线管网。现浇混凝土板内并列敷设的管距不应小于 25mm。

（2）导管连接原则

PVC 管应采用套管连接，导管插入深度不小于 1.5 倍导管外径，外接的管口应光滑平齐，连接时应全面采用专用粘合剂粘结牢固。钢导管熔焊连接时，应采用套管熔焊，套管长度不小于 2 倍导管管径，对接管口光滑平齐，焊接厚表面要做防腐、防锈处理。导管与线盒、线槽、箱体连接时，管口必须平滑，盒（箱）体或线槽外侧应套锁母，内侧应装护口。

（3）垂直敷设

建筑弱电间中，通常在垂直方向留有线槽或一系列的孔，形成一个专用的布线通道。这些线槽或孔从顶到地下室，在垂直方向敷设各楼层光缆，但要采取防火措施。若在原有建筑物中，往往设备用房中敷设了气管、水管、空调管等，同时还有电力电缆。若利用这些场地设置桥架来敷设光缆时，必须加以保护。在敷设光缆时，若利用大口径管道穿放多根光缆或多种类型业务的通信缆时，就需为光缆专门留一条管道，以便将光缆与铜缆分开。

（4）桥架敷设

桥架分为梯架、托架和线槽三种形式。梯架为敞开式走线架，两侧设有挡板；托架为线槽的一种形式，但在其底部和两边的侧板留有相应的小孔，主要起排水作用，线槽为封闭型，但槽盖可开启。选择金属桥架和线槽时，应根据工程环境情况，选择适宜的防腐处理方式。金属桥架和线槽的表面可采用电镀漆、烤漆、喷涂粉末、热浸锌、镀镍锌合金纯化处理或采用不锈钢板，但采用金属槽道时，槽段之间需保持导通。

（5）吊顶（天花板）敷设

在低矮而又宽阔的单层建筑物中，可以在吊顶内水平敷设光缆。由于吊顶类型不同，光缆类型不同，故敷设光缆的方式也不同。因此，首先必须查看并确定吊顶和光缆的类型。通常，当设备间和电信间在同一个大的单层建筑中时，可以在悬挂式吊顶内敷设光缆。在水平管道中敷设光缆时，当需要在拥挤区内敷设非填充光缆，并要求对非填充光缆进行保护，可将光缆敷设在一条单独的管道中。

（6）场地敷设

在交接间、设备间等机房内，光缆布放宜盘留在合适的位置，预留长度宜为 3 ~ 5m，有特殊要求时，应按设计要求预留长度。

在敷设光缆时，如何选择光缆。光缆的选择除了根据光纤芯数和光纤种类以外，还根据光缆的使用环境来选择光缆的结构和外套。光缆直埋时，宜选用松套铠装光缆。架空时，可选用带两根或多根加强筋的黑色 PE 外护套的松套光缆。建筑物的光缆应选用紧套光缆并注意其阻燃、毒和烟的特性。一般在管道中或强制通风处可选用阻燃但有烟的类型（Plenum）或可燃无毒的类型（LSZH），暴露的环境中应选用阻燃、无毒和无烟的类型（Riser）。楼内垂直或水平布缆时，可选用与建筑物内通用的紧套光缆、配线光缆或分支光缆。根据网络工程应用和光缆参数选择单模和多模光缆，通常室内和短距离应用以多模光缆为主，室外和长距离应用以单模光缆为主。

4.5 综合布线系统的防护设计

当网络通信线路（包括建筑群主干布线子系统的缆线）从建筑外面引进屋内，通信电缆有可能受到雷击、电源接地、电源感应电动势或地电动势升高等外界的影响，必须采取安全保护措施，防止发生各种损害和事故。综合布线系统采用防护措施的目的主要是防止外来电磁干扰和向外产生的电磁辐射。外来电磁干扰直接影响综合布线系统的正常运行，向外产生的电磁辐射则是综合布线系统传递信息时产生泄漏的主要原因。为此，在综合布线系统工程设计中必须根据智能化建筑和智能化小区所在环境的具体情况选用合适的防护措施。防护设计是综合布线系统工程设计的重要组成部分，主要包括各种缆线及布线部件及设备选用的电气防护、接地系统设计防护和防火安全保护等。

当综合布线区域内存在的电磁干扰场强高于3V/m时，对电磁兼容性有较高的要求（电磁干扰和防信息泄漏）时，或网络安全保密的需要，或采用非屏蔽布线系统无法满足安装现场条件对缆线的间距要求时，宜采用屏蔽布线系统进行防护。屏蔽布线系统采用的电缆、连接器件、跳线、设备电缆都应是屏蔽的，并应保持屏蔽层的连续性。

4.5.1 综合布线系统的电气保护

1. 综合布线系统采取防护措施的必要性和重要性

综合布线系统是否采取防护措施，主要是基于电磁兼容来考虑的。所谓电磁兼容（EMC）是指电子设备或网络系统能够在比较恶劣的电磁环境中工作，具有一定的抵抗电磁干扰的能力，同时不能辐射过量的电磁辐射，干扰周围其他设备及网络的正常工作。

随着通信技术的发展，外界电磁环境日趋恶劣，新的电磁干扰源不断产生，数据通信速率迅速增长，通信包括语音、数据及高质量的图像信号。但高频信号既易受到电磁干扰，又易产生电磁辐射。过量的电磁辐射除了干扰周围其他系统正常工作外，还存在一个信息失密问题，不能保证网络的安全运行。为此，在综合布线系统工程设计中，必须根据智能化建筑和智能化小区所在环境的具体情况和建设单位的要求，进行具体的调查研究，选用相应的防护措施。

非屏蔽系统（UTP）在较低的工作频带（30MHz）内具有一定的EMC能力，能在一定的电磁环境中正常工作。借助于压缩编码技术，UTP也可用于高速数据网络，如ATM155Mbps采用CAP16编码技术可将带宽压缩到25.8MHz。

屏蔽系统的缆线是在普通非屏蔽系统的缆线外面，加上金属材料制成的屏蔽层，利用金属屏蔽层的反射、吸收及集肤效应来抵消电磁干扰和电磁辐射，频率越高，屏蔽层的效果越明显。对于低频（<5MHz）电磁波，金属屏蔽层屏蔽作用比较弱，主要利用双绞线的平衡性来抵消。目前采取屏蔽结构的缆线都是利用了双绞线的平衡原理和屏蔽层的良好屏蔽作用，具有良好的电磁兼容性（EMC），保证系统能够在较为恶劣的电磁环境中正常传输

信息。

屏蔽效果与接地系统有密切的关系。此外，线路间的间距大小也是极为重要的影响因素。各种缆线和配线设备的抗电磁干扰能力，采用屏蔽后的综合布线系统平均可减少噪声 20dB。

2. 各种缆线与配线设备的选用原则

综合布线系统的周围环境中存在着严重的电磁干扰源，对布线系统的正常运行有极大的影响时，必须采用屏蔽系统等防护措施，以抑制外来的电磁干扰。在进行防护时，其中各种缆线和配线设备的选用是关键的，在防护中应注意以下几点：

（1）了解工程现场实际情况和调查周围的环境条件。当建筑物在建或虽已建成但尚未投入运行时，为确定综合布线的选型，应先测定建筑物周围环境的干扰场强度；了解建筑物内部和内部可能设有或已有的其他电磁干扰源；了解综合布线系统采用的等级类别。根据情况，对照标准中规定的各项指标，来选用切实可行、经济合理的设备和器材以及采取有效的防护措施。

（2）若综合布线系统的周围环境干扰场强度较低，且综合布线系统与其他干扰源的间距符合规范的各项规定时，可以选用 UTP 非屏蔽缆线系统和非屏蔽配线设备。

（3）若综合布线系统的周围环境干扰场强度较强，在满足电气防护各项指标的前提下，首先应选用屏蔽缆线和屏蔽配线设备或采用必要的屏蔽措施进行布线，以抑制外来的电磁干扰。

（4）若综合布线系统的周围环境干扰场强度很高，采用屏蔽系统也无法满足各项标准的规定时，应采用光缆系统。光缆布线具有最佳的防电磁干扰性能，既能防电磁泄漏，也不受外界电磁干扰的影响，在电磁干扰较严重的情况下，是比较理想的防电磁干扰的布线系统。

（5）在选用缆线和配线设备等硬件时，应保证其一致性和统一性。例如选用 6 类，则各种缆线和配线设备（包括连接硬件）都应采用 6 类；若选用屏蔽系统，则各种缆线和连接硬件都应采用屏蔽的，且应作良好的系统接地，以保证其整体性和完整的系统性。

（6）若局部地段与电力缆线等平行敷设，或接近电动机、电力变压器等干扰源，且不能满足最小净距的要求时，可采用钢管或金属线槽等措施做局部屏蔽或 360° 全程屏蔽处理。

3. 电气防护的线缆间距

根据我国国家标准《智能建筑设计标准》（GB 50314—2015）等相关规定，有关综合布线系统的防护标准要求，应基本按以下几点考虑：

（1）在系统的布线区域内，当存在场强大于 3V/m 电磁干扰时，应采取防护措施。

（2）智能建筑应采用总等电位联结，各楼层的智能化系统设备机房、楼层弱电间、电信间、楼层电信间等的接地采用局部等电位联结。

（3）布线系统中应避免有线电视等线缆对非屏蔽布线线缆及配线设备的同频干扰。有同频干扰时，应对有线电视等线缆采取有效屏蔽措施或采用屏蔽布线线缆和屏蔽配线设备。

（4）综合布线系统与各相关的干扰源应保持一定的间隔距离。当要求的间距不能保证时，应采取防护措施。综合布线电缆与附近可能产生高电平电磁干扰的电动机、电力变压器等电气设备之间应保持必要的间距。综合布线电缆与电力电缆等干扰源的间距应符合表4-11的要求。墙上敷设的综合布线电缆、光缆或管线与其他管线的间距应符合表4-12的要求。

表 4-11　综合布线电缆与电力电缆的间距

其他干扰源	与综合布线接近状况	最小间距（cm）
380V 以下电力电源 <2kVA	与缆线平行敷设	13
	有一方在接地的金属线槽或钢管中	7
	双方都在接地的金属线槽或钢管中①	10
380V 以下电力电源 2~5kVA	与缆线平行敷设	30
	有一方在接地的金属线槽或钢管中	15
	双方都在接地的金属线槽或钢管中②	8
380V 以下电力电源 >5kVA	与缆线平行敷设	60
	有一方在接地的金属线槽或钢管中	30
	双方都在接地的金属线槽或钢管中③	15
荧光灯、氩灯、电子启动器或交感性设备	与缆线接近	15~30
无线电发射设备（如天线、传输线、发射机等）、雷达设备、其他工业设备（开关电源、电磁感应炉、绝缘测试仪等）	与缆线接近	≥150
配电箱	与配线设备接近	≥100
电梯机房、变电室、空调机房	尽量远离	≥200

① 当 380V 电力电缆 <2kV·A，双方都在接地的线槽中，且平行长度≤10m 时，最小间距可以是 10mm；
② 电话用户存在振铃电流时，不能与计算机网络在一根双绞电缆中一起运用；
③ 双方都在接地的线槽中，是指两个不同的线槽，也可在同一线槽中用金属板隔开。

表 4-12　墙上敷设的综合布线电缆、光缆及管线与其他管线的间距

其他管线	最小平行净距（mm）	最小交叉净距（mm）
	电缆、光缆或管线	电缆、光缆或管线
避雷引下线	1000	300
保护地线	50	20
给水管	150	20
压缩空气管	150	20
热力管（不包封）	500	500
热力管（包封）	300	300
煤气管	300	20

注：如墙壁电缆敷设高度超过 6000mm 时，与避雷引下线的交叉净距应按下式计算：

$$S \geqslant 0.05L$$

式中，S 为交叉净距（mm）；L 为交叉处避雷引下线距地面的高度（mm）。

（5）综合布线系统采用屏蔽缆线时，全系统所有部件都应选用带屏蔽的硬件，所有屏蔽层应保持连续性，采取全程屏蔽。

（6）综合布线系统采用屏蔽系统时，须有良好的接地系统，且符合保护地线的接地电阻位，单独设置接地体时，不应大于 4Ω；采用联合接地体时不应大于 1Ω。

（7）综合布线系统采用屏蔽系统时，每一楼层的配线柜都应采用适当截面的导线单独布线至接地体，也可采用竖井内集中用铜排或粗铜线引到接地体。导线的截面应符合标

准，接地电阻也应符合规定。屏蔽层应连续且宜两端接地，若存在两个接地体，其接地电位差不应大于 1Vr. m. s（有效值）。综合布线的接地系统采用竖井内集中用铜排或粗铜线引至接地体时，集中铜排或粗铜线应视作接地体的组成部分，按接地电阻限值计算其截面。

（8）综合布线的电缆采用金属槽道或钢管敷设时，槽道或钢管应保持连续的电气连接，在两端应有良好的接地。

（9）当电缆从外面进入建筑物时，电缆的金属护套或光缆的金属件均应有良好的接地。

（10）综合布线系统有源设备的正极或外壳，与配线设备的机架应绝缘，并用单独导线引至接地汇流排，与配线设备、电缆屏蔽层等接地宜采用联合接地方式。

对于屏蔽电缆，根据防护的要求，可分为 F/UTP（电缆金属箔屏蔽）、U/FTP（线对金属箔屏蔽）、SF/UTP（电缆金属编织丝网加金属箔屏蔽）、S/FTP（电缆金属箔编织网屏蔽加上线对金属箔屏蔽）几种结构。不同的屏蔽电缆会产生不同的屏蔽效果。一般认可金属箔对高频、金属编织丝网对低频的电磁屏蔽效果为佳。如果采用双重绝缘（SF/UTP 和 S/FTP）则屏蔽效果更为理想，可以同时抵御线对之间和来自外部的电磁辐射干扰，减少线对之间及线对外部的电磁辐射干扰。因此，屏蔽布线工程有多种形式的电缆可以选择，但为保证良好屏蔽，电缆的屏蔽层与屏蔽连接器件之间必须做好 360° 的连接。

4.5.2　综合布线系统的接地防雷保护

为保证电气设备可靠、安全地正常运行，在故障情况下有效地进行保护，将电路中的某点通过一定的手段与大地可靠地连接起来称为接地。与大地直接接触的金属导体叫做接地体或接地极，连接接地体或设备接地部分的导线叫做地线。综合布线系统作为智能建筑不可缺少的基础设施，其接地系统的好坏将直接影响到综合布线系统的运行质量。

1. 屏蔽保护接地

当智能化建筑和智能化小区内部或周围环境对综合布线系统产生电磁干扰时，除必须采用具有屏蔽性能的缆线和设备外，还应有良好的屏蔽保护接地系统，以抑制外界的电磁干扰，保证通信传输质量。在屏蔽保护接地系统设计中应注意以下几点：

（1）具有屏蔽性能的建筑群主干布线子系统的主干电缆（包括公用通信网等各种引入电缆）在进入房屋建筑后，应在电缆屏蔽层上（即接地点）焊好直径为 5mm 的多股铜芯线，连接到临近入口处的接地线装置上，要求焊接牢靠稳固。接地线装置的位置距离电缆入口处不应大于 15m（入口处是指电缆从管道的引出处），同时应尽量使电缆屏蔽层接地点接近入口处为好。接地（接零）线焊接长度规定和检验方法见表 4-13。

表 4-13　接地（接零）线焊接长度规定和检验方法

项目		规定数值	检验方法
搭接长度	扁钢	≥2b	尺量检查
	圆钢	≥6d	
	圆钢和扁钢	≥6d	
扁钢搭接焊的棱边数		3	观察检查

注：b 为扁钢宽度；d 为圆钢直径。

（2）综合布线系统所有缆线均采用了具有屏蔽性能的结构，且利用其屏蔽层组成整体系统性接地网时，在设计中需明确规定，施工中对各段缆线的屏蔽层都必须保持 360° 良好的连续性相互连接，并应注意导线相对位置不变。此外，应根据线路情况，在一定段落设有良好的接地措施，并要求屏蔽层接地线（即电缆接地线的接地点）应尽量邻近接地线装置，一般不应超过 6m。钢接地体和接地线的最小规格见表 4-14。

综合布线系统为屏蔽系统时，其配线设备端也应接地，用户终端设备处的接地视具体情况来定。两端的接地应尽量连接在同一接地体（即单点接地）。若接地系统中存在两个不同的接地体时，其接地电位差不应大于 1V（有效值）。这是采用屏蔽系统的整体综合性要求，每一个环节都有其重要的特定作用，不容忽视。

表 4-14 钢接地体和接地线的最小规格

种类、规格及单位		地上		地下	
		室内	室外	交流电流回路	直流电流回路
圆钢直径（mm）		6	8	10	12
扁钢	截面（mm²）	60	100	100	100
	厚度（mm）	3	4	4	6
角钢厚度（mm）		2	2.5	4	6
钢管管壁厚度（mm）		2.5	2.5	3.5	4.5

（3）每个楼层配线架应单独设置接地导线至接地体装置，成为并联连接，不得采用串联连接。通信引出端的接地可利用电缆屏蔽层连接到楼层配线架上。工作站的外壳接地应单独布线连接到接地体装置。在一个办公室内可以将邻近的几个工作站组合在一起，采用同一根接地导线。为了保证接地系统正常工作，接地导线应选用截面积不小于 $2.5mm^2$ 的铜芯绝缘导线。

（4）由于采用屏蔽系统的工程建设投资较高，为了节约投资而采用非屏蔽缆线，或虽用屏蔽缆线，但因屏蔽层的连续性和接地系统得不到保证时，应采取在每年非屏蔽缆线的路由附近敷设直径为 4mm 的铜线作为接地干线，其作用与电缆屏蔽层完全相同，并要求像电缆屏蔽层一样采取接地措施。同时在需要屏蔽缆线的场合，如采用非屏蔽缆线穿放在钢管或金属槽道（或桥架）内敷设时，要求各段钢管或金属槽道应保持连续的电气连接，并在其两端有良好的接地。

（5）综合布线系统中的干线电信间应有电气保护和接地。干线电信间中的主干电缆如为屏蔽结构，且有线对分歧到楼层时，除应按要求将电缆屏蔽层连接外，还应作好接地。接地线应采用直径为 4mm 的铜线；一端在主干电缆屏蔽层焊接，另一端则连接到楼层的接地端。这些接地端包括建筑的钢结构、主管道或专供该楼层用的接地体装置等。

干线电信间中主干电缆的位置应尽量选择在邻近垂直的接地导体（如高层建筑中的钢结构），并尽可能位于建筑物内部的中心部位。如果房屋的顶层是平顶，其中心部位的附近遭受雷击的概率最小，因此，该部位雷电的电流最小。且由于主干电缆与垂直接地导体之间的互感作用，可最大限度地减少通信电缆上产生的电动势。在设计中应避免把主干线路设在邻近建筑的外墙处，尤其是墙角，因为这些地方遭受雷击的概率最大，对通信线路是极不安全的。

2. 安全保护接地和防雷保护接地

（1）当通信线路处在下述的任何一种情况时，就认为该线路处于危险环境内，根据规定应对其采取过压、过流保护措施。这些情况包括：雷击引起的危险影响；工作电压超过250V 的电源线路碰地；地电位上升到 250V 以上引起的电源故障；交流 50Hz 感应电压超过 250V。

（2）当通信线路能满足和具有下述任何一个条件时，可认为通信线路基本不会遭受雷击，其危险性可以忽略不计。这些条件包括：该地区每年发生的雷暴日不大于 5d，其土壤电阻率 ρ 小于或等于 $100\Omega \cdot m$；建筑物之间的通信线路采用直埋电缆，其长度小于 42m，电缆的屏蔽层连续不断，电缆两端均采取了接地措施；通信电缆全程完全处于已有良好接地的高层建筑，或其他高耸构筑物所提供的类似保护伞的范围内（有些智能化小区具有这样的特点），且电缆有良好的接地系统。

（3）综合布线系统中采取过压保护措施的元器件，目前有气体放电管保护器或固态保护器两种。宜选用气体放电管保护器。固态保护器因价格较高，所以不常采用。综合布线系统的缆线会遇到各种电压，有时过压保护器因故而动作。例如 220V 电力线可能不足以使过压保护器放电，却有可能产生大电流进入设备，因此，必须同时采用过电流保护。为了便于维护检修，建议采用能自复的过流保护器。此外，还可选用熔断丝保护器，因其便于维护管理和日常使用，价格也较适宜。

（4）当智能化建筑避雷接地采用外引式泄流引下线入地时，通信系统接地应与建筑避雷接地分开设置，并保持规定的间距。这时综合布线系统应采取单独设置接地体的方法，其接地电阻值不应大于 4Ω。如建筑避雷接地利用建筑物结构的钢筋作为泄流引下线，且与其基础和建筑物四周的接地体连成整个避雷接地装置时，由于综合布线系统的通信接地无法与它分开，或因场地受到限制不能保持规定的安全间距，因此，应采取互相连接在一起的方法。如在同一楼层有避雷带及均压网（高于 30m 的高层建筑每层都设置）时，应将它们互相连通，使整幢建筑物的接地系统组成一个笼式的均压整体，这就是联合接地方式。当采用联合接地方式时，为了减少危险，要求总接线排的工频接地电阻不应大于 1Ω，以限制接地装置上的高电位值出现。如果智能化建筑中有些设备对此有更高的要求，或建筑物附近有强大的电磁场干扰，要求接地电阻更小时，应根据实际需要采用其中最小规定值作为设计依据。智能化建筑内综合布线系统的有源设备的正极和外壳、主干电缆的屏蔽层及其连通线均应接地，并应采用联合接地方式。采用单设接地装置与共用接地装置各系统接地电阻值比较见表 4-15。

表 4-15　采用单设接地装置与共用接地装置各系统接地电阻值比较

序号	名称	接地形式	规模和容量	接地电阻（Ω）
1	调度电话站	单设接地装置	直流供电	<15
			交流供电：$Pe \geq 0.5\mathrm{kW}$	<10
			$^*Pe \geq 0.5\mathrm{kW}$	<5
		共用接地装置	—	<1

续表

序号	名称	接地形式	规模和容量	接地电阻（Ω）
2	程控式交换机	单设接地装置	—	<5
		共用接地装置	—	<1
3	综合布线（屏蔽）系统	单设接地装置	—	<4
		接地电位差	—	<1Vr. m. s
		共用接地装置	—	<1
4	天线系统	单设接地装置	—	<4
		共用接地装置	—	<1
5	有线广播系统	单设接地装置	—	<4
		共用接地装置	—	<1
6	闭路电视系统、同声传译系统、扩声、对讲、计算机管理系统、保安监视、BAS 系统	单设接地装置	—	<4
		共用接地装置	—	<1

注：* Pe 为交流单相负荷。

其主要优点是：

① 当建筑物遭受雷击时，楼内各点电位的分布比较均匀，工作人员和所有设备的安全将得到较好的保障。

② 较容易采取比较小的接地电阻值。

③ 节省金属材料，占地少，不会发生矛盾。

3. 接地系统的设计

综合布线接地系统的结构可分 6 个层次进行设计，包括接地支线、接地母线（层接地端子）、接地干线、主接地母线（总接地端子）、接地引入线、接地体。

（1）接地支线

接地支线是指综合布线系统的各种设备与接地母线之间的连线，所有接地支线均采用截面不小于 $4mm^2$ 的铜质绝缘导线。当综合布线系统采用屏蔽电缆布线时，信息插座的接地可利用电缆屏蔽层作为接地线连至每层的配线架。若综合布线的电缆穿钢管或金属线槽敷设时，钢管或金属线槽应保持连续的电气连接，并应在两端具有良好的接地。

（2）接地母线（层接地端子）

每层的电信间内设专用金属接线箱，内置铜排作为接地母线，以连接各设备接地线。接地母线是配线子系统接地线的公用中心连接点，同时也是电信间局部等电位连结端子板。每层的楼层配线架及其他金属机架应与本楼层接地母线相焊接。接地母线采用铜母线时，最小尺寸宜为 6mm（厚）×50mm（宽），长度视工程实际需要而定。为减小接地电阻，在将导线固定到母线之前，对母线应做镀锡处理。保护线、等电位连接线的选择见表 4-16 和表 4-17。

表 4-16　保护线的最小截面（mm^2）

装置的相线截面 S	接地线及保护线最小截面
$S \leqslant 16$	S
$16 < S \leqslant 35$	16
$S > 35$	$S/2$

表 4-17 等电位连接导线的最小截面（mm²）

防雷类别	材料	流过大部分雷电流的连接导线的最小截面	流过小部分雷电流的连接导线的最小截面
一、二、三类	Cu（铜）	16	6
	Al（铝）	25	10
	Fe（铁）	50	16

（3）接地干线

接地干线是由主接地母线（总接地端子）引出，连接所有层接地母线的接地导线。接地干线应采用截面不小于 16mm² 的绝缘铜芯导线。当建筑物中用多个垂直接地干线时，垂直接地干线之间每隔三层及顶层需要与接地干线等截面的绝缘导线相焊接。当在接地干线时，其接地电位差大于 1Vr. m. s（有效值）时，楼层电信间应单独用接地干线接至主接地母线。

（4）主接地母线（总接地端子）

每栋建筑物一般设一个主接地母线。主接地母线作为布线接地系统中接地干线及设备接地线的转接点，宜设于外线引入间或设备间内。此外，主接地母线同时又是智能建筑总等电位联结端子板。主接地母线应尽量布置在直线路径上，从保护器到主接地母线的焊接导线不宜过长。接地引入线、接地干线、直流配电屏接地线、外线引入间的所有接地线以及与主接地母线同一电信间的所有布线用的金属架均应与主接地母线良好焊接。当外线引入电缆配有屏蔽或穿金属保护管时，其屏蔽或金属管应焊接至主接地母线。主接地母线宜放置于专用金属接线箱内，是应采用截面尺寸不小于 6mm（厚）×100mm（宽）的铜排制作，长度可由实际需要而定。弱电系统工作接地线薄铜排（厚 0.35 ~ 0.5mm）宽度选择表见表 4-18。

表 4-18 弱电系统工作接地线薄铜排（厚 0.35 ~ 0.5mm）**宽度选择表**

电子设备灵敏度（μV）	接地线长度（m）	电子设备工作频率（MHz）	薄铜排宽度（mm）
1	<2		120
1	1~2		200
10 ~ 100	1~5		100
10 ~ 100	5~10	>0.5	240
100 ~ 1000	1~5		80
100 ~ 1000	5~10		160

（5）接地引入线

接地引入线是指主接地母线与接地体之间的接地连接线，采用厚 40mm×4mm 或 50mm×5mm 的镀锌扁钢。接地引入线作绝缘防腐处理，在其出土部位采用适当的防机械损伤措施。注意不宜与暖气管道同沟布放。

某综合楼弱电系统防雷接地做法是利用基础钢筋、承台钢筋相连接，做为自然接地体，框架柱钢筋与基础承台钢筋焊接作引下线，再将楼板、梁内钢筋与柱筋焊接，这样就形成了一个具有极小电阻、极小引下线阻抗、立体的法拉第笼和平面的等电位自然防雷网络框架，如图 4-26 所示。

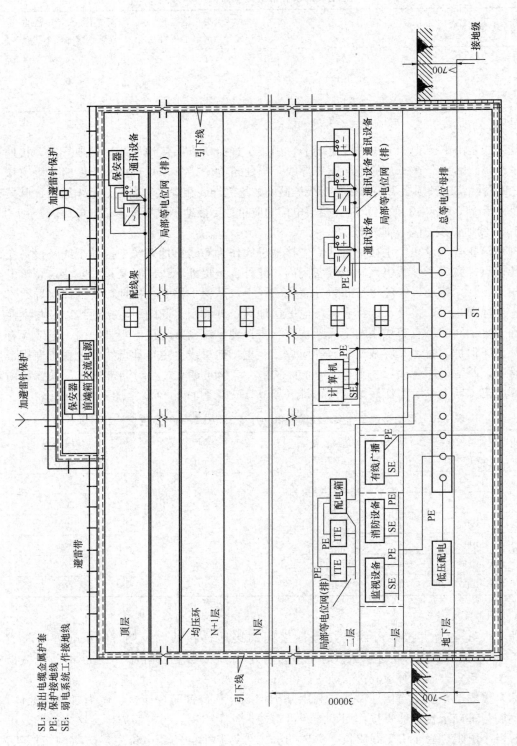

图 4-26 某综合楼弱电系统防雷接地示意图

SL: 进出电缆金属护套
PE: 保护接地线
SE: 弱电系统工作接地线

4.5.3　综合布线系统防火安全保护

为了防火防毒，在建筑中的易燃区域和电缆竖井内，综合布线系统所有的电缆或光缆应选用阻燃型或设有阻燃护套；在大型公共场所宜采用阻燃、低烟、低毒的电缆或光缆；相邻的设备间或电信间亦应采用阻燃型配线设备，相关连接硬件也应采用阻燃型。如果缆线穿放在不可燃的管道内，或在每个楼均采用切实有效的防火措施（如用防火涂料或板材堵封严密）。不会发生蔓延火势时，可以采用非阻燃型的。

如果采用防火、防毒的缆线和连接件，则火灾发生时，不会或很少散发有害气体，对于救火人员和疏散都较为有利。但是目前上述性能的缆线价格较高，不宜大量推广，只在限定的易燃区域和电缆竖井中采用。目前，阻燃防毒的缆线有以下几种：

（1）低烟阻燃型（LSLC），比 LSNC 型稍差些，情况与 LSNC 类同。

（2）低烟非燃型（LSNC），不易燃烧，释放 CO 少，低烟，但释放少量有害气体。

（3）低烟无卤型（LSOH），有一定阻燃能力。在燃烧时，释放 CO，但不释放卤素。

（4）低烟无卤阻燃型（LSHF-FR），不易燃烧，释放 CO 少，低烟，不释放卤素，危害性小。

此外，配套的接续设备也应采用阻燃型的材料和结构。若综合布线系统的电缆或光缆穿放在钢管等非燃烧的管材内时，且不是主要段落时，可考虑采用一般的普通外护。在重要布线段落且是主干缆线时，考虑到火灾发生后钢管受到烧烤，管材内部形成高温空间会使缆线护层发生变化或损伤，也应选用带有防火、阻燃护层的电缆或光缆，以保证通信线路安全。若缆线所在环境既有腐蚀性，又有雷击的可能时，选用的电缆或光缆除了要有外护套层外，还应有复式铠装层。这种外包铠装层具有较好的防腐蚀和防雷击性能。其缺点是价格高，且因其铠装层重量大，缆身单位重量过大，影响穿放施工进度，因此，不宜在管道中穿放或长距离安装敷设。

4.6　住宅小区综合布线系统的设计

4.6.1　设计原则

为了适应住宅现代化的需要，配合城市建设和信息通信网向数字化、综合化、智能化方向发展，促进城市住宅小区与住宅楼中电话、数据、图像等多媒体综合网络建设，需做好住宅建筑综合布线系统的设计。住宅小区综合布线系统设计原则如下：

（1）新的住宅建筑应采用家居综合布线系统，住宅小区和住宅楼的多系统的通信暗管必须同步实施，避免今后开挖路面和破坏建筑，造成不必要的经济损失。对于分散的住宅建筑，或现有住宅楼应充分利用电话线开通各种话音、数据和多媒体业务。

（2）综合布线系统的设施及管线的建设，应纳入城市住宅小区或住宅楼相应的规划中。

（3）综合布线系统主要适用于组织通信网络的应用，应与网络电视（IPTV）、家庭自动化、安全防范信息等内容统筹规划，按照各种信息的传输要求，做到合理使用，并应符合相关的标准。

（4）工程设计时，应根据工程项目的性质、功能、环境条件和近、远期用户要求，进行综合布线系统设施和管线的设计。

（5）工程设计中必须选用现行有关标准的定型产品。未经国家认可的产品质量监督检验机构鉴定合格的设备及主要材料，不得在工程中使用。

4.6.2 管线设计

1. 建筑物管线设计

建筑物管线设计应采用暗配线方式，具体可采用以下几种方式：

（1）住宅楼，每层户数较多，采用分层配线方式。其中楼层配线架不一定每层都设置，只要楼层配线架至信息插座的长度不超过 90m，几层楼可以公用一个楼层配线架。这种方式适用于每户房间较多，且面积较大、有多数据终端，在家庭配线箱处设置交换机的情况，如果每户仅 1 台计算机终端，交换机集中设置在楼层配线架时，则楼层配线架至每户信息插座的电缆总长度不应超过 90m。

（2）住宅楼，每层户数较少，采用按住宅单元垂直配线方式。这种方式不设楼层配线架。在底层分界点处集中设置交换机，分界点至每户信息插座的电缆总长度不应超过 90m；如果住宅楼规模较大，集中设置交换机有困难，也可在每一单元的底层设楼层配线架，在各楼层配线架处放置交换机，选择其中与电信网提供衔接的楼层配线架作为分界点（可选择住宅区的集中管理部门所在地），此时，每一个楼层配线架至每户信息插座的电缆总长度不应超过 90m，光缆长度不应超过 500m。

（3）多个独立式住宅组成的建筑群。这种方式可将每幢独立式或排列式住宅视为一个楼层，设楼层配线架，每住户设家居多媒体配线箱，在各处设置交换机，选择其中与电信网提供衔接的楼层配线架作为分界点（可选择住宅区的集中管理部门所在地）。此时，每一个楼层配线架至每户信息插座的电缆总长度不应超过 90m，楼层配线架之间以及楼层配线架至分界点之间的电缆长度不应超过 90m，光缆长度不应超过 500m。如果住宅小区规模较大，还可增加光缆长度，并应符合多模光缆不大于 2000m，单模光缆不大于 3000m 的规定。

2. 住宅小区内综合布线管线设计

（1）地下综合布线管道设计

① 住宅小区地下综合布线管道规划应与城市通信管道和其他地下管线的规划相适应，必须与道路、给排水管、热力管、煤气管、电力电缆等市政设施同步建设。

② 住宅小区地下综合布线管道应与城市通信管道和各建筑物的同类引入管道或引上管相衔接，其位置应选在建筑物和用户引入线多的一侧。

③ 综合布线管道的管孔数应按终期电缆或光缆条数及备用孔数确定。

④ 综合布线管道管材的选用应符合相关设计标准。

⑤ 管道的埋深宜为 0.8 ~ 1.2m，在穿越人行道、车行道、电车轨道或铁道时，最小埋深不得小于表 4-19 的要求。

表 4-19　管道的最小埋深

管种	管顶至路面或铁道路面的最小净距（m）			
	人行道	车行道	电车轨道	铁道
混凝土管、硬塑料管	0.5	0.7	1.0	1.3
钢管	0.2	0.4	0.7	0.8

（2）综合布线电缆或光缆设计

① 综合布线电缆或光缆布放在管孔中的位置，前后应保持一致。管孔的使用顺序宜先

下后上，先两侧后中间。

② 1 个管孔宜布放 1 条电缆或光缆。当采用 4 对对绞电缆时，1 个管孔不宜布放 5 条以上电缆，管孔截面利用率应为 25% ~ 30%。

③ 地下管道内的综合布线电缆或光缆，应采用填充式电缆、光缆或干式阻水光缆，不得采用铠装电缆或光缆。

④ 在管孔内不得有电缆或光缆接头。

⑤ 住宅小区和住宅楼的配线设备应安装在设备间或电信间内，宜采用机柜式或墙挂式设备。

⑥ 综合布线电缆或光缆的容量，应根据终期用户数及适当的备用量确定。

⑦ 综合布线电缆进入建筑物时，应采用过压、过流保护措施，并符合国家现行有关标准。

⑧ 综合布线区域内存在电磁干扰场强时，宜按国家相关标准执行。

复习与思考题

1. 简述综合布线系统工程设计流程。
2. 综合布线系统的设计标准有哪些？
3. 分析说明综合布线系统六大子系统设计的基本原则、设计步骤、线缆选择和布线方式。
4. 简述综合布线系统的各设计等级的主要内容。
5. 干线子系统的接合方法有几种？
6. 设备间有哪些基本要求？
7. 设备间的线缆敷设基本有几种类型？
8. 简述光纤配线系统结构。
9. 简述综合布线系统的保护设计的必要性。
10. 电气防护的线缆间距有何要求？
11. 综合布线系统的接地防雷保护如何设计？
12. 综合布线电缆、光缆及管线与其他管线的间距有何要求？
13. 简述综合布线系统的接地系统设计。
14. 简述综合布线系统防火安全保护。
15. 简述家居综合布线系统的配置标准。
16. 简述住宅小区综合布线系统的设计原则。

第 5 章　综合布线系统测试与验收

要保证综合布线工程的施工质量，除了要有一支素质高、经过专门训练、工程经验丰富的施工队伍来完成工程任务外，更重要的是需要一套科学有效的测试手段来监督工程施工质量，以保证计算机网络系统的正常运转。

工程的验收是全面考核工程的建设工作，检验设计和工程质量的重要环节，对保证工程的质量和速度将起到重要的作用。

5.1　综合布线系统测试基础

5.1.1　概述

计算机网络综合布线是网络中最基本、最重要的组成部分，它是连接每一台服务器和工作站的纽带。作为传输高速数据的介质，计算机网络综合布线对线缆及相关连接件的安装要求非常严格，一旦发生故障，严重时可导致整个网络系统的瘫痪。因此在综合布线工程完工后，必须对整个布线系统进行全面的测试。

综合布线测试从工程的角度可分为两类，即验证测试与认证测试。验证测试又叫随工测试，是在施工的过程由施工人员边施工边测试，以保证完成的每一阶段的正确性。通常这种测试只注重连接性能，对电气特性不关心。认证测试是对综合布线依据某一个标准进行逐项测试，以确定布线是否达到全部设计要求，包括性能测试和电气性能测试。

5.1.2　测试标准

在国际上广泛使用的 ISO/IEC 11801《用户房屋综合布线》和在我国得到广泛认可的 TIA/EIA 568A《商业建筑电信布线标准》中规定了 3 类、5 类双绞线电线、接插件、跳线等性能指标和布线链路技术指标，对现场布线系统怎样进行认证测试，应该遵循什么标准，并没有定义。美国 EIA/TIA 委员会在 1995 年推出的 TSB-67《现场测试非屏蔽双绞线电缆布线系统传输性能技术规范》是国际上第一部综合布线系统现场测试的技术规范。TSB-67 比较全面地定义了电线布线的现场测试内容、方法以及对测试仪器的要求。该规范包括以下内容。

（1）定义了现场测试用的两种测试链路结构。

（2）定义了 3 类、4 类、5 类链路需要测试的传输技术参数（具体有 4 个参数：长度、衰减、近端串扰和损耗）。

（3）定义了在两种测试链路下各技术参数的标准值（阀值）。

（4）定义了现场测试仪的技术和精度要求。

（5）将现场测试仪的测试结果与实验室测试仪器的测试结果进行比较。

TSB-67 涉及的布线系统，通常是在一条线缆的两对线上传输数据，可利用的最大带宽为 100MHz，最高支持 100Base-T 以太网。近年来，由于高速宽带业务传输需要，新标准不断推出。例如，1999 年 10 月发布的 TSB-95 布线系统，以及 1999 年 11 月推出的 TIA/EIA 568-A-5（增强型 5 类）布线系统。

面对网络的快速发展和新技术对综合布线系统不断提出的新要求，在过去几年，布线产品的性能和链路性能都有了非常明显的提高，综合布线测试的标准也在不断地修订和完善。

继美国推出 TIA/EIA 568-A-5 后，一个支持 1000Base-TX 局域网的超 5 类（Cat.5E）和 6 类（Cat.6）布线标准——TIA/EIA 568-B 已经于 2001 年推出。国际标准化组织也在已有的 ISO/IEC 11801—2000 标准草案基础上进行了修订，ISO/IEC 11801—2002 与 TIA/EIA 568-B 已非常接近。

我国对综合布线系统专业领域的标准和规范的制定工作也非常重视，不断修订建筑与建筑群综合布线工程验收规范，目前正在使用的验收规范是 2017 年 4 月 1 日实施的《综合布线系统工程验收规范》（GB/T 50312—2016），这些标准的施行对我国综合布线系统工程的标准化、规范化和布线市场的健康发展起到了积极的作用。

TSB-67 标准只定义到 5 类布线系统，测试指标只有拉线图、长度、衰减、近端串扰等参数，针对当前超 5 类综合布线是主流，6 类综合布线系统正日渐普及的现状，下面根据 TIA/EIA 568-B 标准，介绍 6 类布线系统的测试参数。

5.2　双绞线电缆测试

5.2.1　双绞线的验证测试

在现场施工阶段，施工人员的主要工作是布放线缆，连接相关硬件。在这里，关心的是施工中的安装工艺问题。如果在施工时能够保证接线的正确，就可减少在认证时由于仅仅是接线这类的连接错误而返工所造成的浪费，所以施工中的验证测试是十分必要的。

电缆安装是一个以安装工艺为主的工作。由于没有人能够完全无误地工作，所以为确保安装达到性能和质量的要求，必须进行链路测试。据调查，在综合布线中，即使是优秀的施工人员，如果没有测试工具，所做的连接也可能会出现错误。施工中最常见的连接故障是：电缆标签错，连接开路、短路及双绞线接线图错（包括错对、极性接反、串扰等）。插针、线对分别在国际布线标准 ISO/IEC 11801—1995（E）中都已定义，正确的线对连接如图 5-1（a）所示，各种常见的连接错误如图 5-1（b）所示。

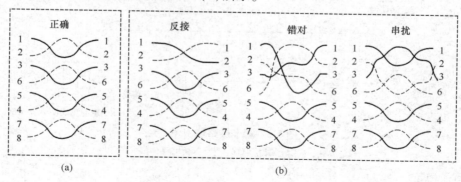

图 5-1　线对连接图

（a）线对连接正确；（b）线对连接不正确

① 开路、短路：在施工时由于安装工具或接线技巧问题，以及墙内穿线技术问题，会产生通路断开或短接这类故障。

② 反接：同一对线在两端针位接反，一端为 1-2，另一端为 2-1。

③ 错对：将一对线接到另一端的另一对线上。例如，一端是 1-2，另一端接在 4-5 针上。最典型的这类错误就是打线时混用 T568A 与 T568B 的色标。

④ 串扰：将原来的两对线分别拆开而又重新组成新的线对。出现这种故障时，端对端连通性是好的，所以用万用表这类工具检查不出来，只有用专用的电缆测试仪才能检查出来。由于串扰使相关的线对没有扭绞，信号在线对间通过时会产生很强的近端串扰（NEXT）。当信号在线缆中高速传输时，产生的近端串扰如果超过一定的限度就会影响信息传输。

5.2.2 双绞线的认证测试

综合布线系统的通道性能不仅取决于布线的施工工艺，还取决于所采用的线缆及相关连接硬件的质量，所以对电缆传输通道必须做认证测试。认证测试并不能提高综合布线系统的通道性能，只是确认所安装的线缆和相关连接硬件及其安装工艺能否达到设计要求。只有使用能满足特定要求的测试仪器并按照相应的测试方法进行测试，所得到的结果才是有效的。

（1）认证测试模型

综合布线认证测试链路主要是指双绞线水平布线链路。TSB-67 定义了两种标准的认证测试模型：基本链路（basic link）和通道（channel）。ISO/IEC 11801—2002 和 TIA/EIA 568-B.2-1 定义的增强 5 类和 6 类标准中，弃用了基本链路的定义，而采用永久链路（permanent link）的定义。

① 基本链路模型

基本链路用于测试综合布线中的固定链路部分。由于综合布线承包商通常只负责这部分的链路安装，所以基本链路又被称为承包商链路。它包括最长 90m 的水平布线，两端可分别有一个连接点，以及用于测试的两条各长 2m 的设备电缆（设备配套）。基本链路模型的定义如图 5-2 所示。

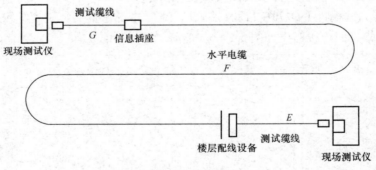

图 5-2　基本链路模型图

G、E—测试缆线；F—水平电缆

② 通道模型

通道用于测试端到端链路的整体性能，又被称为用户链路。它包括最长 90m 的水平电缆、一个工作区附近的转接点、在配线架上的两处连接，以及总长不超过 10m 的连接线和配线架跳线。通道模型的定义如图 5-3 所示。

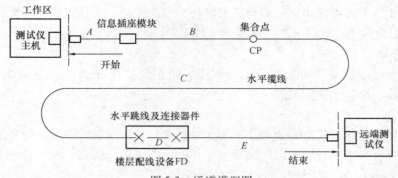

图 5-3 通道模型图

A—工作区设备连接线；*B*—用户转接线；*C*—水平电缆；*D*—配线架跳线；*E*—设备跳线

基本链路和通道二者的最大区别就是：基本链路不包括用户端使用的电缆（这些电缆是用户连接工作区终端与信息插座或配线架与集线器等设备的连接线），而通道是作为一个完整的端到端链路定义的，它包括了连接网络站点、集线器的全部链路，其中用户的末端电缆必须是链路的一部分，必须与测试仪相连。

③ 永久链路模型

永久链路又称固定链路，在国际标准化组织 ISO/IEC 所制定的超 5 类、5 类标准草案及 TIA/EIA 568-B 新的测试定义中，定义了永久链路测试方式，它将代替基本链路方式。永久链路方式为工程安装人员和用户提供用于测量安装的固定链路的性能。永久链路连接方式由 90m 水平电缆和链路中相关接头（必要时增加一个可选的转接/汇接头）组成，与基本链路方式不同的是，永久链路不包括现场测试仪插接线和插头，以及两端 2m 测试电缆，电线总长度为 90m；而基本链路包括两端的 2m 测试电缆，电线总计长度为 94m。如图 5-4 所示。

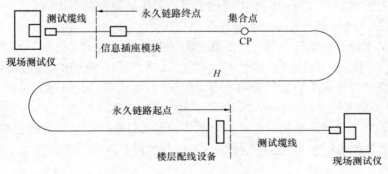

图 5-4 永久链路模型图

H—水平电缆

永久链路测试方式，排除了测试连线在测试过程中本身带来的误差，使测试结果更准确、合理。在测试永久链路时，测试仪表应能自动扣除两条测试设备跳线和 2m 测试线的影响。

在实际测试应用中，选择哪一种测试链路方式应根据需求和实际情况而定。使用通道链路方式更符合使用时的情况，但由于它包含了用户的设备连线部分，测试较复杂。一般工程验收测试建议选择基本链路方式或永久链路方式进行。

（2）认证测试参数

依照 TIA/EIA 568-B 标准，测试参数主要有：接线图、长度、衰减和近端串扰、结构回损、衰减串扰比、等效远端串扰、综合远端串扰、回波损耗、特性阻抗等参数，因此对于超5 类线缆和 6 类线缆主要有以下测试参数。

① 接线图

该步骤检查电缆的接线方式是否符合规范。错误的接线方式有开路（或称断路）、短路、反向、交错、串扰 5 种情况。

② 连线长度

局域网拓扑对连线的长度有要求，因为如果长度超过了规定的指标，信号的衰减就会很大。现场测试综合布线的长度可以用测量电子长度的方法进行估算。而测量电子长度是基于链路的传输延迟和电缆的标称传播相速度（NVP）值来实现的。由于测量仪器所设定的NVP 值会影响所测长度的准确度，因此在测量连线长度之前，应该用不短于 15m 的电缆样本做一次 NVP 校验。

③ 衰减

衰减是信号沿链路传输损失的量度。通常衰减是频率的持续函数，信号频率越高，其衰减越大，衰减是以 dB 表示的。各对双绞线的衰减不同，而且随着链路长度的增加，衰减会增大，即电信号损失得越多。信号衰减到一定程度，将会引起链路传输的信息不可靠。引起衰减的原因还有温度、阻抗不匹配以及连接点等因素。

④ 近端串扰（Near-End Crosstalk Loss，简称 NEXT）

近端串扰是指在一条双绞线电缆链路中从一对线对到另一对线对的信号耦合。测试时是以测得的近端串扰损耗的大小来衡量串扰的程度。对于双绞线电缆链路，近端串扰是一个关键的性能指标，也是最难测量精确的一个指标，尤其是随着信号频率的增加其测量难度就更大。近端串扰与长度没有比例关系，测量出的近端串扰绝不能按长度分摊。另外，施工的工艺问题也会产生近端串扰（如端接处电缆被剥开，或失去双绞的长度过长）。

⑤ 结构回损（Structural Return Loss，简称 SRL）

结构回损是衡量线缆阻抗一致性的标准，由于电缆的结构无法完全一致，因此会引起阻抗发生少量变化。阻抗的变化会使信号产生损耗。结构回损与电缆的设计及制造有关，而不像近端串扰一样常受到施工质量的影响。结构回损以 dB 表示，其值越高越好。

⑥ 等效式远端串扰（Equal Level FEXT，简称 ELFEXT）

等效式远端串扰是远端串扰和衰减信号的比，它通过在一个电缆对的近端输入一个已知的测试信号，然后测量同一电缆另一端另一线对上的耦合噪声来进行测量，其测试值也以dB 为单位。

⑦ 综合远端串扰（Power Sum ELFEXT，简称 PS ELFEXT）

综合远端串扰实际上是一种计算式，而不是一个测量步骤。PS NEXT 值是由 3 对线对另一对线的串扰的代数和推导出来的。其测试值用 dB 来测算，dB 值越大，电缆对间的信号耦合越少（性能越好）。

⑧ 回波损耗（Return Loss）

是电缆链路由于阻抗不匹配所产生的反射，是一线对自身的反射。不匹配主要发生在连接器的地方，但也可能发生于电缆中特性阻抗发生变化的地方，所以施工的质量是减少回波损耗的关键。

⑨ 特性阻抗（Characteristic Impedance）

　　特性阻抗是线缆对通过的信号的阻碍能力，它受直流电阻、电容和电感的影响，因此要求整条电缆中必须保持是一个常数。

　　⑩ 衰减串扰比（Attenuation-to-crosstalk Ratio，简称 ACR）

　　由于衰减效应，接收端所收到的信号是最微弱的，但接收端也是串扰信号最强的地方。衰减串扰比 ACR 就是同一频率下近端串扰和衰减的差值，其公式为：

$$ACR = 衰减的信号 - 近端串扰的噪声$$

　　ACR 体现的是电缆的性能，也就是在接收端信号的富裕度，因此 ACR 值越大越好。由于每对线对的 NEXT 值都不尽相同，因此每对线对的 ACR 值也是不同的。测量时以最差的 ACR 值为该电缆的 ACR 值。如果是与 PS NEXT 相比，则以 PS ACR 值来表示。

　　表 5-1 列出了 6 类布线系统的 100m 信道的参数极限值。

表 5-1　6 类布线系统的 100m 信道的参数极限值

频率 （MHz）	衰减 （dB）	NEXT （dB）	PS NEXT （dB）	ELFEXT （dB）	PS ELFEXT （dB）	回波损耗 （dB）	ACR （dB）	PS ACR （dB）
1.0	2.2	72.7	70.3	63.2	60.2	19.0	70.5	68.1
4.0	4.1	63.0	60.5	51.2	48.2	19.0	58.9	56.5
10.0	6.4	56.6	54.0	43.2	40.2	19.0	50.1	47.5
16.0	8.2	53.2	50.6	39.1	36.1	19.0	45.0	42.4
20.0	9.2	51.6	49.0	37.2	34.2	19.0	42.4	39.8
31.25	8.6	48.4	45.7	33.3	30.3	17.1	36.7	34.1
62.5	16.8	43.4	40.6	27.3	24.3	14.1	26.6	23.8
100.0	21.6	39.9	37.1	23.2	20.2	12.0	18.3	15.4
125.0	24.5	38.3	35.4	21.3	18.3	8.0	13.8	10.9
155.52	27.6	36.7	33.8	19.4	16.4	10.1	9.0	6.1
175.0	29.5	35.8	32.9	18.1	15.4	9.6	6.3	3.4
200.0	31.7	34.8	31.9	17.2	14.2	9.0	3.1	0.2
250.0	35.9	33.1	30.2	15.3	12.3	8.0	1.0	0.1

　　图 5-5 是超 5 类 4 对双绞线电缆测试报告。

5.2.3　双绞线的故障诊断

　　对双绞线进行测试时，接线正确的连线图要求端到端相应的针连接是：1 对 1、2 对 2、3 对 3、4 对 4、5 对 5、6 对 6、7 对 7、8 对 8。

　　如果接错，便有开路、短路、反接、错对、串扰等情况出现。测试过程中，可能产生的问题有：近端串扰未通过、衰减未通过、接线图未通过、长度未通过等，现分别叙述。

　　（1）近端串扰未通过

　　近端串扰未通过（Fail）的原因可能有：

- 近端连接点有问题；
- 远端连接点短路；
- 错对；
- 外部噪声；
- 链路线缆和插接件性能问题或是不匹配；
- 线缆的端接质量问题。

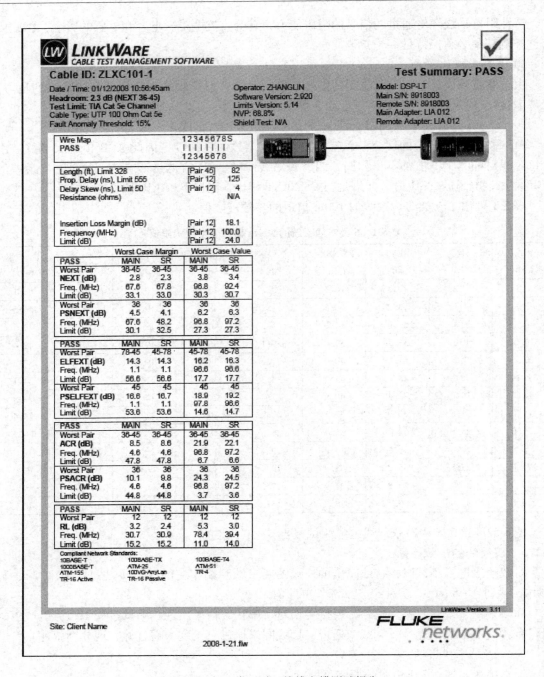

图 5-5   超 5 类 4 对双绞线电缆测试报告

（2）衰减未通过

衰减未通过（Fail）的原因可能有：

- 长度过长；
- 温度过高；
- 连接点问题；

- 链路线缆和插接件性能问题或不匹配；
- 线缆的端接质量问题。

（3）接线图未通过

- 两端的接头有断路、短路、交叉、破裂开路；
- 跨接错误。

（4）长度未通过

长度未通过（Fail）的原因可能有：

- NVP 设置不正确，可用已知的好线确定并重新校准 NVP；
- 实际长度过长；
- 开路或短路；
- 设备连线及跨接线的总长度过长。

5.3　光纤测试

5.3.1　光传输通道性能概述

对光纤传输通道的性能要求的前提是每一根光纤通道使用单个波长窗口。下面按照国际布线标准 ISO/IEC 11801—2000 + ，说明单模和多模光纤通道的性能指标。除非特别说明，这些参数适用于综合布线的光纤通道。

（1）光纤的波长

根据光纤对传输光波损耗的测试结果，表明光纤的损耗与所传输的光波波长有关。在某些波长附近光纤的损耗最低，这些波段称为光纤的低损耗"窗口"或"传输窗口"。多模光纤一般有两个窗口（即两个最佳的光传输波长），分别是 $0.85\mu m$ 和 $1.5\mu m$；单模光纤也有两个窗口，分别是 $1.31\mu m$ 和 $1.5\mu m$。对应于这些窗口的波长，可以选用适当的光源，这将大大降低光能的损耗。

综合布线通道的光纤波长窗口的参数应符合表 5-2 的规定。

表 5-2　光纤波长窗口的参数

光纤模式标称波长（nm）	下限（nm）	上限（nm）	基准试验波长（nm）	最大光谱宽度 FWHM（nm）
多模 850	790	910	850	50
多模 1300	1285	1330	1300	150
单模 1310	1288	1339	1310	10
单模 1550	1525	1575	1550	10

注：1. 多模光纤：芯线标称直径为 62.5/125μm 或 50/125μm。850nm 波长时最大衰减为 3.5dB/km（20℃），最小模式带宽为 200MHz·km（20℃）。1300nm 波长时最大衰减为 1dB/km（20℃），最小模式带宽为 500MHz·km（20℃）；

2. 单模光纤：芯线应符合 IEC 793-2，型号 BI 和 ITU-T G.652 标准。1310nm 波长和 1550nm 波长时最大衰减为 1dB/km；截止波长应小于 1280nm。1310nm 时色散应小于等于 6ps/(km·nm)；1550nm 时色散应小于等于 20ps/(km·nm)；

3. 光纤连接硬件：最大衰减 0.5dB；最小反射损耗，多模为 20dB，单模为 26dB。

（2）光纤的连通性和衰减

光纤的连通性又称为光纤的连续性，用于描述光纤传输通道在光路上是否贯通。光纤的连通性是对光纤通道的基本要求。

光纤衰减是指光波沿光纤传输时光能损失的度量。光纤的衰减主要是由光纤本身的固有吸收和散射造成的，光纤的衰减由下式决定。

$$\alpha = 10 \lg \frac{P_i}{P_0} \, (dB)$$

式中，P_i 是注入光纤的光功率，P_0 是经过光纤传输后在光纤末端输出的光功率。α 越大，光信号在光纤里衰减得越严重。

光纤通道允许的最大衰减应不超出表 5-3 所列的数值。此外，对由多个子系统组成的光纤通道的衰减，$62.5/125\mu m$ 光纤和 $8.3/125\mu m$ 光纤不应超过 $11dB$，其他类型的光纤可能有更严格的限制。表 5-3 中列出用于各种子系统中的通道衰减值，该指标已包括通道接头和连接插座的衰减。

表 5-3　光纤通道允许的最大限制衰减值

子系统	通道长度（m）	单模光纤衰减值（dB）		多模光纤衰减值（dB）	
		1310nm	1550nm	850nm	1300nm
水平	100	2.2	2.2	2.5	2.2
干线	500	2.7	2.7	3.9	2.6
建筑群干线	1500	3.6	3.6	7.4	3.6

为了精确衡量不同长度的光纤通道的衰减特性，引入衰减系数 α_L，单位是 dB/km，即

$$\alpha_L = 10 \lg \frac{P_i}{P_0} \Big/ L$$

式中，L 是光纤的长度。

（3）光纤的带宽

光脉冲经过光纤传输之后，不但幅度会因衰减而减小，而且波形也会发生越来越大的失真，发生脉冲展宽的现象；两个原本有一定间隔的光脉冲，经过光纤传输之后产生了部分重叠。为避免重叠的发生，对输入脉冲设置一个最高速率限制。将两个相邻脉冲虽重叠但仍能区别开时的最高脉冲速率定义为该光纤通道的最大可用带宽。脉冲的展宽不仅与脉冲的速度有关，而且与光纤的长度有关。所以，可用光纤的传输信号速率与其传输长度的乘积来描述光纤的带宽特性，其代表符号为 $B \cdot L$，单位为 GHz·km 或 MHz·km。当距离增长时，允许的带宽就得相应地减小。例如：在 850nm 波长的情况下，一根光纤的最小带宽是 160MHz·km。这意味着当这根光纤长 1km 时，最大可传输频率为 160MHz 的信号；而当长度是 500m 时，最大可传输 160MHz·km /0.5km = 320MHz 的信号；而当长度是 100m 时，最大可传输 160 MHz·km /0.1km = 1600MHz = 1.6GHz 的信号，其余情况类推。

由于多模光纤的最大通道长度为 2km，因此，通道的最小光学模式带宽分别为 100MHz（850nm 波长）和 250MHz（1300nm 波长）。在综合布线中，多模光纤通道传输带宽应超过上述最小光学模式带宽，而单模光纤通道的光学模式带宽可不做要求。

（4）反射损耗和传输延迟

对所有光纤通道来说，光的反射损耗是一个重要指标。

光反射损耗用于描述注入光纤的光功率反射回源头的数量。光纤传输系统中的反射是由多种因素造成的，其中包括由光纤连接器和光纤拼接等引起的反射。这些反射会影响激光器正常工作，对于单模光纤来说，反射损耗尤其重要，所以反射损耗应有一定的限制。综合布线光纤通道任一接口的光纤反射损耗，应大于表 5-4 所列的要求值。

表 5-4　最小光纤反射损耗

项　　目	多模		单模	
标称波长（nm）	850	1300	1310	1550
反射损耗（dB）	20	20	26	26

光纤通道的传输延迟是指发送器发出的光脉冲经光纤传输到达接收器的传播延迟。它也可以通过计算光纤长度和由波长及光纤类型所决定的折射率而得到。有些应用系统可能对光缆布线通道的最大传输延迟有专门的要求，以确保通道对应用系统的支持。传输延迟可按照 GB/T 15972 规定的相移法或脉冲时延法进行测量。

5.3.2　光传输通道测试

一条完整的光纤链路的性能不仅取决于光纤本身的质量，而且取决于连接头的质量，以及施工工艺和现场环境。所以，对光纤链路进行现场认证测试是十分必要的。

光纤链路现场认证测试是安装和维护光纤通信网络的必要部分，它的主要目的是按照特定的标准检测光纤系统的连接质量，以减少故障因素，并在存在故障时找出光纤的故障点，从而进一步查找故障原因。

（1）认证测试内容

光缆布线系统的测试是工程验收的必要步骤，只有通过了系统测试，才能表示布线系统施工已经完成。

在光纤的应用中，光纤本身的种类很多，但光纤及其传输系统的基本测试方法大体上都是一样的，所使用的测试仪器（设备）也基本相同。目前，绝大多数的光纤系统都采用标准类型的光纤、发射器和接收器。综合布线大多使用纤芯为 $50\mu m$ 的多模光纤和标准发光二极管（LED）光源，是工作在 850nm 的光波上。这样，就可以大大地减少测量中的不确定性，即使是用不同厂家的设备，也容易将光纤与仪器进行连接，可靠性和重复性都很好。

由于光纤的大多数特性参数不受安装方法的影响，已经由光纤制造厂家进行了测试，不需进行现场测试，所以，对光纤或光纤传输系统而言，其基本的测试参数只是连续性和衰减。一般可根据测量的结果确定光纤连续性，分析光纤的衰减和发生光衰减的部位。

① 光纤的连续性

光纤的连续性测试是基本的测量之一。连续性测试的目的是为了确定光纤中是否存在断点。

② 光纤的衰减（损耗）

光功率衰减（损耗）是影响光纤传输性能的主要参数，光纤通道损耗主要是由光纤本身、接头和熔接点等造成的，即本征因素和非本征因素两大类。通常，对每一条光纤链路测试的标准通常都必须通过计算获得。具体计算公式如下：

光纤链路的损耗极限 = 光纤长度 × 衰减系数 + 每个接头损耗值 × 接头数量 + 每个熔接点损耗值 × 熔接点数量

在具体的计算中，只需查看相应的产品标准手册就可得到公式中的各种光纤的损耗系数。例如，在光纤生产厂商随产品所附带的技术资料中可以查到。

了解了测试参数的物理意义后，即可进行测量，并将测试的结果都以表格数据的形式体现，做成测试报告，附在工程文档后面，最终移交给用户并存档。科学完备的项目应该由科学完备的表格来体现。设计表格还有助于对项目本身的理解和方案的贯彻，同时也不失为一种理顺思路的好办法。了解到需要测试的项目内容以后，将对整个测试工作有一个较为全面的把握。

（2）认证测试方法

① 光纤链路测试工具

a. 光衰减测试设备

光功率计和光源是进行光纤传输特性测试的一般设备。光功率计中的光电二极管可将输入的光变成可测量的信号。硅光二极管在 400～1000nm 的范围内比较灵敏，适合在 650～850nm 的范围内进行光纤传输特性的测量，而锗（Ge）和铟-砷化镓（InGaAs）光二极管可覆盖 800～1600nm，因此在 1300nm 或 1500nm 的光纤传输系统中作为光检测器最合适。在选定测试光源时，务必要使其光谱及其光纤耦合特性与光纤传输系统本身所用的光源的特性相适应。

目前的光源主要有 LED（发光二极管）光源和 Laser（激光）光源两种。LED 光源虽然造价比较低，但是由于其功率及其散射等性能的缺陷，在短距离的布线中应用较多；而在长距离的主干布线中部使用传统的激光光源，但是激光光源设备昂贵。为了能够解决这两种光源的缺陷，近两年来，人们又研制出了一种新型的光源，这就是 VCSEL（垂直腔体表面发射激光）光源。VCSEL 是一种性能好且制造成本低的新型激光光源。如今使用最为广泛的是 850nm 的 VCSEL 多模激光光源。

为了测量一条光纤链路的衰减，需要在一端由光源发射校准过的稳定光，并在接收端由光功率计读出输出功率。这两种设备就构成了光衰减测试系统，能够测量连接损耗，并检验连续性，以及帮助评估光纤链路传输质量。

将光源和功率计合成一套仪器时，称作光衰减测试仪（或称作光万用表）。通常需要测量两个方向上的损耗（因为存在有向连接损耗，或者说是由于光纤传输损耗的非对称性所致的），光万用表为双向测量提供便利条件。现在的用于认证测试的高级光纤测试套机可以实现双向双波长的测试，如 Fluke 的 CertiFiber 和 DSP 电缆测试系列的 FTA 光纤测试包。

简而言之，要完成一项光损耗的测量工作，一个校准了的光源和一个标准的光功率计是不可缺少的。

b. 光时域反射计（OTDR）

OTDR 是光缆施工、维护及监测中必不可少的工具。OTDR 根据光的后向散射原理制作，利用光在光纤中传播时产生的后向散射光来获取衰减的信息，可用于测量光纤衰减、接头损耗，定位光纤故障点，以及了解光纤沿长度的损耗分布情况等。通过分析 OTDR 接收到的光子反向散射信号波形图，技术人员可以看到整个系统的轮廓：确定光纤分段以及连接器

的位置，并测量它们的性能；确定由
于施工质量所导致的问题；如果知道
光信号在光纤中传输的速率，OTDR
可以根据信号发送和接收的时间差确
定光纤断路等故障的位置。一条光纤
链路的测试波形如图 5-6 所示。

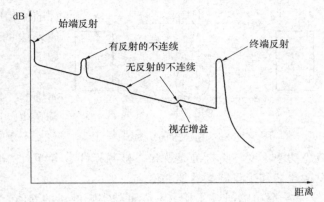

图 5-6　OTDR 波形图

过去，OTDR 一般应用于长距离
的光纤通信系统的安装与维护中，而
在短距离的布线中使用 OTDR 测得的
长度结果是不准确的，唯一的优点就
是使用 OTDR 进行测试时不需要远端
设备。要想通过分析 OTDR 测试的波形结果准确分析出故障的情况，需要进行专业的训
练和大量的实际经验。另外，OTDR 设备价格昂贵。随着光纤在局域网和园区网中的应用
越来越广泛，尤其是千兆网络和万兆网络应用的出现，对于短距离的光纤链路的综合测
试要求日趋强烈。为此，诞生了新一代的短链路光纤认证测试 OTDR。这类 OTDR 不但能
完成传统 OTDR 的测试，而且由于其专为短链路设计的一些特性，使得在光缆布线系统
的维护中进行测试有了像铜缆布线测试一样的便捷和集成。新的光缆现场测试的规范 TIA
TSB-140 也为这种应用起到了良好的促进作用。

② 光纤传输通道测试方法

测量光纤的各种参数之前，必须做好光纤与测试仪器之间的连接。目前，有各种各样的
接头可用；但如果选用的接头不合适，就会造成损耗或者光的反射。例如，在接头处，光纤
不能太长，即使长出接头端面 1μm，也会因压缩接头而使之损坏；反过来，若光纤太短，
则又会产生气隙，影响光纤之间的耦合。因此，在进行光纤连接之前，应该仔细地平整及清
洁端面，并使之适配。

通常，在具体的工程中对光缆的测试方法有：连通性测试、端-端损耗测试、收发功率
测试和反射损耗测试四种，现简述如下。

a. 连通性测试

光纤的连续性是对光纤的基本要求，在进行连续性测量时，通常是把红色激光、发光二
极管（LED）或者其他可见光注入光纤，并在光纤的末端监视光的输出。如果在光纤中有断
裂或其他的不连续点，在光纤输出端的光功率就会减少或者根本没有光输出。

连通性测试是最简单的测试方法，只需在光纤一端导入光线（如手电光），在光纤的另
外一端察看是否有光输出。如有，则说明这条光纤是连续的，中间没有断裂；如光线弱时，
则要用测试仪来测试。

光通过光纤传输后，功率的衰减大小也能表示出光纤的传导性能。如果光纤的衰减太
大，则系统也不能正常工作。光功率计和光源是进行光纤传输特性测量的一般设备。

b. 端-端的损耗测试

端-端的损耗测试采取插入式测试方法，使用一台光功率计和一个光源，先以被测光纤
的一端（被测链路起始端）作为参考点，由光源注入参考光功率值，然后在被测光纤另一
端进行端-端测试并记录下信号增益值，两者之差即为实际端-端的损耗值。用该值与 FDDI

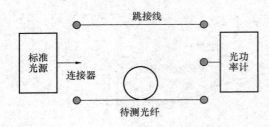

图 5-7　端-端损耗测量示意图

标准值相比就可确定这段光缆的连接是否有效。插入法的测量原理如图 5-7 所示，操作步骤如下：

• 参考度量（P_1）测试。将标准光源通过连接器，用跳接线（损耗可忽略的短光纤）接入光功率计，测出此时的光功率值为 P_1；

• 实际度量（P_2）测试。去掉跳接线，保持光功率不变，将标准光源接入被测光纤参考点，在被测光纤另一端连接光功率计，测量从发送器端到接收器端的损耗值 P_2。

端–端功率损耗 A 是参考度量与实际度量的差值，$A = P_1 - P_2$。

c. 收发功率测试

收发功率测试是测定布线系统光纤链路的有效方法，使用的设备主要是光功率计和一段跳接线。在实际的应用情况中，链路的两端可能相距很远，但只要测得发送端和接收端的光功率，即可判定光纤链路的状况。具体操作过程如下：

• 在发送端将测试光纤从发送器上取下，用跳接线取而代之，跳接线一端接原来的发送器，另一端接光功率计，使光发送器工作，即可在光功率计上测得发送端的光功率值。测试完毕，将测试光纤重新接回到发送器；

• 在接收端将测试光纤从接收器上取下，接到光功率计，在发送端的光发送器工作的情况下，即可测得接收端的光功率值。

发送端与接收端的光功率值（绝对功率电平）之差，就是该光纤链路所产生的损耗。

d. 反射损耗测试

反射损耗测试是非常有效的光纤线路检修手段。它使用 OTDR 来完成测试工作，其基本原理就是利用导入光与反射光的时间差来测定距离，如此可以准确判定故障的位置。虽然 FDDI 系统验收测试并不要求测量光缆的长度和部件损耗，但它们也是非常有用的数据。OTDR 将探测脉冲注入光纤，光脉冲经过被测光纤，沿途各处的反射光反映其损耗情况，依此可以估计光纤长度。OTDR 测试适用于故障定位，特别是用于确定光线断开或损坏的位置。OTDR 测试文档可为网络诊断和网络扩展提供重要的数据。

5.4　综合布线系统工程验收

作为一个工程项目，都要经过立项、设计、施工和验收。工程的验收是全面考核工程的建设工作，检验设计和工程质量的重要环节，对保证工程的质量和速度将起到重要的作用。工程的验收将体现在新建、扩建、改建工程的全过程，就综合布线系统工程而言，由于与土建工程密切相关，又涉及与其他行业间的接口处理，因此，其验收将涉及环境、土建、器材、设备、布线、电气等多方面的内容，其中电气性能的测试是一个重要的内容。

5.4.1　工程验收的基本要求

工程验收全面考核综合布线系统工程建设工作，主要检查工程施工是否符合设计要求和有关施工规范，用户要确认工程是否达到了原来的设计目标，质量是否符合要求，有没有不符合原设计中涉及有关施工规范的地方。

工程竣工后，施工单位应在工程验收之前，将工程竣工技术资料移交给建设单位。综合布线系统工程的竣工技术资料应包括：安装工程量；工程说明；设备及器件明细表；竣工图纸；测试记录；如果系统采用计算机设计、管理、维护、监测，则应提供程序清单和用户数据文件，如磁盘、操作说明等文件；工程变更、检查记录，以及在施工过程中需要更改设计或采取相关措施，由建设、设计、施工单位之间认可的双方洽商记录；随工验收记录；隐蔽工程签证等。

5.4.2　工程验收阶段

综合布线系统工程的验收，涉及工程的全过程，其验收根据施工过程分为随工验收、初步验收、竣工验收三个阶段，而每一阶段根据工程内容、施工性质、进度的不同，验收的内容也不同。

（1）随工验收

在工程施工过程中，为考核施工单位的施工水平并保证施工质量，应对所用材料、工程的整体技术指标和质量有一个了解和保障，而且对一些日后无法检验到的工程内容（如隐蔽工程等），在施工过程中应进行验收，并完成日后无法进行的工程内容验收工作，这样可以及早地发现工程质量问题，避免造成人力和物力的大量浪费。

随工验收应对隐蔽工程部分做到边施工边验收，在竣工验收时，一般不再对隐蔽工程进行验收。

（2）初步验收

初步验收是在工程完成施工调试之后进行的验收工作，初步验收的时间应在原定计划的建设工期内进行，由建设单位组织相关单位（如设计、施工、监理、使用等单位人员）参加。初步验收工作内容包括检查工程质量，审查竣工资料，对发现的问题提出处理的意见，并组织相关责任单位落实解决。

对所有的新建、扩建和改建项目，都应在完成施工调试之后进行初步验收。初步验收是为竣工验收做准备。

（3）竣工验收

竣工验收是工程建设的最后一道程序，是工程完工后进行的最后验收，是对工程施工过程中的所有建设内容依据设计要求和施工规范进行全面的检验。

综合布线系统接入电话交换系统、计算机局域网或其他弱电系统，在试运转后的半个月内，由建设单位向上级主管部门报送竣工报告，并在接到报告后请示主管部门，组织相关部门按竣工验收办法对工程进行验收。

一般综合布线系统工程在完工后，尚未进入电话、计算机或其他弱电系统的运行阶段，应先期对综合布线系统进行竣工验收。验收的依据是在初步验收的基础上，对综合布线系统各项检测指标认真考核审查。如果全部合格，且全部竣工图样、资料等文档齐全，也可对综合布线系统进行单项竣工验收。

5.4.3　工程验收依据

综合布线系统工程的验收依据有以下几项规定。

① 综合布线系统工程应按我国通信行业标准《大楼通信综合布线系统　第 1 部分：总规范》（YD/T 926.1—2009）中规定的总体网络结构、链路性能要求、屏蔽和接地系统以及管理要求等方面进行验收。

② 工程竣工验收项目的内容和方法，应按《综合布线系统工程验收规范》（GB/T 50312—2016）的规定执行。

③ 综合布线系统线缆链路的电气性能验收测试，应按《综合布线系统电气特性通用测试方法》（YD/T 1013—2013）中的规定执行。

④ 综合布线系统工程的验收除应符合上述规范外，还应符合我国现行的《通信线路工程验收规范》（GB 51171—2016）、《通信管道工程施工及验收标准》（GB/T 50374—2018）等相关规定。

5.4.4 工程验收项目与内容

综合布线系统工程验收项目及内容如下所示：

（1）施工前检查

① 验收项目为环境要求。验收内容包括：地面、墙面、门、电源插座及接地装置；机房面积预留孔洞；施工电源；活动地板敷设等。验收方式为施工前检查。

② 验收项目为器材检验。验收内容包括：外观检查；型号、规格和数量；电缆电气性能抽样测试；光纤特性测试。验收方式为施工前检查。

③ 验收项目为安全及防火要求。验收内容包括：消防器材；危险物的堆放；预留孔洞防火措施。验收方式为施工前检查。

（2）设备安装

① 验收项目为设备机架（柜）。验收内容包括：规格、型式和外观；安装垂直、水平度；油漆不得脱落，标志完整齐全；各种螺丝必须紧固；防震加固措施；接地措施。验收方式为随工检验。

② 验收项目为配线部件及信息插座。验收内容包括：规格、位置和质量；各种螺钉必须拧紧；标志齐全；安装符合工艺要求；屏蔽层可靠连接。验收方式为随工检验。

（3）电缆与光缆布放（楼内）

① 验收项目为电缆桥架及槽道安装。验收内容包括：安装位置正确；安装符合工艺要求；接地可靠。验收方式为随工检验。

② 验收项目为线缆布放。验收内容包括：线缆规格、路由及位置；符合布放线缆工艺要求。验收方式为随工检验。

注：若为电缆暗敷（包括暗管、线档、地板等方式），还应进行接地验收，验收方式为隐蔽工程签证。

（4）电缆与光缆布放（楼外）

① 验收项目为架空线缆。验收内容包括：吊线规格、架设位置及装设规格；吊线垂度；线缆规格；卡、挂间隔；线缆的引入符合工艺要求。验收方式为随工检验。

② 验收项目为管道线缆。验收内容包括：使用管孔孔位；线缆规格；线缆走向；线缆的防护设施的安装质量。验收方式为隐蔽工程签证。

③ 验收项目为埋式线缆。验收内容包括：线缆规格；敷设位置和深度；防护设施的安装质量；回土夯实质量。验收方式为隐蔽工程签证。

④ 验收项目为隧道线缆。验收内容包括：线缆规格；安装位置及路由；土建设计符合工艺要求。验收方式为隐蔽工程签证。

⑤ 其他验收项目。验收内容包括：通信线路与其他设施的间距；进线室安装及施工质量。验收方式为随工检验或隐蔽工程签证。

（5）线缆终端

验收项目为信息插座、配线模块、光纤插座以及各类跳线。验收内容是符合工艺要求。验收方式为随工检验。

（6）系统测试

① 验收项目为工程电气性能测试。验收内容包括：连接图；长度；衰减；近端串扰（两端都应测试）；设计中特殊规定的测试内容。验收方式为竣工检验。

② 验收项目为光纤特性测试。验收内容包括：类型（单模或多模）；衰减；反射。验收方式为竣工检验。

③ 验收项目为系统接地。验收内容为符合设计要求。验收方式为竣工检验。

（7）工程总验收

① 验收项目为竣工技术文件。验收内容为清点、交接技术文件。验收方式为竣工检验。

② 验收项目为工程验收评价。验收内容有考核工程质量及确认验收结果。验收方式为竣工检验。

5.4.5　工程验收

（1）验收准备

综合布线系统工程竣工后，施工单位应在布线工程计划验收 10d 前，通知验收机构，同时送交一套完整的竣工报告，并将竣工技术资料一式三份交给建设单位。竣工技术资料包括布线工程说明、布线工程量、设备器材明细表、随工测试记录、竣工图纸及隐蔽工程记录等。

联合验收之前要成立综合布线工程验收的组织机构，如专业验收小组，全面负责对综合布线系统工程的验收工作。专业验收小组由施工单位和用户或其他外聘单位联合组成，成员为 5～7 人，一般由专业技术人员组成，持证上岗。

一般验收工作分为布线工程现场（物理）验收和文档验收两个重点部分进行。

（2）布线工程现场（物理）验收

作为网络综合布线系统，在物理上有以下几个主要验收要点。

① 工作区验收

对于众多的工作区不可能逐一验收，通常是由甲方抽样挑选工作区进行，主要验收点如下：

- 线槽走向、布线是否美观大方，符合规范。
- 信息插座是否按规范进行安装。
- 信息插座安装是否做到一样高、平、牢固。
- 信息面板是否都固定牢靠。

② 水平干线子系统验收

- 对于水平干线子系统，主要验收点为：
- 线槽安装是否符合规范；
- 线槽与线槽、线槽与槽盖是否结合良好；
- 托架、吊杆是否安装牢固；
- 水平干线子系统缆线与干线、工作区交接处是否出现裸线；
- 水平干线子系统干线槽内的缆线是否固定好。

③ 垂直干线子系统验收

垂直干线子系统的验收除了类似水平干线子系统的验收内容外，重点要检查建筑物楼层与楼层之间的洞口是否封闭，以防出现火灾时成为一个隐患点。还要检查缆线是否按间隔要求固定，拐弯缆线是否符合最小弯曲半径要求等。

④ 管理、设备间验收

管理、设备间的验收主要检查设备安装是否规范整洁，各种管理标识是否明晰。验收工作不一定要等工程结束时才进行，有些工作往往是需要随时验收的。

⑤ 系统测试验收

系统测试验收是对信息点进行有选择的测试，检验测试结果。测试综合布线系统时，要认真详细地记录测试结果，对发生的故障、参数等都要逐一记录下来。系统测试验收的主要内容如下。

a. 电缆传输信道的性能测试

• 5 类线要求：接线图、长度、衰减、近端串扰要符合规范。

• 5e 类线要求：接线图、长度、衰减、近端串扰、延迟、延迟差要符合规范。

• 6 类线要求：接线图、长度、衰减、近端串扰、延迟、延迟差、综合近端串扰、回波损耗、等效远端串扰、综合远端串扰要符合规范。

• 系统接地电阻要求小于 4Ω。

b. 光纤传输信道的性能测试

• 类型：单模/多模、根数等是否正确。

• 衰减。

• 反射。

c. 测试报告

综合布线系统测试完毕，施工方应提供包含如下内容的测试报告：测试组人员姓名，测试仪表型号（制造厂商、生产系列号码、生产日期等），光源波长（仅对多模光纤布线系统），光纤光缆的型号、厂商、终端（尾端）地点名、测试方向，相关功率测试得出的网段光功率衰减、合格值的大小等。

（3）文档验收

技术文档、资料是布线工程验收的重要组成部分。完整的技术文档包括电缆的标号、信息插座的标号、交接间配线电缆与干线电缆的跳接关系、配线架与交换机端口的对应关系。有条件时，应建立电子文档形式，便于以后维护管理使用。

为了便于工程验收和管理使用，施工单位应编制工程竣工技术文件，按协议或合同规定的要求交付所需要的文档。工程竣工技术文件主要包括以下几个方面。

① 竣工图纸。包括总体设计图、施工设计图，配线架、色场区的配置图、色场图，配线架布放位置的详场图、配线表、信息点位布置竣工图等。

② 工程核算书。包括综合布线系统工程的施工安装工程核算，如干线布线的缆线规格和长度，楼层配线架的规格和数量等。

③ 器件明细表。将整个布线工程中所用的设备、配线架、机柜和主要部件分别统计，清晰地列出其型号、规格和数量，列出网络连续设备、主要器件明细表。

④ 测试记录。包括布线工程中各项技术指标和技术要求的随工验收、测试记录，如缆

线的主要电气性能、光纤光缆的光学传输特性等测试数据。

⑤ 隐蔽工程。包括直埋缆线或地下缆线管道等隐蔽工程经工程监理人员认可的签证；设备安装和缆线敷设工序告一段落时，经常驻工地代表或工程监理人员随工检查后的证明等原始记录。

⑥ 设计更改情况。在布线施工中有少量修改时，可利用原布线工程设计图进行更改补充，不需再重作布线竣工图纸，但对布线施工中改动较大的部分，则应另作施工图纸。

⑦ 施工说明。包括在布线施工中一些重要部位或关键网段的布线施工说明，如建筑群配线架和建筑物配线架合用时，它们连接端子的分区和容量等。

⑧ 软件文档。在综合布线系统工程中，如采用计算机辅助设计时，应提供程序设计说明及有关数据、操作使用说明、用户手册等文档资料。

⑨ 会议、洽谈记录。在布线施工过程中由于各种客观因素变更或修改原有设计或采取相关技术措施时，应提供设计、建设和施工等单位之间对于这些变动情况的洽谈记录，以及布线施工中的检查记录等资料。

总之，布线竣工技术文件和相关文档资料应内容齐全、真实可靠、数据准确无误、语言通顺、层次条理，文件外观整洁，图表内容清晰，不应有互相矛盾、彼此脱节、错误和遗漏等现象。

复习与思考题

1. 简要说明验证测试和认证测试的内容与作用。
2. 分析电缆连接中主要有哪些错误出现。
3. 综合布线认证测试有哪几种测试模型？
4. 认证测试有哪些主要参数？
5. 工程验收有哪些基本要求？
6. 工程验收分为哪几个阶段？
7. 工程验收的项目和内容有哪些？
8. 文档验收的内容是什么？

第6章 网络规划与设计

网络工程建设是一项复杂的系统工程，网络规划与设计是指依据网络建设的目标和需求，按照网络工程的标准、规范和技术，对网络建设的规模、结构、软硬件、管理与安全等方面，提出可行的、合理的技术实施解决方案。网络规划与设计从需求入手，包含网络分层拓扑设计、IP 地址规划、布线系统设计、设备选型、管理与安全设计及冗余规划等方面内容。

6.1 需求分析

网络需求分析是网络工程规划和建设项目的首要任务，是网络工程项目成败的关键。需求分析的目的是通过实地考察、用户访谈、问卷调查等方式获取和确认用户网络系统总体需求和具体应用，即用户建设网络的总体目标和详细要求，为网络规划和设计提供依据，从而保证网络工程的建设满足网络用户的需要，实现用户的商业目标。网络需求分析的最终产品是网络需求说明书或称需求分析报告，形成文档，并取得用户的认可，作为规划设计和项目检验验收的依据文件。

6.1.1 需求分析的内容

网络需求分析需要解决的问题包括用户的商业需求、资金投入、网络规模、现有网络的状况、网络功能、网络带宽、网络可靠性、网络安全性和可管理性等具体内容，从网络规划设计的角度出发可分如下五个方面进行调查分析。

1. 业务需求分析

网络建设的目标是为企业提供业务及商业支撑，所以了解建设网络的业务上的需求，网络建设或改进后将被用来做什么，实现什么目的，才能在网络工程设计时有总体的项目目标指导，业务需求是进行网络规划设计的基本依据，缺乏业务需求分析的网络规划是盲目的，为网络建设带来很大的不确定性，不一定能实现用户的商业目标。

业务需求分析主要包括以下几个方面：

（1）网络应用所处的行业特点。

（2）组织结构及商业关系对网络的要求。

（3）业务流程及商业流程对网络的要求。

（4）公司规模、业务领域的变化变更。

2. 应用需求分析

把握网络建设的总体目标和规模后，为了实现企业的业务目标，必须实现企业的所有应用需求，及网络真正支持的具体应用及可能的应用扩展。

应用需求调查分析可以根据现存的标准网络应用对不同的用户进行调查，得到完整的应用需求列表，并区分重要程度，区分是否新增应用。现有的标准网络应用一般包括如下几方面内容。

（1）普通办公应用需求，例如：电子邮件、文件传输共享、Web 访问等。

（2）信息化应用需求，例如：一卡通应用、计算机辅助设计、企业资源规划等。

（3）电子商务应用需求，例如：客户关系系统、销售管理等。

（4）语音应用需求，例如：IP 电话等。

（5）视频应用需求等，例如：视频会议、视频点播等。

3. 技术需求分析

实现业务和应用的网络技术上的保证要求，可以从以下方面考虑选择哪些网络技术，以实现对用户业务活动和应用活动的支持。

（1）网络传输技术的选择。

（2）网络接入技术的选择。

（3）网络安全及恢复性技术的选择。指对相关主机安全技术、身份认证技术、访问控制技术、密码技术、防火墙技术、安全审计技术、安全管理技术、系统漏洞检测技术、黑客跟踪技术等技术的选择。

（4）网络存储技术的选择。

（5）网络管理技术的选择。

4. 网络环境现状分析

环境现状分析是指对组织或部门的地理环境、信息环境进行实地勘察和问询，掌握网络建设区域的地理环境、建筑群布局、建筑结构、网络设备的配置和分布、网络终端分布、办公自动化情况，为网络规划设计的下一步作为决策依据。

网络环境现状分析必须明确以下指标：

① 网络建设区域的建筑位置布局。

② 各建筑物物理结构及配置。

③ 办公区域分布情况。

④ 各区域信息点数目和布线规模。

⑤ 现有信息化设备及使用情况。

5. 网络服务质量需求分析

网络服务质量是用来描述网络服务性能的一个抽象概念，用于说明网络的可靠性和良好程度，也是描述用户感受和满意度的指标。这里的服务质量，不仅包含由带宽、吞吐量、差错率、端到端延迟、延迟抖动等网络性能参数来定义的性能指标，还包括可靠性、可用性、可扩展性、安全性、可管理性等服务保证方面的内容。对网络服务质量的需求分析可从以下方面描述。

（1）可扩展性需求，指网络能够支持企业规模的扩张、网络用户数量的变化、网络应用的增减、网络规模的改变等。

（2）可靠性需求，通常用网络的平均无故障工作时间即平均故障修复时间等参数描述。

（3）网络性能需求，通常用网络带宽、吞吐率、延迟时间、响应时间等参数描述。

（4）网络安全需求，指从网络设备安全、网络系统安全、数据库安全等方面保证用户信息的保密性、完整性、可鉴别性、不可伪造性和不可抵赖性等要求。

6.1.2 网络工程的规划设计步骤

网络规划设计依据项目的规模其内容和流程可以不同，小规模网络可以简化设计步骤和设计内容，大规模网络项目设计过程复杂，总体上可以按如图 6-1 所示的步骤完成网络工程规划设计工作，其中方案评审的目的是由专业人员和用户评价方案可行性及是否满足需求，方案缺乏可行性，必须重新修改方案设计，方案未能满足用户需求时，必须完善用户需求，再进行方案设计，直到形成满足用户要求的设计方案通过评审，才能进行网络方案实施并最终交付使用。一个个性化的、满足特定用户要求的网络方案的成功规划设计，需完成好以下主要几方面内容。

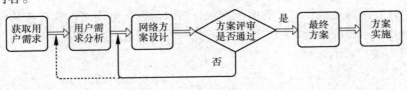

图 6-1　网络规划流程

1. 网络工程需求分析

网络需求分析是完成网络规划设计的第一步，详细而真实的用户需求分析，是进行网络工程规划设计的依据和必要条件。

2. 逻辑网络规划设计

逻辑网络规划设计的目的是建立一个以网络拓扑图等表示的网络逻辑模型，用以确定网络的规模范围、网络的体系结构、网络节点、接入技术等，主要规划内容包括网络分层设计、网络拓扑结构、IP 地址规划设计、VLAN 规划设计、网络接入技术规划等。

3. 物理网络规划设计

物理网络设计的任务是在逻辑网络设计的基础上，选择符合要求的网络介质、设备和布线系统，主要包括结构化综合布线系统设计、机房环境设计、传输介质及网络设备选型及安装方案、特殊设备安装方案和网络实施等。

4. 网络管理与安全规划设计

网络管理规划设计的主要任务是确定网络管理流程和网络管理体系结构，选择网络管理协议和网络管理系统软件。

5. 网络冗余规划

网络冗余规划的任务是规划网络工程项目的设备冗余和链路冗余。

6.2　分层结构规划

逻辑网络规划设计中网络拓扑结构规划设计是网络规划设计的开始，良好的拓扑结构是网络稳定可靠运维的基础，对于用户即将建设的网络系统来说，想要建设成为一个覆盖范围广、网络性能优良、具有很强扩展能力和升级能力的网络，在网络工程规划设计中最佳实践是采用层次化的网络设计原则，与其他网络设计模型相比，分层网络模型具有良好的扩充性和管理性，新增子网模块和新增网络应用能被更容易集成到整个系统中，而不破坏已存在的网络架构并把影响限定在一定的区域范围内，从而节约网络投资成本。网络分层规划设计中，一般把网络分为三个层次：核心层、汇聚层、接入层，如图 6-2 所示。根据每一层的规划目标，核心层负责高速数据交换，通常承载网络最主要的流量传输，其设备的主要工作是交换数据包；汇聚层主要提供流量控制、安全及路由相关的策略，负责聚和路由路径，并且汇聚各区域数据流量；接入层提供用户网络接入服务，将业务流量导入网络，执行网络访问控制等功能。

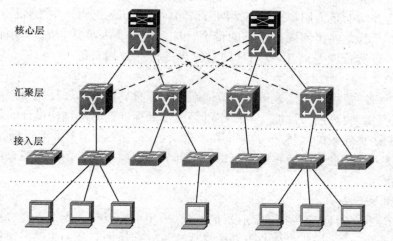

图 6-2　网络分层规划结构图

1. 核心层规划设计

核心层是网络的高速交换主干，是分发层设备之间互连的关键，对整个网络的连通起到至关重要的作用，核心层汇聚了来自所有分发层设备的通信，因此，它必须具备快速转发大数据量的能力。为完成以上任务，核心层应该具有如下几个特性：可靠性、高效性、冗余性、容错性、可管理性、适应性、低延时性等。因为核心层是网络的枢纽中心，是所有流量的最终承受者和汇聚者，其高可靠性和冗余功能非常重要，应该采用高带宽的千兆以上路由交换机，也可以采用双机冗余热备份或负载均衡功能，来改善网络性能，尽量避免在骨干层上实施网络策略和控制功能。

2. 汇聚层规划设计

汇聚层是连接接入层和核心层的网络设备，把大量的来自接入层的访问路径进行汇聚和集中，在核心层和接入层之间提供转换和带宽管理。

汇聚层的主要功能是：（1）汇聚接入层的用户流量，进行数据分组传输的汇聚、转发与交换；（2）根据接入层的用户流量，进行本地路由、过滤、流量均衡、QOS 优先级管理，以及安全控制、IP 地址转换、流量整形等处理；（3）根据处理结果把用户流量转发到核心交换层或在本地进行路由处理。

汇聚层位于中心机房或下联单位的配线间，主要用于汇聚接入路由器以及接入交换机，因此对汇聚层的交换机部署时必须考虑交换机必须具有足够的可靠性和冗余度，防止网络中部分接入层变成孤岛，还必须具有高处理能力，以便完成网络数据汇聚、转发处理；汇聚层设备一般采用可管理的三层交换机或堆叠式交换机以达到带宽和传输性能的要求。而且规划汇聚层时建议汇聚层节点的数量和位置应根据业务和光纤资源情况来选择；汇聚层节点可采用星形连接，每个汇聚层节点保证与两个不同的核心层节点连接。

3. 接入层规划设计

通常将网络中直接面向用户连接或访问网络的部分称为接入层，我们经常称之为访问网，主要是指接入路由器、交换机、终端访问用户。它利用多种接入技术，连接最终用户，为它所覆盖范围内的用户提供访问 Internet 以及其他的信息服务。对上连接至汇聚层和核心层，对下进行带宽和业务分配，实现用户的接入。

接入层的主要功能是为用户提供本地网络访问应用系统的能力，主要解决相邻用户之间的互访需求，并且为这些访问提供足够的带宽，接入层负责一些用户管理功能（如地址认证、用户认证、计费管理等），以及用户信息收集工作（如用户的 IP 地址、MAC 地址、访问日志等）。

接入层交换机一般用于直接连接电脑等终端节点，具有低成本和高端口密度特性。

为了方便管理、提高网络性能，大中型网络应按照标准的三层结构设计。但是，对于网络规模小、联网距离较短的环境，可以采用"收缩核心"设计。忽略汇聚层，核心层设备可以直接连接接入层，这样一定程度上可以省去部分汇聚层费用，还可以减轻维护负担，更容易监控网络状况。

4. 分层规划实例

以大型多节点核心环校园网络规划设计为例，采用主干万兆、支干千兆、百兆交换到桌面的三层设计，骨干网采用三台核心设备连接成环形冗余结构，分别为图书馆核心交换、教学楼核心交换和宿舍核心交换设备。每个教学楼、宿舍楼主交换作为汇聚层设备，核心到汇聚采用双链路备份设计，建成开放、安全的网络，同时充分考虑到网络开放性与可升级性，以保护投资。如图 6-3 所示为网络分层规划拓扑图。

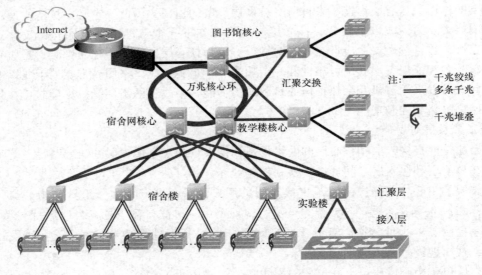

图 6-3　校园网分层规划拓扑

6.3　IP 地址规划

计算机网络构建的目的是实现数据通信和资源共享，要实现通信任务，必须有地址，如同邮政系统需要寄件人和收件人的地址，电话通信系统需要电话号码一样，计算机网络通信的地址就是 IP 地址，它是互联网协议地址（Internet Protocol Address，又译为网际协议地址），缩写为 IP 地址（IP Address）。现有的 IP 编址标准存在两版本：IPv4 和 IPv6，IPv6 是

IETE 设计用于替代现行版本 IPv4 的下一代网络协议标准，它把编址空间从现有的 32 位扩展到 128 位。网络地址空间的分配和管理当然是网络规划设计的核心问题，在 IP 地址规划设计时主要考虑以下方面内容：地址分配规则、地址空间预留、地址配置方式、可管理性及可扩展性。

6.3.1　IPv4 地址

IPv4，是互联网协议（Internet Protocol，IP）的第四版，是第一个被广泛使用的 TCP/IP 协议族的基础核心协议。IPv4 网络地址的长度为 32 位，可提供的 IP 地址大约为 40 多亿个，由 IANA（The Internet Assigned Numbers Authority，互联网数字分配机构）负责 IP 地址资源的分配与管理。

1. IPv4 地址表示

为了便于阅读和书写，IP 地址通常使用点分十进制表示形式，一个 IP 地址从结构上又可划分为网络号和主机号两部分。

（1）点分十进制表示法

使用二进制表示形式来表示 IPv4 地址，每个地址都将显示为一个由数字 0 和 1 构成的 32 位字符串，这种字符串的表示和记忆非常麻烦，因此采用一种更好的表示方法，即点分十进制表示法。把 32 位地址分割为 4 个 "8 位二进制数"（也就是 4 个字节），用 4 组点分十进制数表示。按此格式，4 个字节中的每个写成十进制，取值范围从 0 到 255。

例如，IPv4 地址 11000000101010000000011100001010 的点分十进制形式是 192.168.7.10

转换方法：

将 32 位的二进制地址分为 8 位的块：11000000 10101000 00000111 00001010

将各块换算成十进制：192.168.7.10

以半角句号分隔各块：192.168.7.10

转换中，8 位二进制最大的数值是 11111111，即十进制数 255，所以点分十进制表示的最低 IP 地址为 0.0.0.0，最高 IP 地址为 255.255.255.255。

（2）IPv4 地址结构

将 IP 地址可以划分为网络地址和主机地址，如图 6-4 所示。网络地址用来标识位于同一物理或逻辑网段上的接口的集合，在 TCP/IP 网络上的网段又叫做子网或链路。主机地址用

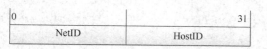

图 6-4　网络地址与主机地址

来标识每个网段里的网络节点接口，而且在每个网段内必须是唯一的。

2. IPv4 地址分类

为了适应不同规模的网络，便于寻址及层次化构造网络，将 IP 地址分为 A、B、C、D、E 五类。在这五类地址中，A 类、B 类和 C 类地址是 IPv4 单播地址，D 类是 IPv4 多播地址，而 E 类地址是为实验性用途而保留，如图 6-5 所示。

A 类地址：它是最大的地址组，可通过 32 位地址中的最高位是否为 0 来识别 A 类网络地址。

0 n n n n n n n　h h h h h h h h　h h h h h h h h　h h h h h h h h

在这个分组中，可以看到用一个 32 位数表示的一个 A 类地址。A 类地址的前 8 位代表

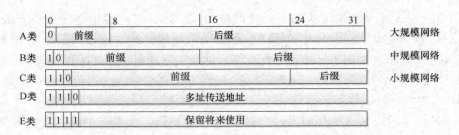

图 6-5 网络地址分类

网络号，剩余的 24 位可由管理网络地址的管理用户来修改，这 24 位地址代表在"本地"主机上的地址。在上面的地址表示中，多个 n 代表地址中的网络号位；多个 h 代表本地可管理的主机地址部分。A 类网络地址的最高位总是 0。由于全 0 地址和全 1 地址分别为网段、广播地址，可用的 A 类网络有 126 个，每个网络能容纳 1 亿多个主机，地址范围从 1.0.0.0 到 126.0.0.0。

B 类地址：B 类地址的识别是通过 32 位地址中第一字节的最高两位是否为 10 来判断。

10nnnnnn nnnnnnnn hhhhhhhh hhhhhhhh

B 类地址的前 16 位代表网络号，剩余的 16 位地址代表主机地址。由于 B 类地址的前两位为 10，所以 B 类地址的网络号是从 128 开始，到 191 结束，可用的 B 类网络有 16382 个，每个网络能容纳 6 万多个主机，地址范围从 128.0.0.0 到 191.255.255.255。

C 类地址：C 类地址第一字节的最高三位是 110。

110nnnnn nnnnnnnn nnnnnnnn hhhhhhhh

C 类地址的前 24 位代表网络号，剩余的 8 位为主机地址。C 类地址的网络号是从 192 开始，到 223 结束，C 类网络可达 209 万余个，每个网络能容纳 254 个主机，地址范围从 192.0.0.0 到 223.255.255.255。

D 类地址：第一个字节的最高位四位 1110。所以范围为 224 ~ 239，用于多播。Internet 群组管理协议 ICMP 可以与广播及 D 类地址结合起来使用。

E 类地址：第一个字节最高五位 11110。范围为 240 ~ 247，用于实验性网络而保留。

表 6-1 为 A、B、C 三类网络地址的网络数目及地址数目。

表 6-1　IP 地址分类表

类　别	网络位数	主机位	网络总数	地址总数
A	8	24	128-2	16777216-2
B	16	16	16384-2	65536-2
C	24	8	2097152-2	256-2

特殊的 IP 地址：在以上的 IP 地址分类表中，有一些特殊意义的地址存在，见表 6-2：

表 6-2　特殊 IP 地址

前　缀	后　缀	地址类型	用　途
全 0	全 0	本机	启动时使用
网络 ID	全 0	网络	标识一个网络

续表

前　　缀	后　　缀	地址类型	用　　途
网络 ID	全 1	直接广播	在指定网上广播
全 1	全 1	有限广播	在本地网上广播
127	任意	回送	测试（127.0.0.1）

网络地址：IP 地址中主机地址为全 0 的地址表示网络地址，如 128.211.0.0。

广播地址：网络号后跟所有位全是 1 的后缀，就是直接广播地址。

环回地址：即 127.0.0.1，用于测试。

3. IPv4 公有地址和私有地址

在 IPv4 地址中，将 IP 地址分为公有地址和私有地址。公有地址是广域网的范畴，此地址可以直接访问因特网，公有地址由 Inter NIC（Internet Network Information Center 因特网信息中心）负责管理。这些 IP 地址分配给注册并向 Inter NIC 提出申请的组织机构。私有地址是局域网的范畴，属于非注册地址，专门为组织机构内部使用。

RFC1918 留出了 3 块 IP 地址空间（1 个 A 类地址段，16 个 B 类地址段，256 个 C 类地址段）作为私有的内部使用的地址，在这个范围内的 IP 地址不能被路由到 Internet 骨干网上，Internet 路由器将丢弃目的地址为私有地址的数据包。保留的内部私有地址有：

A 类私有地址：10.0.0.0 ~ 10.255.255.255

B 类私有地址：172.16.0.0 ~ 172.31.255.255

C 类私有地址：192.168.0.0 ~ 192.168.255.255

如果使用私有地址将网络连至 Internet，需要将私有地址转换为公有地址。这个转换过程称为网络地址转换（Network Address Translation，NAT），通常使用路由器来执行 NAT 转换。

6.3.2　IPv6 地址

由于 IPv4 的局限性，在 Internet 中面临着各种各样的问题，首先是网络地址短缺问题，互联网地址分配机构（IANA）在 2011 年 2 月份已将其 IPv4 地址空间段的最后 2 个 "/8" 地址组分配完毕，为解决地址不足以及新的应用需求，IETF 负责设计完成了 IP 第 6 版（IPv6）。IPv6 是 IPv4 的替代协议，它使用 128 位的地址，可提供大约 10^{36} 个地址，而 IPv4 提供的总地址只有 4×10^9 个，不仅扩大了地址空间，而且在许多方面继承了 IPv4 的优点，摒弃了 IPv4 的缺点。IPv6 为 Internet IPv4 地址即将耗尽的问题提供了终极解决方案，伴随着无处不在的接入而来的各种应用程序和使用方式，下一代 IP 网络 IPv6 的使用将是以后的发展趋势。

1. IPv6 地址表示

IPv6 地址是 128 位，使用 32 位的十六进制数表示，这些数字分成 8 组，每组 4 位，十六进制数，各组之间用冒号分隔，如 2001：2340：1111：AAAA：0001：1234：5678：9ABC。IPv6 地址中有太多的 0，为了方便表示和书写，有两种优化表示 IPv6 地址的方法：

（1）省略任何编组中的前导零；

（2）将一个或多个相邻编组中所有相连的十六进制零用：：表示，但每个地址只能包含一个：：。

例如：下面的地址中，用全 0 表示的部分可以进行简化。

FE00：0000：0000：0001：0000：0000：0000：0056

可简化为下面两种形式：

FE00：：1：0：0：0：56

FE00：0：0：1：：56

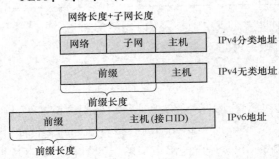

IPv4 分类地址

IPv4 无类地址

IPv6 地址

图 6-6　IPv4 地址与 IPv6 地址比较

注意：书写：：表示一个或多个全为零的编组，在同一个地址中不能多次使用该简写，因为这将导致二义性，所以不能将上述地址简写为 FE00：：1：：56。

IPv6 地址类型依据 IPv6 前缀进行划分，对 IPv4 分类地址、IPv4 无类地址及 IPv6 地址的地址和前缀进行比较，如图6-6所示。

IPv4 表示为 IPv4 分类地址和 IPv4 无类地址。IPv4 分类地址意味着分类规则总是将地址的一部分视为网络部分。

例如，128.107.3.0/24（或 128.107.3.0 255.255.255.0）意味着网络部分长 16 位（因为这是一个 B 类网络中的地址），主机部分长 8 位（因为子网掩码包含 8 个二进制零），余下 8 位为子网部分。

采用无类规则解释时，上述值表示前缀为 128.107.3.0，前缀长度为 24，采用无类和分类规则时，相同的数字表示的含义稍有不同。

IPv6 的前缀表示一个连续的 IPv6 地址块，IPv6 采用无类编址，没有分类编址的概念。IPv6 前缀用前缀值、斜杠和前缀长度表示，前缀的最后一部分为二进制零，可像简化 IPv4 地址类似简化 IPv6 前缀。

例如，下面是分配给 LAN 中一台主机的 IPv6 地址。

2014：1124：5563：9ABC：1234：5678：9ABC：1111/64

这是个表示完整的 128 位 IP 地址，没有办法对其化简。然而，/64 意味着该地址所属的前缀包含前 64 位与该地址相同的所有地址。从概念上说这种逻辑与 IPv4 地址相同，例如，地址 128.107.3.1/24 所属的前缀包含 24 位与该地址相同的所有地址。

与 IPv4 一样，书写前缀时，超过前缀长度的部分全为二进制零。

如上述 IPv6 地址所属的前缀如下：

2014：1124：5563：9ABC：0000：0000：0000：0000/64

可简化为：

2014：1124：5563：9ABC：：/64

如果前缀长度不是 16 的整数倍，前缀和接口 ID（主机）部分之间的边界位于编组内，这种情况应包含其边界所处的整个编组。例如，前述地址的前缀长度不是 64 位而是 56 位，则前缀将包含前 4 个编组，但第 4 个编组的后 8 位（两个十六进制，它们属于主机部分）为二进制零，由此前缀将表示为：

2014：1124：5563：9A00：：/56

有关书写 IPv6 前缀的要点。

（1）在前缀长度指定的部分，前缀值与 IP 地址相同；

（2）超出前缀长度的部分为二进制零；

（3）可像简化 IPv4 地址类似简化前缀；

（4）如果前缀不是 16 的倍数，应写出属于前缀和主机部分的整个编组。

2. IPv6 地址的分类

在 IPv4 中，提到过单播、广播和组播这 3 种地址类型。在 IPv6 中引入了任播地址，并取消了广播地址，因为广播地址的效率很低。

全局单播地址：其确实与 IPv4 有很多相似之处，从无类的角度看，发现 IPv4 地址和 IPv6 全局单播地址都由两部分组成：IPv4 为子网部分和主机部分，而 IPv6 全局单播地址为前缀和接口 ID，显示地址时都采用 CIDR 表示法（又称前缀表示法），子网划分的工作原理也相同。IPv6 标准将前缀 2000::/3 的地址范围用做全局单播地址。该地址范围包括以二进制数 001 打头的所有地址，即以 2 或 3 打头的所有 IPv6 地址。

单播地址：与 IPv4 一样，主机和路由器将这些 IP 地址分配给接口，让主机或接口能够发送和接收 IP 分组。

多播地址：与 IPv4 一样，这些地址表示一个动态的主机组，让主机能够将分组发送给多播组中的所有主机，IPv6 还定义了一些专供各种管理功能使用的多播地址，还定义了一个供应用程序使用的多播地址范围。

任播：像组播地址一样，任播地址能够识别多个接口，但它们之间有很大的不同：任播包只被传送到一个地址，实际上，是将它传送到距离本路由器最近的那个接口地址。这种地址很特殊，因为可以将单个地址应用到多个接口上，也可以称它们为"一个对一组中的一个"地址。

IPv6 支持三类单播地址：链路本地地址、全局单播地址和本地唯一地址，见表 6-3。

表 6-3　IPv6 单播地址

地址类型	用　　途	前缀	十六进制前缀常见值
全局单播	将单播分组发送到 Internet	2000::/3	2 或 3
本地唯一	在组织内部发送单播分组	FD00::/8	FD
链路本地	在本地子网内发送单播分组	FE80::/10	FE8
站点本地	已屏蔽，类似 IPv4 私有地址	FEC0::/10	FEC、FED、FEE、FEF
未指定	主机没有可用的 IPv6 地址时使用	::/128	N/A
环回	用于软件测试，类似 IPv4 地址 127.0.0.1	::1/128	N/A

IPv6 RFC 定义了前缀 FE80::/10，前三个十六进制位可以是 FE8、EF9、FEA、FEB，实际链路本地地址总是以 FE80 开头。

IPv6 特殊地址：

0：0：0：0：0：0：0：0 等于::。这是 IPv4 中 0.0.0.0 的等价物，当正在使用有状态的地址配置时，典型情况下是主机的源地址。

0：0：0：0：0：0：0：1 地址等价于::1。这是 IPv4 中 127.0.0.1 的等价物。

0：0：0：0：0：0：192.168.100.1 地址，这是在 IPv6/IPv4 混合网络环境中 IPv4 地址的表示式。

2000∷/3 地址是全球单播地址范围。

FC00∷/7 是本地唯一单播地址范围。

FE80∷/10 是链路本地单播地址范围。

FF00∷/8 是组播地址范围。

3FFF：FFFF∷/32 为示例和文档保留的地址。

2001：0DB8∷/32 也是为示例和文档保留的地址。

2002∷/16 用于 IPv6 到 IPv4 的转换系统，这种结构允许 IPv6 包通过 IPv4 网络进行传输，而无需显式地配置隧道。

6.3.3　子网划分和 VLSM

IP 地址规划的任务之一是 IP 地址分配，IP 地址分配要达到节省地址空间、易于管理的目的，采用层次结构化分配方式和可变长度网络号是地址规划的主要方法。在 Internet 发展早期，使用二层地址结构（网络地址 + 主机地址），足以应对实际应用。但随着 Internet 迅速发展，IP 地址表示的网络数目是非常有限的，每个网络都需要一个唯一的网络地址来标识。所以单一的 Internet 地址类型已不能满足需求，针对这一问题，提出了划分子网，作为解决 IP 地址空间不足的一个有效措施。

所谓子网，就是把一个有类地址（A 类、B 类和 C 类）的网络地址，再划分为若干个小的网段，这些网段称为子网。划分子网纯属一个单位内部的事情，单位对外仍然表现为没有划分子网的网段。划分子网提高了 IP 地址的利用率，提高了网络的安全性和易于管理网络。

子网划分的方法是将表示主机的二进制数中划分出一定的位数用作本地的各个子网，剩余部分用作相应网内的主机地址，而划分多少子网根据实际需求所定。

1. 子网掩码

为了便于子网划分后，如何识别不同的子网，所以采用子网掩码来分离网络部分和主机部分地址。子网掩码的功能就是指定网络 ID 和主机 ID 的分界。子网掩码和 IP 地址一样长，都是 32 位，网络部分全部为 1，主机部分全部为 0。

子网掩码通常有以下两种格式的表示方法：

（1）使用与 IP 地址格式相同的点分十进制表示。

如：255.0.0.0 或 255.255.255.128

（2）在 IP 地址后加上"/"符号以及 1 ~ 32 的数字，其中 1 ~ 32 的数字表示子网掩码中网络标识位的长度。

如：192.168.1.1/24 的子网掩码也可以表示为 255.255.255.0

IP 地址与子网掩码格式见表6-4。

表 6-4　IP 地址与子网掩码

A 类	IP 地址	1.0.0.1 ~ 126.255.255.254
	默认掩码/8	255.0.0.0
B 类	IP 地址	128.0.0.1 ~ 191.255.255.254
	默认掩码/16	255.255.0.0
C 类	IP 地址	192.0.0.1 ~ 223.255.255.254
	默认掩码/24	255.255.255.0

子网掩码与 IP 地址结合使用，可以区分出一个网络地址的网络号和主机号。

例如：有一个 C 类地址为：192.9.200.13，其缺省的子网掩码为：255.255.255.0，则它的网络号和主机号可按表 6-5 中的方法得到：

表 6-5　IP 地址运算

IP 地址	11000000 00001001 11001000 00001101
子网掩码	11111111 11111111 11111111 00000000
与运算	11000000 00001001 11001000 00000000
取反后与运算	00000000 00000000 00000000 00001101

子网地址的计算：子网掩码和 IP 地址进行逻辑与运算，结果就是该 IP 地址的网络号。而将子网掩码取反再与 IP 地址逻辑与运算后，结果为主机部分。由此可以得到，网络号为 192.9.200.0，机号为 13。

2. 可变长子网掩码

变长子网掩码 [VLSM（Variable Length Subnet Mask 可变长子网掩码]是为了解决在一个网络系统中使用多种层次的子网化 IP 地址的问题而发展起来的。这种策略只能在所用的路由协议都支持的情况才能使用，例如 OSPF 和高级距离矢量路由选择协议（EIGRP）。RIP 版本 1 由于出现早于 VLSM 而无法支持。RIP 版本 2 则可以支持 VLSM。VLSM 允许一个组织在同一个网络地址空间中使用多个子网掩码，利用 VLSM 可以使管理员"把子网继续划分为子网"，使寻址效率达到最高。

可变长子网掩码实际上是相对于标准的有类子网掩码而言的，对于有类的 IP 地址的网络号部分的位数就相当于默认掩码的长度。A 类的第一段是网络号（前八位），B 类地址的前两段是网络号（前十六位），C 类的前三段是网络号（前二十四位）。而 VLSM 的作用就是在有类的 IP 地址的基础上，从他们的主机号部分借出相应的位数来做网络号，也就是增加网络号的位数，增加了掩码的长度。各类网络可以用来再划分的位数为：A 类有二十四位可以借，B 类有十六位可以借，C 类有八位可以借（可以再划分的位数就是主机号的位数。实际上不可以都借出来，因为 IP 地址中必须要有主机号的部分，而且主机号部分剩下一位是没有意义的，剩下 1 位的时候不是代表主机号就是代表广播号，所以实际最多可以借位数为主机位数减去 2）。这是一种产生不同大小子网的网络分配机制，指一个网络可以配置不同的掩码。开发可变长度子网掩码的想法就是在每个子网上保留足够的主机数的同时，把一个网分成多个子网时有更大的灵活性。如果没有 VLSM，一个子网掩码只能提供给一个网络。这样就限制了要求的子网数上的主机数。

假如分配给某网络一个 C 类的 IP 地址段：195.169.20.0，将其进行子网划分，需要确定子网掩码及各子网主机地址范围。195.169.20.0 是网络号码，最后 8 位是主机号部分，子网划分就是把 8 位主机地址再次划分为两部分，前一部分作为子网地址，其余的是新的主机地址。

195.169.20.0 默认使用的子网掩码为 255.255.255.0，其中的 0 在二进制中表示为 8 个 0，因此有 8 个位置是主机地址部分，2^8 就是表示有 256 个地址，去掉一个头（子网地址）和一个尾（广播地址），表示有 254 个主机地址，重新划分这部分主机地址，就是占用最后 8 个 0 中的某几位，主机被占用了 n 位数，那么就划分为 2 的 n 次方个子网，每个子网主机地址数为 2 的 $8-n$ 次方个地址。

如果取 8 位主机地址的前 2 位为子网位，划分结果为：

195.169.20.0 的二进制表示：11000011.10101001.00010100.00000000

二进制表示的子网掩码为：11111111.11111111.11111111.11000000

转换为十进制表示的子网掩码：255.255.255.192

这时这个 C 类地址可以被区分为 4 个子网：

子网 1：11000011.10101001.00010100.00000000　　255.255.255.0

子网 2：11000011.10101001.00010100.01000000　　255.255.255.64

子网 3：11000011.10101001.00010100.10000000　　255.255.255.128

子网 4：11000011.10101001.00010100.11000000　　255.255.255.192

各子网的主机地址范围：

子网 1：195.169.20.0 ~ 195.169.20.63

子网 2：195.169.20.64 ~ 195.169.20.127

子网 3：195.169.20.128 ~ 195.169.20.191

子网 4：195.169.20.192 ~ 195.169.20.255

再分析 B 类地址的子网划分，假如分配给某网络一个 B 类的 IP 地址段：130.53.0.0，将其进行子网划分，其网络部分占 16 位，主机部分也为 16 位。

如果取 16 位主机地址的前 3 位为子网位，划分结果为：

130.53.0.0 的二进制表示：10000010.00110101.00000000.00000000

二进制表示的子网掩码为：11111111.11111111.11100000.00000000

转换为十进制表示的子网掩码：255.255.224.0

这时这个 B 类地址可以被区分为 8 个子网：

1#:　　130.53.0.0

2#:　　130.53.32.0

3#:　　130.53.64.0

4#:　　130.53.96.0

5#:　　130.53.128.0

6#:　　130.53.160.0

7#:　　130.53.192.0

8#:　　130.53.224.0

各子网的主机地址范围：

1#　　130.53.0.0 ~ 130.53.31.255

2#　　130.53.32.0 ~ 130.53.63.255

3#　　130.53.64.0 ~ 130.53.95.255

4#　　130.53.96.0 ~ 130.53.127.255

5#　　130.53.128.0 ~ 130.53.159.255

6#　　130.53.160.0 ~ 130.53.191.255

7#　　130.53.192.0 ~ 130.53.223.255

8#　　130.53.224.0 ~ 130.53.255.255

　　划分 B 类子网地址，其实和划分 C 类子网地址是一样的，只不过划分 C 类的时候，是将第四段地址划分，而划分 B 类的时候，可以划分后 16 位主机地址。

　　3. IP 地址的规划与分配

　　IP 地址的合理规划是网络设计的重要环节，大型计算机网络必须对 IP 地址进行统一规划并得到有效实施。IP 地址规划的好坏，影响到网络路由协议算法的效率，影响到网络的性能，影响到网络的扩展，影响到网络的管理，也必将直接影响到网络应用的进一步发展。

　　（1）IP 地址规划方法

　　IP 地址规划中可以按照物理区域和组织结构两种方法来分配 IP 地址，形成层次化 IP 地址结构，如图 6-7、图 6-8 所示。

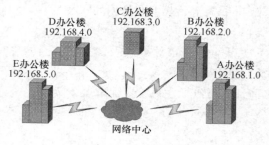
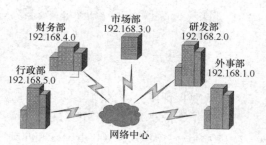

　　图 6-7　按物理区域的 IP 地址分配　　　　　图 6-8　按组织结构的 IP 地址分配

　　按照组织结构或成员来分配 IP 地址的方法，会因为组织或成员的移动变更带来管理上的困难，因此推荐按照物理区域的方式分配 IP 地址。

　　（2）子网划分方法及实例

　　子网的划分，需综合考虑子网个数和子网容纳的主机数量来确定，还要考虑网络设备的地址占用，一般从子网数量和主机分布数量入手进行子网划分，来分配 IP 地址。

　　子网划分步骤：

　　① 确定所需的子网数目（X）；

　　② 确定每个子网的最大主机数（Y）；

　　③ 根据①和②确定向主机借多少位划分子网，假设借 N 位（N 为取值整数），则对于 IP 地址划分可以用以下公式：

　　C 类地址：$2^N - 2 \geqslant X$ 且 $2^{8-N} - 2 \geqslant Y$

　　B 类地址：$2^N - 2 \geqslant X$ 且 $2^{16-N} - 2 \geqslant Y$

　　A 类地址：$2^N - 2 \geqslant X$ 且 $2^{24-N} - 2 \geqslant Y$

　　减 2 是因为主机不包括广播地址和网络地址，当借位 N 确定后定义一个能满足上述要求的子网掩码。

　　④ 确定每个子网 ID；

　　⑤ 确定每个子网所能使用的主机 ID 范围。

　　子网规划实例：

　　某公司有两个办公地点甲区、乙区，通过路由器相连接入互联网，公司申请到一段 IP 地址 195. 169. 20. 0/24，甲办公区有 80 台主机设备连入网络，乙办公区有 5 个部门，每个部门有 5 ~ 14 台办公主机设备连入网络，如何规划该公司的 IP 地址？

根据需求，画出简单的拓扑，如图6-9所示。公司整个办公区域网段划分采用层次化方法，甲办公区网段，至少拥有81个可用IP地址；乙办公区网段，至少划分为5个子网，每个子网拥有5~14个可用IP地址；甲、乙办公区的路由器互联用一个网段，需要2个IP地址。

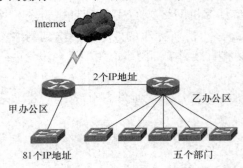

图6-9 公司网络拓扑

思路：我们在划分子网时优先考虑最大主机数来划分。在本例中，我们就先使用最大主机数来划分子网。81个可用IP地址，那就要保证至少7位的主机位可用（$2m - 2 \geqslant 101$，m的最小值 = 7）。如果保留7位主机位，那就只能划出两个网段，一个分配给甲办公区，另一个网段用来继续划分乙办公区的部门网段和路由器互联使用的网段。

步骤：

（1）先从主机分布数量入手，根据最大的主机地址数，划分子网

因为要保证甲办公区网段至少有81个可用IP地址，所以，主机位要保留至少7位。

先将195.169.20.0/24用二进制表示：

11000011. 10101001. 00010100. 00000000/24

主机位保留7位，即主机地址部分取1位作为子网地址（可划分出2个子网）：

① 11000000. 10101000. 00000101. 00000000/25 ［195.169.20.0/25］

② 11000000. 10101000. 00000101. 10000000/25 ［195.169.20.128/25］

甲办公区从这两个子网段中选择一个即可，我们选择195.169.20.0/25。

乙办公区网段和路由器互联使用的网段从195.169.20.128/25中再次划分得到。

（2）再划分乙办公区网段

乙办公区使用的网段从195.169.20.128/25这个子网段中再次划分子网获得。因为乙办公区有5个部门，每个部门有5~14台办公主机设备，主机位至少要保留4位（2的m次方 $-2 \geqslant 16$，m的最小值 = 4）。同时考虑有5个部门，至少划分为5个子网，所以要从7位主机位中取3位作为子网地址，划分为8个子网，分配给5个部门，剩余3个子网。

先将195.169.20.128/25用二进制表示：

11000000. 10101000. 00000101. 10000000/25

主机位保留4位，即主机地址部分取3位作为子网地址（可划分出8个子网）：

11000000. 10101000. 00000101. 10000000/28 ［195.169.20.128/28］

11000000. 10101000. 00000101. 10010000/28 ［195.169.20.144/28］

11000000. 10101000. 00000101. 10100000/28 ［195.169.20.160/28］

11000000. 10101000. 00000101. 10110000/28 ［195.169.20.176/28］

11000000. 10101000. 00000101. 11000000/28 ［195.169.20.192/28］

11000000. 10101000. 00000101. 11010000/28 ［195.169.20.208/28］

11000000. 10101000. 00000101. 11100000/28 ［195.169.20.224/28］

11000000. 10101000. 00000101. 11110000/28 ［195.169.20.240/28］

乙办公区网段从这8个子网段中选择5个即可，我们选择1~5号子网。

（3）最后划分路由器互联使用的网段

　　路由器互联使用的网段选择从 195.169.20.240/28 这个子网段中再次划分子网获得。因为只需要 2 个可用 IP 地址，所以，主机位只要保留 2 位即可（$2m-2 \geqslant 2$，m 的最小值 =2）。

　　先将 195.169.20.240/28 用二进制表示：

11000000. 10101000. 00000101. 11110000/28

　　主机位保留 2 位，即主机地址部分取 2 位作为子网地址（可划分出 4 个子网）：

① 11000000. 10101000. 00000101. 11110000/30 ［195.169.20.240/30］

② 11000000. 10101000. 00000101. 11110100/30 ［195.169.20.244/30］

③ 11000000. 10101000. 00000101. 11111000/30 ［195.169.20.248/30］

④ 11000000. 10101000. 00000101. 11111100/30 ［195.169.20.252/30］

　　路由器互联网段从这 4 个子网中选择一个即可，我们就选择 195.169.20.252/30。

（4）整理本例的规划地址

甲办公区域：

网络地址：195.169.20.0/25

主机 IP 地址：195.169.20.1/25 ~ 195.169.20.126/25

广播地址：195.169.20.127/25

乙办公区域：

网络地址：195.169.20.128/28

195.169.20.144/28

195.169.20.160/28

195.169.20.176/28

195.169.20.192/28

主机 IP 地址：195.169.20.128/28 ~ 195.169.20.143/28

195.169.20.144/28 ~ 195.169.20.159/28

195.169.20.160/28 ~ 195.169.20.175/28

195.169.20.176/28 ~ 195.169.20.191/28

195.169.20.192/28 ~ 195.169.20.207/28

广播地址：195.169.20.143/28

195.169.20.159/28

195.169.20.175/28

195.169.20.191/28

195.169.20.207/28

路由器互联地址段：

网络地址：195.169.20.252/30

两个 IP 地址：195.169.20.253/30、195.169.20.254/30

广播地址：195.169.20.255/30

未分配的保留备用地址：

195.169.20.208/28

195.169.20.224/28

195.169.20.240/30

195. 169. 20. 244/30

195. 169. 20. 248/30

6.3.4 超网聚合与 CIDR

在 IP 地址规划设计时，为实现优化路由，提高网络的稳定性，IP 分配方案是否有利于路由聚合是地址规划设计的原则之一，只有完成了一个正确的子网地址规划时，路由汇聚才是可能和有效的，CIDR 是聚合地址最有效的方法。

1. CIDR 的概念

IP 地址分类法带来了两个问题：一个是地址分配不灵活，地址空间浪费。A 类地址块过大，以至浪费了大部分空间，C 类网络地址块太小，B 类地址又不足，有些组织只需要几个地址，即使分配 C 类地址也带来很大的浪费。另一个问题是路由表太大。主干网路由器必须跟踪每一个 A 类、B 类和 C 类网络，有时建立的路由表长达 1 万个条目，造成路由效率低。为解决这些问题，设计产生了放弃分类地址技术 CIDR。

无类别域间路由（CIDR），又称之为超网（Supernetting），是用于帮助减缓 IP 地址不足和解决路由表增大问题的一项技术，是互联网中一种新的地址分配方式，与传统的 A 类、B 类和 C 类寻址模式相比，CIDR 在 IP 地址分配方面更为高效，CIDR 的思想是多个连续的子网地址块可以被组合或聚合在一起生成更大的无类别 IP 地址集（也就是说允许有更多的主机）。

CIDR 支持路由聚合，能够将路由表中的许多路由条目合并为更少的数目，因此可以限制路由器中路由表的增大，减少路由通告。同时，CIDR 有助于 IPv4 地址的充分利用。

使用 CIDR 聚合地址的方法与使用 VLSM 划分子网的方法是两个相反的过程，在使用 VLSM 划分子网时，是将 IP 地址网段中的主机地址部分按照需要取一部分作为子网地址，其余部分作为新的主机地址；而在使用 CIDR 聚合地址时，则是将原来分类 IP 地址中的网络地址部分或多个连续的子网地址块的子网地址部分划分出一部分作为主机位使用。总之，VLSM 是把一个 IP 地址段分成几个连续的 IP 子网段，CIDR 是把几个连续的 IP 地址段合并成一个 IP 网段。

无类别路由选择协议 OSPF 和 EIGRP 的路由信息中包含子网掩码信息，因此它能够有效处理不连续子网和可变长子网（VLSM），支持基于 VLSM 编址的路由归纳，CIDR 将有类的路由方式替换成更灵活、更节省 IP 地址的方案，加强了路由聚合，提高了路由的可伸缩性和效率。

2. CIDR 的优点

（1）减少了网络数目，缩小了路由选择表；

（2）从网络流量、CPU 和内存方面说，开销更低；

（3）对网络进行编址时，灵活性更大。

路由归纳能够有效工作，要满足如下条件：

（1）多个 IP 子网地址段需是连续的；

（2）路由选择协议必须根据 32 比特的 IP 地址和高达 32 比特的前缀长度来作出路由转发决定；

（3）路由更新必须将前缀长度（子网掩码）与 32 比特的 IP 地址一起传输。

为有效实现子网聚合，有类网络设计要遵守如下规则：

（1）有类网络的所有子网都使用相同的子网掩码；

（2）每个有类网络都必须是连续的。

如图 6-10 所示的网络拓扑中，配置 CIDR 功能的路由器具有路由地址归纳能力，Router 1 把从 192.168.1.0/24、192.168.1.0/24 和 192.168.1.0/24 学来的三条 C 类网段路由聚合成一条 192.168.0.0/16 路由发给 Router 2，极大地减少了 Router 2 的路由表规模，当一个目标地址为 192.168.4.1 数据包到达路由器时，路由器转发数据包到最优超网路由，而不是丢弃它。

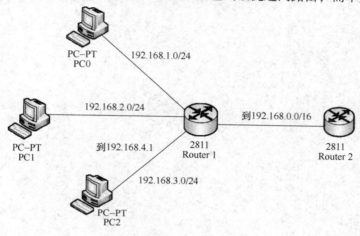

图 6-10 CIDR

在全局配置模式下，使用 ip classless 命令启用 CIDR，为禁用该功能，使用该命令的 no 形式。ip classless 命令的格式如下：

ip classless

no ip classless

采用 CIDR 的方法作为解决方案，C 类地址的聚合由 IANA 机构分配给国际上不同的地址分配权威机构，像亚太地区的亚太网络信息中心，北美地区的美洲编号注册局以及欧洲地区的 Reseaux IP 机构。这些地址聚合是按照地域进行分配管理的。

这些地址分配权威机构轮流地把他们自己管理的部分地址分配给本地的网络服务提供商。当一个组织申请 IP 地址并且所需的地址小于 32 个子网和 4096 台主机时，将可以分配给它一组连续的称为 CIDR 块（CIDR block）的 C 类地址。

3. 路由汇聚

路由汇总又称路由汇聚，路由汇总的含义是把一组路由汇总为一个单个的路由广播。路由汇总的最终结果和最明显的好处是缩小网络上的路由表的尺寸。

除了缩小路由表的尺寸之外，路由汇总还能通过在网络连接断开之后限制路由通信的传播来提高网络的稳定性。要实现路由汇总的好处最大化，制定细致的地址管理计划是必不可少的。

汇总 IP 地址比单个被通告的路由工作更有效率，原因如下：

（1）在路由协议数据库中被汇总的路由被优先处理。

（2）当路由协议查看路由数据库时为减少必要的处理时间，任何包含在被汇总的路由中关联的子路由被跳过。

路由器以下列两种方式汇总路由：

（1）当穿越主类网络边界时，自动汇总网络子前缀到主类网络边界。

（2）在接口上按指定的网络或子网号及子网掩码汇总地址。

仅当采用了合适的编址方案才能进行路由汇总。在 IP 地址连续的，地址数是 2 的幂的子网化情况下路由汇总是最有效的。无类路由协议支持在任何边界进行汇总。有类路由协议自动在有类网络的边界进行汇总。如图 6-11 所示。

地址聚合是打破主网络地址分类限制的进一步汇总措施。聚合的地址表示了一组数字上连续的网络地址。

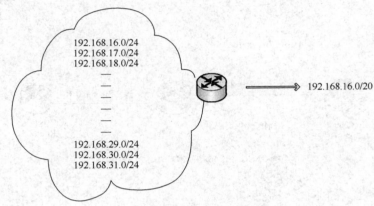

图 6-11　网络边界路由汇总

无类别路由选择、VLSM 和聚合寻址都是通过创建层次化的地址来达到最大限度地节省网络资源的。如图 6-12 所示。

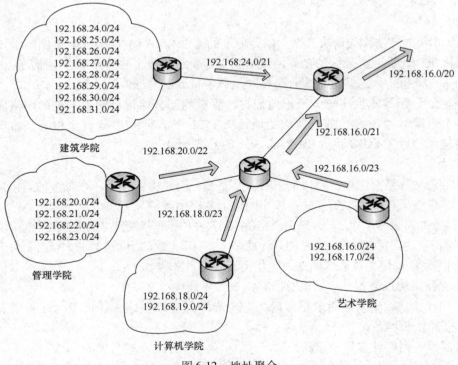

图 6-12　地址聚合

管理学院、计算机学院和艺术学院的聚合地址是它们自己聚合到单个地址192.168.16.0/21 中去的。这个地址和建筑学院的聚合地址一起被聚合到单一的地址192.168.16.0/20 中。这个地址也显示了整个学校的地址。

6.3.5　网络地址转换

在 IP 地址分配时，网络地址转换（NAT）技术被广泛使用，它不仅解决了 IP 地址不足的问题，同时能够起到隐藏保护内部网络资源，有效避免来自外部网络的攻击的作用。

网络地址转换（NAT）技术是 Internet 网络应用中一项非常实用的技术。以往主要被应用在并行处理的动态负载均衡以及高可靠性系统的容错备份上实现，最初的 NAT 技术是紧随 CIDR 技术的出现而出现的，二者主要目的是解决当时传统 IP 地址的紧张问题，NAT 是将禁止在网络上使用的私有 IP 地址转换为能在网络上使用的公有 IP 地址，一方面可以提高内部网络的安全性，另一方面可以实现网络的更好管理。

1. NAT 的概念

NAT 英文全称是"Network Address Translation"，中文意思是"网络地址转换"，属广域网（WAN）接入技术，是一种将私有（保留）IP 地址映射为公有 IP 地址的地址转换技术，它被广泛应用于各种类型 Internet 接入方式和各种类型的网络中。当采用端口映射方式时，允许一个网段的所有主机共同复用一个公有 IP（Internet Protocol）地址访问 Internet，因此，NAT 在一定程度上，能够有效地解决公网地址不足的问题。

如图 6-13 所示，NAT 在局域网内部网络中使用私有地址，而当内部节点要与外部网络进行通讯时，就在网关（防火墙或出口路由器）处，将内部私有地址替换成 Internet 上可以被路由的公有地址，从而能够正常访问外部公网（internet），NAT 实现了多台主机共享 Internet 连接，很好地解决了公共 IP 地址紧缺的问题。通过 NAT 技术，可以只申请一个合法 IP 地址，就能实现局域网中的所有主机共享访问网络。这时，NAT 屏蔽了内部网络，所有内网主机对于公共网络来说是不可见的，而内网计算机用户通常不会意识到 NAT 的存在，即 NAT 对内网主机是透明的。

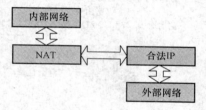

图 6-13　网络地址转换

NAT 功能通常在路由器、防火墙、代理服务器或者单独的 NAT 设备中实现。例如对于 Cisco 路由器，网络管理员只需在路由器中配置相关 NAT 命令，就可以实现 NAT 地址转换功能。同样防火墙也可以将 WEB Server 的内部私有地址 192.168.1.1 映射为外部公有地址 202.96.23.11，外部用户访问 202.96.23.11 公有地址时，实际上就是访问 192.168.1.1 私有地址，从而实现了内部真实地址的屏蔽。

2. NAT 分类

```
        ┌─ Static NAT
        │
NAT ────┤  Pooled NAT
        │         ┌─ SNAT
        └─ NAPT ──┤
                  └─ DNAT
```

图 6-14　NAT 分类

NAT 实现私有地址与公有地址转换的方式有三种类型：静态 NAT（Static NAT）、动态地址 NAT（Pooled NAT）、网络地址端口转换 NAPT（Port-Level NAT）。如图 6-14 所示。

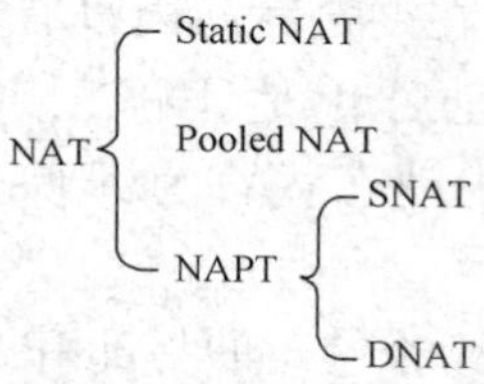

（1）静态 NAT

一个内部 IP 地址与一个外网 IP 地址一一对应，这种对应关系比较稳定，不随时间推移进行刷新改变。主要用于内部主机需要提供对外访问。这种方式是需要手动配置 NAT 转换表。如果在 NAT 转换表中存在某个映射，那么 NAT 只是单向地从 Internet 向私有网络传送数据。这样，NAT 就为连接到私有网络部分的计算机提供了某种程度的保护。但是，如果考虑到 Internet 的安全性，NAT 就要配合全功能的防火墙一起使用。

如图 6-15 所示的 NAT 地址映射过程，NAT 路由器将内部地址 10.0.0.3 修改为 192.138.149.2，再将 192.138.149.2 映射为外部地址 207.224.115.213，从而实现外部地址与内部地址一一对应的关系。NAT 路由器在由外部传来的数据时，再经 NAT 路由器进行转换。

静态 NAT 基本配置步骤：

在内部本地地址与内部合法地址之间建立静态 NAT 地址映射。在全局设置状态下输入：

ip nat inside source static 内部本地地址　内部合法地址

在接口配置模式下，配置 NAT 内部接口：

ip nat inside

在接口配置模式下，配置 NAT 外部接口：

ip nat outside

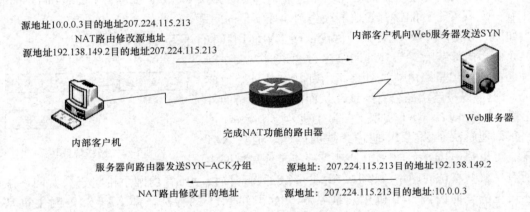

图 6-15　NAT 地址转换过程

（2）动态 NAT

与静态 NAT 的地址一一对应相反，动态 NAT 是地址多对多的 NAT，即内部地址与公有地址的一一映射关系是随时间而改变的，一个内部地址在不同时间可以映射为不同的公有地址，动态 NAT 方式适合于，当机构申请到的全局 IP 地址较少，而内部网络主机相对较多的情况。当数据包进出内网时，具有 NAT 功能的设备对 IP 数据包的处理与静态 NAT 的一样，只是 NAT 地址表中的映射记录是动态的，若内网主机在一定时间内没有和外部网络通信，有关它的 IP 地址映射关系将会被删除，并且会把该全局 IP 地址分配给新的 IP 数据包使用，形成新的 NAT table 映射记录。如图 6-16 所示为动态 NAT 地址映射关系。

动态地址 NAT 只是转换 IP 地址，它为每一个内部的 IP 地址分配一个临时的外部 IP 地址，主要用于拨号，对于频繁的远程联系也采用动态 NAT。

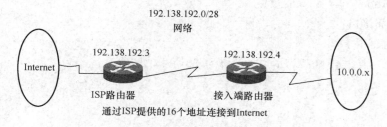

图 6-16　动态 NAT

动态 NAT 配置步骤：

① 配置动态 NAT 地址池：

格式为 ip nat pool　地址池名称 起始 IP 地址 终止 IP 地址 子网掩码

其中地址池名称可以任意设定；

② 在全局模式下，定义标准 access-list，声明内部可动态转换地址：

格式为 access-list 标准号 permit 源地址 通配符

③ 在全局配置模式下，将由 access-list 指定的内部本地地址与内部合法地址池进行转换：

格式为 ip nat inside source list 访问列表标号 pool 内部合法地址池名称

④ 配置内部接口

ip nat inside

⑤ 配置外部接口

ip nat outside

（3）网络地址端口转换 NAPT

网络地址端口转换 NAPT（Network Address Port Translation）则是把内部私有地址映射到一个共用的公有 IP 地址的不同端口上。它可以将中小型的网络隐藏在一个合法的 IP 地址后面。NAPT 与动态地址 NAT 不同，它将内部网络主机映射到一个单独的公有 IP 地址上，同时在该地址加上一个由 NAT 设备选定的端口号。

NAPT 是使用最普遍的一种转换方式，它又包含两种转换方式：SNAT 和 DNAT。它首先是一种动态地址转换，但它又可以允许多个内部本地地址共用一个内部合法地址，是超载内部全局地址通过允许路由器为多个局部地址分配一个全局地址。

网络地址端口转换配置步骤：

① 配置内部合法地址池：

格式为 ip nat pool　地址池名称 起始 IP 地址 终止 IP 地址 子网掩码

其中地址池名称可以任意设定；

② 定义标准 access-list，声明内部可动态转换地址：

格式为 access-list 标准号 permit 源地址 通配符

③ 配置内部本地地址与内部合法地址间的复用动态地址转换：

ip nat inside source list 访问列表标号 pool 内部合法地址池名称（或出接口）overload

④ 配置内部接口：

ip nat inside

⑤ 配置外部接口:

ip nat outside

NAT 转换实例，如图 6-17 所示为 NAT 转换拓扑结构。

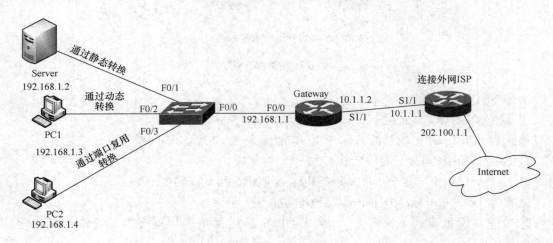

图 6-17　NAT 转换拓扑图

各主机分别采用静态 NAT、动态地址池 NAT 及 PAT 实现了地址转换，server 通过静态转换到 10. 1. 1. 3。PC1 通过地址池 IP 地址动态转换。PC2 通过 PAT 做端口复用转化到 S1/1 接口 IP 地址上。

配置步骤:

① 基本配置

Isp:

Isp(config)#inter s 1/1

Isp(config-if)#ip address 10. 1. 1. 1 255. 255. 255. 0

Isp(config-if)#no shutdown

Isp(config-if)#exit

Isp(config)#inter loopback 1

Isp(config-if)#ip address 202. 100. 1. 1 255. 255. 255. 0

Isp(config-if)#no shutdown

Isp(config-if)#exit

Isp(config)#ip route 0. 0. 0. 0 0. 0. 0. 0 10. 1. 1. 2　　　　//设置一条默认路由

GW:

GW(config)#inter s 1/1

GW(config-if)#ip address 10. 1. 1. 2 255. 255. 255. 0

GW(config-if)#no shutdown

GW(config-if)#exit

GW(config)#inter f 0/0

GW(config-if)#ip address 192.168.1.1 255.255.255.0

GW(config-if)#no shutdown

GW(config-if)#exit

GW(config)#ip route 0.0.0.0 0.0.0.0 10.1.1.1   ∥设置一条默认路由

将 PC1、PC2 和 server 进行 IP 地址配置,将默认网关配置为 192.168.1.1

NAT 基本配置:

静态地址转换配置如下:

GW(config)#inter f 0/0

GW(config-if)#ip nat inside

GW(config-if)#exit

GW(config)#inter s 1/1

GW(config-if)#ip nat outside

GW(config-if)#exit

GW(config)#ip nat inside source static 192.168.1.2 10.1.1.2

GW#ping 202.100.1.1   ∥查看能 ping 通外部 ISP

动态地址转换配置:

GW(config)#access-list 50 permit ip host 192.168.1.3 any   ∥建立 access-list 50

GW(config)#ip nat pool ippool 100.1.1.1 100.1.1.10 netmask 255.255.255.0

∥建立一个名为 ippool 的地址池

GW(config)#ip nat inside source list 50 pool ippool

GW#ping 202.100.1.1   ∥查看能 ping 通外部 ISP

② 端口复用

GW(config)#access-list 51 permit ip host 192.168.1.4 any

GW(config)#ip nat inside source list 51 interface s 1/1 overload

∥可以做接口的转换,也可以建立一个地址池

GW#ping 202.100.1.1   ∥查看能 ping 通外部 ISP

6.4 VLAN 规划

在实际的网络规划中,当企业的职能部门根据业务和应用的部署和变化,跨越物理位置进行组织划分时,或企业从安全出发,希望划分不同的安全区域时,把处于不同物理位置、不同网段的局域网实现分组、分区域管理,就是 VALN 要完成的任务。VLAN 能简化网络管理和网络结构,保护网络投资,提高网络的安全性。

6.4.1 VLAN 的基本概念

虚拟局域网(Virtual Local Area Network 或简写 VLAN、V-LAN)是一种建构于局域网交换技术(LAN Switch)的网络管理的技术,通俗地讲它是将不同网络中的数据包打上各自网络的标签,只有识别属于各自网络的数据才能够接受,否则丢弃。网管人员可以借此通过控制交换机有效分派出入局域网的分组到正确的出入端口,达到对不同实体局域网中的设备进行逻辑分群(Grouping)管理,并降低局域网内大量数据流通时,因无用分组过多导致壅塞

的问题，以及提升局域网的信息安全保障。

6.4.2 VLAN 的规划类型

VLAN 是一种软技术，如何分类与划分基本类似，它将决定此技术在网络中是否发挥预期的作用，常见的分类有三种，基于端口、基于 MAC 地址、基于 IP 地址。

1. 根据端口划分 VLAN

基于端口的划分是比较流行和最早的划分方式，其特点是将交换机按照端口进行分组，每一组定义一个虚网，这些交换机端口分组可以在一台交换机上也可以跨越几台交换机。一个 VLAN 的各个端口上的所有终端都在一个广播域中，它们相互可以通信，不同 VLAN 间相互通信需要路由来进行。以交换机端口来划分网络成员，其配置过程简单明了。

VLAN 的配置步骤：

通过控制线连接计算机和交换机 consloe 接口，再用直通线连接计算机和交换机的端口，打开交换机电源。

创建 VLAN 时，需要给出 VLAN 号，在特权模式下输入：

Switch#vlandatabase

Switch(vlan)#vlan 2

返回特权模式，进入全局模式，再进入端口配置模式，将交换机的端口加入 VLAN 中（以交换机端口 5 为例）：

Switch(config)#interface fa0/5

Switch(config-if)#switchport mode access

Switch(config-if)#switchport access vlan 2

在计算机上用 ping 命令测试 VLAN 的配置，验证接入不同的 VLAN 的计算机之间通信。

从 VLAN 中取消交换机端口(按上面过程，先进入端口配置模式)：

Switch(config-if)#no switchport access vlan 2

从 VLAN 数据库中删除 VLAN 2 配置：

Switch#vlandatabase

Switch(vlan)#no valn 2

2. 根据 MAC 地址划分 VLAN

这种虚网方式，交换机对终端的 MAC 地址和交换机端口进行跟踪，在新终端入网时根据已经定义的虚网——MAC 对应表将其划归于某个虚网。这种方法的缺点是初始化时，所有的用户都必须进行配置，如果有几百个甚至上千个用户的话，配置是非常累的。而且这种划分的方法也导致了交换机执行效率的降低，因为在每一个交换机的端口都可能存在很多个 VLAN 组的成员，这样就无法限制广播包了。另外，对于使用笔记本电脑的用户来说，他们的网卡可能经常更换，这样，VLAN 就必须不停地配置。

3. 根据 IP 地址划分 VLAN

IP 组播实际上也是一种 VLAN 的定义，即认为一个组播组就是一个 VLAN，这种划分的方法将 VLAN 扩大到了广域网，因此这种方法具有更大的灵活性，而且也很容易通过路由器进行扩展，当然这种方法不适合局域网，主要是效率不高。

4. 基于策略的 VLAN 划分

基于网络层的虚网划分也叫做基于策略的划分，是这几种划分中最高级也是最复杂的划分方式。基于网络层的 VLAN 使用协议或网络层地址来确定网络成员。这种方式有几种好处，它可以按传输协议划分网段，而且用户可以在网络内部自由移动却不需要重新配置自己的站点。其次虚拟网可以减少由于协议转换而造成网络延迟。这种方式对设备的要求很高，不是所有设备都支持这种方式，而且还要防止 IP 盗用。

5. VLAN 间路由实现

采用这种方法，整个网络可以非常方便地通过路由器扩展网络规模。有的产品还支持一个端口上的主机分别属于不同的 VLAN，这在交换机与共享式 Hub 共存的环境中显得尤为重要。自动配置 VLAN 时，交换机中软件自动检查进入交换机端口的广播信息的 IP 源地址，然后软件自动将这个端口分配给一个由 IP 子网映射成的 VLAN。

路由协议工作在网络层，相应的工作设备有路由器和路由交换机（即三层交换机）。该方式允许一个 VLAN 跨越多个交换机，或一个端口位于多个 VLAN 中。

实例：如图 6-18 所示搭建拓扑：

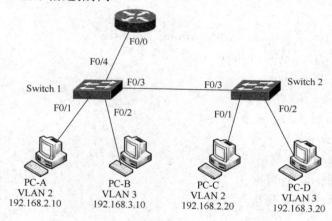

图 6-18　VLAN 间路由

四台 PC，每两台接到一台交换机上，每台分别设置 IP 地址，将 PC-A 和 PC-C 划分在 VLAN 2 中，将 PC-B 和 PC-D 划分在 VLAN 3 中，通过路由器间不同 VLAN 中的 PC 可以相通。

配置如下：

Switch 1#vlan database　　　　　　　　　　　　　　　//在 Switch 1vlan 数据库上建立两个 VLAN 2 和 VLAN 3

Switch 1（vlan）#valn 2 name market

Switch 1（vlan）#vlan 3 name develop

Switch 1（vlan）#vtp server

Switch 1（vlan）#exit

Switch 1#config terminal　　　　　　　　　　　　　　//设置子接口且分装 dot1q 在 VLAN 2 中

```
Switch 1 ( config ) interface f0/1
Switch 1 ( config-if )#switchport mode access
Switch 1 ( config-if )#switchport access vlan 2
Switch 1 ( config-if )#exit
Switch 1 ( config )#inter f0/2                              //在接口 F0/2 上配置
                                                            VLAN 3

Switch 1 ( config-if )#switchport mode access
Switch 1 ( config-if )#switchport access vlan 3
Switch 1 ( config ) int fa0/3                               //在接口 F0/3 封
                                                            装 dot1q

Switch 1 ( config-if )#switchport trunk encapsulation dot1q
Switch 1 ( config-if )#switchport mode trunk
Switch 1 ( config )#exit
Switch 1 ( config ) # int fa0/4                             //在接口 F0/4 封
                                                            装 dot1q

Switch 1 ( config-if )#switchport trunk encapsulation dot1q
Switch 1 ( config-if )#switchport mode trunk
Switch 1 ( config-if )#end
Switch 1#show vlan brief
在路由器上配置如下命令：
Router#config terminal
Router( config )#inter f0/0
Router( config-if )#no shutdown                             //开启接口状态
Router( config-if ) #inter f0/0. 2                          //设置子接口且分装
                                                            dot1q 在 VALN 2 中

Router( config-subif )#encapsulation dot1q 2
Router( config-subif )#ip address 192. 168. 2. 1 255. 255. 255. 0   //配置子接口 IP 地址
Router( config-subif )#no shutdown
Router( config-subif )#exit
Router( config-if ) #inter f0/0. 3                          //设置子接口且分装
                                                            dot1q 在 VLAN 3 中

Router( config-subif )#encapsulation dot1q 3
Router( config-subif )#ip addrsss 192. 168. 3. 1 255. 255. 255. 0
Router( config-subif )#no shutdown
Router( config-subif )#end
在 Switch 2 上配置如下命令：
Switch 2#valn database
Switch 2( vlan )#vtp client
Switch 2( vlan )#exit
```

Switch 2#show vlan brief

Switch 2#config terminal

Switch 2（config）#int f0/3　　　　　　　　　　　//在接口 F0/3 封装 dot1q

Switch 2（config-if）#switchport mode access

Switch 2（config-if）#switchport mode trunk

Switch 2（config-if）#exit

Switch 2（config）#inter　f0/1　　　　　　　　　//在接口 F0/1 上配置 VLAN 2

Switch 2（config-if）#switchport mode access

Switch 2（config-if）#switchport access vlan 2

Switch 2（config-if）#exit

Switch 2（config）#inter f0/2　　　　　　　　　//在接口 F0/2 上配置 VLAN 3

Switch 2（config-if）#switchport mode access

Switch 2（config-if）#switchport access vlan 3

Switch 2（config-if）#exit

对于 VLAN 之间路由配置的测试：

用直通线将 PC-A、PC-B 计算机分别接入两个 VLAN（VLAN 2、VLAN 3），VLAN 2 对应两个交换机的端口 F0/1，VLAN 3 对应两个交换机的端口 F0/2，两个 VLAN 网段的网络号分别为 192.168.2.0，192.168.3.0，类似地连接 PC-C 和 PC-D。

设置 PC-A 计算机的 IP 地址 192.168.2.10，网关地址为 192.168.2.1。PC-B 计算机的 IP 地址为 192.168.3.10，默认网关地址为 192.168.3.1，两台计算机的子网掩码均为 255.255.255.0。类似的在 PC-C 的默认网关地址为 192.168.2.1，PC-C 的默认网关地址为 192.168.3.1。通过单臂路由配置实现互连两个 VLAN 上的计算机。

测试连通性：

分别在 PC-A 计算机或 PC-B 计算机上执行以下命令，测试 VLAN 之间的连通性。

Ping 192.168.2.1

Ping 192.168.3.1

Ping 192.168.2.20

Ping 192.168.3.20

分别在两个交换机上用 show 命令，观看 VLAN 的配置：

Show　vlan

Show　vlan　brief

6.5　网络管理与安全规划

6.5.1　网络管理规划

网络管理是指为了保证网络系统能够持续、稳定、安全、可靠和高效地运行，对网络系统上的硬件设备、软件系统及数据信息资源进行监测控制，收集、监控网络中各种设备和设施的工作参数和工作状态信息，回馈给网管系统和网络管理员并及时进行处理，从而控制网络中设备和系统的工作状态，保证网络的良好运行。网络管理更多被当作网络维护中任务，在网络规划设计时不被重视，但网络管理设计同样存在系统性、可扩展性和效率方面的要求。

1. 网络管理规划的内容

ISO 在 ISO/IEC 7498-4 文档中把网络系统的管理功能划分为五个方面：故障管理、配置管理、性能管理、安全管理、计费管理。这五部分概括了网络管理的主要内容，当然也是网络管理规划设计所考虑的主要内容。

（1）故障管理

故障管理是指对引起的网络服务中断、局部或全局网络功能失效的网络故障，及时地进行检测、分析与处理，解决网络出现的问题，恢复网络服务。故障（失效）管理（fault management）是网络管理的基本功能之一，故障管理的核心内容包括故障监测、故障定位、故障分析、故障修复等主要方面。

（2）配置管理

配置管理是指对网络设备资源进行初始化定义、跟踪、维护、保存和修改设备配置参数信息的一项网络基础工作。

（3）性能管理

性能管理是指监视、收集和分析被管网络的运行状态信息及其所提供服务的性能日志信息，评价网络系统资源的运行状况及通信效率等系统性能。性能分析的结果可能会触发某个诊断测试过程或重新配置网络以维持网络的性能。

（4）安全管理

网络安全管理是指保护网络系统中的硬件、软件及信息数据等资源，不因偶然的或者恶意的原因而遭受到破坏、更改、泄露。

（5）计费管理

计费管理记录网络资源的使用，目的是控制和监测网络操作的费用和代价。

2. 网络管理工具的选择

根据网络管理的内容，需要制定相应的管理策略、管理结构，为了完成这些管理任务，实施管理策略，需要选择适合的网络管理工具，主要是网络系统管理软件，通常网络管理软件产品都能实现以上五方面的功能，即网络故障管理软件、网络配置管理软件、网络性能管理软件、网络服务/安全管理软件、网络计费管理软件。

6.5.2 网络安全规划

网络安全是指网络系统的硬件、软件及其系统中的数据受到保护，不因偶然的或者恶意的原因而遭受到破坏、更改、泄露，系统连续可靠正常地运行，网络服务不中断。网络安全本质上是网络上的信息安全。

网络安全规划包括安全立法、安全管理和安全技术。这三个层次体现了安全策略的限制、监视和保障职能。根据防范安全攻击的安全需求、需要达到的安全目标、对应安全机制所需的安全服务等因素，参照 SSE - CMM（系统安全工程能力成熟模型）和 ISO17799（信息安全管理标准）等国际标准，综合考虑可实施性、可管理性、可扩展性、综合完备性、

系统均衡性等方面,

1.在网络安全规划中应遵循的原则

（1）系统性原则

网络安全的复杂性决定了网络安全是一项系统工程,应综合运用法律规定、管理措施、专业技术手段等方法,从网络系统的用户、设备、软件、信息数据等各个环节整体考虑,确定网络安全策略,规划网络安全体系结构。

（2）需求、风险、代价平衡分析的原则

不同行业、不同应用的网络系统,对安全性要求的内容和级别各不相同,任何网络,绝对安全是不现实的,也是不必要的。安全体系设计规划要正确处理需求、风险与代价的关系,做到安全性与可用性相适应,安全投入与安全目标相平衡。

（3）实用性原则

网络安全系统的设计要遵从实用性原则,网络安全措施和安全技术的实施应易于部署、易于管理、易于操作,否则就降低了其价值。

（4）动态适应性原则

网络安全系统要能够随网络环境、安全技术及安全需求的变化而容易进行修改、升级和扩展,适应新的网络安全环境,满足新的网络安全需求。

总之,在进行计算机网络工程系统安全规划与设计时,重点是网络安全策略的制定,保证系统的安全性和可用性,同时要考虑系统的扩展和升级能力,并兼顾系统的可管理性等。

2.网络安全规划的内容

网络安全面临的威胁主要包括系统漏洞、计算机病毒、网络窃听、网络攻击等,网络安全设计一般按如下步骤进行:

（1）明确网络资源安全威胁;

（2）制定网络安全策略;

（3）选择网络安全机制;

（4）形成网络安全解决方案。

6.6　网络冗余规划

网络冗余规划设计是网络规划设计的重要部分,冗余规划贯穿于网络规划过程的各个阶段,适当的网络冗余设计是提高网络整体可靠性、可用性,保障网络高效、稳定、可靠地运行的重要手段。网络冗余规划设计包括网络设备冗余、网络链路冗余和服务器冗余等三个方面。网络设备冗余提供由两台或两台以上设备组成一个虚拟设备备份能力,当其中一个设备因故障停止工作时,备份设备能自动接替其工作,从而提高网络的稳定性。网络链路冗余提供了多条访问链路备份,当网络中某条路径失效时,冗余链路可以提供另一条可用的物理路径,服务器冗余则通过服务器集群、备份等各种服务器冗余技术提供不间断的服务应答能力。通过网络冗余的设计,可以保证网络系统的运行不受局部故障的影响,而且故障部件的维护对于整个系统没有影响,从而保证了网络高效、稳定地运行。冗余设计会增加网络系统的投资,但是这种投资却使得系统的可用性和可靠性大大提升。

6.6.1 网络设备冗余

1. 模块冗余

网络设备模块的冗余主要分为电源冗余和管理卡冗余。模块冗余简单地说就是在设备上增加模块的数量来达到备份的目的，当一个模块出现故障时，另一个相同的备份模块开始工作，从而保证网络不会出现中断故障。然而由于设备成本上的限制，这两种技术都被应用在中高端产品上。我们以交换机产品为例来说明模块冗余技术。

（1）电源冗余：为了防止核心层交换机因为断电故障而导致网络出现大面积的瘫痪，通常情况下会在核心层交换机上采用双电源冗余，在交换机产品中，S49 系列、S65 系列和 S68 系列产品都能够实现电源的冗余。交换机 S6806E 内置了两个电源插槽，通过插入不同的模块，就可以实现两路 AC 电源或者两路 DC 电源的接入，从而实现设备的 1 + 1 备份。电源模块的冗余备份实施后，当主电源供电中断时，备用电源将会继续为设备进行供电，从而不会造成网络的中断。如图 6-19 所示。

（2）管理卡冗余：以 S6806E 交换机设备为例，设备提供了两个管理卡模块，其中 M6806-CM 为主管理模块，它承担着系统交换、路由管理、系统状态控制、用户接入控制等功能。管理模块插在机箱母板插槽中间的第 M1、M2 槽位中，它支持主备冗余，实现热备份，同时支持热插拔。在交换机运行的过程中，当出现主管理板模块故障时，交换机将自动切换到备用管理板模块继续运行，而且不会丢失用户的配置信息，从而保证了网络运行的可靠性。如图 6-20 所示。

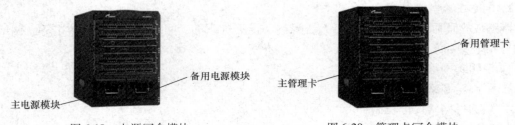

图 6-19　电源冗余模块　　　　　　　图 6-20　管理卡冗余模块

2. 引擎冗余

交换机的引擎是交换机的生命线，引擎一旦出现了故障，交换机就无法工作。所以引擎的冗余是至关重要的。通常情况下，双核引擎是交换机必备的冗余措施，而且使用引擎冗余可替代台交换机备份。

以 Cisco 6509 交换机为例，它可以使用两种方式配置来实现引擎的冗余备份功能：

（1）Daul MSFC + HSRP 模式，该模式中两引擎上的 MSFC 多层交换模块均启用，之间使用 HSRP 来实现路由的热备份。

（2）Single Router 模式，该模式中只有一引擎上的 MSFC 模块启用，另一模块为 Standby 模式，当启用模块失败时备用模块才启用。

3. 设备堆叠

设备堆叠是指将一台以上的交换机组合起来共同工作，以便在有限的空间内提供尽可能多的端口，从而实现单交换机端口的扩充。其实，堆叠相当于电源、模块、引擎的多重冗余，当多个交换机连在一起时，其作用就像一个模块化交换机一样，堆叠在一起的交换机可以当作一个单元设备来进行管理。这样不但意味着端口密度的增加，而且意味着系统带宽的增加。

6.6.2 网络链路冗余规划

1. 交换机冗余链路设计

在分层网络拓扑中，网络系统的核心层是整个网络的高速主干，在这里需要转发非常庞大的流量，核心层交换机为各个交换区块之间提供高速的交换功能，核心层的失效将会导致整个骨干网络的瘫痪，因此需要提供较多的冗余，所以核心层必须具备很高的可靠性、强大的容错能力、故障隔离能力。通常在核心层使用两台或者两台以上的核心交换机来实现冗余，它们与汇聚层的各交换机之间采用冗余连接，同时为保证交换区的容错能力和可靠性，汇聚层的每个交换机区块应有两台汇聚层主交换机，它们互为冗余备份，与接入层交换机之间建立了冗余的连接。这样的话，无论是核心层还是汇聚层，无论是交换机还是链路介质，都不会出现单点失效的问题。但是采用这种冗余设计会出现环路问题，通常冗余交换机及交换机间的冗余链路使用生成树协议（Spanning Tree Protocol）来避免环路，如图 6-21 所示。

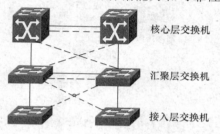

核心层交换机
汇聚层交换机
接入层交换机

图 6-21 交换机冗余连接示意图

2. 路由器冗余链路设计

路由器是建立局域网与广域网连接的桥梁，当路由器出现故障而导致用户无法访问互联网将会造成难以估计的损失。那么，路由器采用热备份是提高网络可靠性的一种必然选择。路由器冗余其实就是要求至少有一台与正在工作的主路由器功能相同的备份路由器，当这个主路由器出现故障时代替主路由器继续为网络提供服务。常用的路由器冗余设计主要有 HSRP（Host Standby Router Protocol：热备份路由器协议）和 VRRP（Virtual Router Redundancy Protocol：虚拟路由器冗余协议）两种。

HSRP：热备份路由器协议，是一种路由备份私有协议。HSRP 使得 IP 流量在失败转移情况下不致引起混乱，而且允许主机使用单路由器，即使在第一跳路由器访问失败的情况下，仍能维护路由器间的连通性。简单地来说，当源主机不能动态地知道第一跳路由器的 IP 地址时，HSRP 协议能够保护第一条路由器不出现故障。

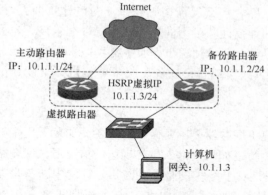

Internet

主动路由器
IP：10.1.1.1/24

备份路由器
IP：10.1.1.2/24

HSRP虚拟IP
10.1.1.3/24

虚拟路由器

计算机
网关：10.1.1.3

图 6-22 HSRP 拓扑

HSRP 协议中含有多种路由器，它们对应一个虚拟路由器。HSRP 协议只支持多台路由器中的一个路由器代表虚拟路由器实现数据包转发过程。所有的主机将他们各自的数据包转发到该虚拟路由器上，由此虚拟路由器对数据包进行转发。负责转发数据包的路由器称为主动路由器（Active Router），其余路由器称为备份路由器，当主动路由器出现故障时，HSRP 将激活备份路由器（Standby Routers）成为主动路由器，实现主动路由器的功能。如图 6-22 所示。

因此，HSRP 提供了一种决定使用主动路由器还是备份路由器的机制，并制定一个虚拟的 IP 地址作为网络系统的默认网关地址。如果主动路由器出现故障，备份路由器将继承主动路由器的所有任务，并且不会导致主机连通中断现象。简单地来说，在一个路由器完全不能正常工作时，它所有的功能将被系统中的另一个备份路由器完全接管，直到故障路由器恢复正常。

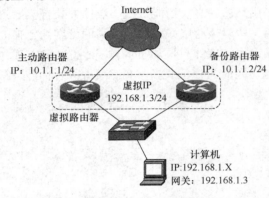

图 6-23 VRRP 拓扑图

VRRP：虚拟路由冗余协议，它是由 IETF 提出的一种解决局域网中配置静态网关出现单点失效现象的路由协议，因此被广泛应用到边缘网络中。VRRP 和 HSRP 非常相似，VRRP 也是支持特定情况下 IP 数据流量失败转移不会引起混乱，而且也允许主机使用单路由器。但是二者也有差异，主要在于 cisco 的 HSRP 需要单独配置一个 IP 地址作为虚拟路由器对外体现的地址，而且这个地址不能是路由器中任何一个的接口地址，而 VRRP 是将局域网中的路由器虚拟成一个路由器，如图 6-23 所示。

VRRP 是一种选择协议，通常情况下，VRRP 把一个虚拟路由器的责任动态地分配给局域网上的 VRRP 路由器中的一台，其中，控制虚拟路由器 IP 地址的 VRRP 路由器成为主路由器，它负责转发数据包到这些虚拟 IP 地址上，一旦主路由器出现故障后，这种选择过程就提供了动态的故障转移机制，这就允许虚拟路由器的 IP 地址可以作为终端主机的默认第一跳路由器。

在使用 VRRP 协议时，可以通过手动或者 DHCP 设定一个虚拟 IP 地址作为默认路由器。虚拟 IP 地址在路由器间共享，其中一个指定为主路由器而其他的则为备份路由器。如果主路由器不能正常工作，那么这个虚拟 IP 地址就会映射到备份路由器的 IP 地址，这个备份路由器也就成为了主路由器。

6.6.3 服务器冗余规划

服务器提供大部分的网络应用，服务器上都保存着许多重要的数据，而且许多的网络应用程序都在服务器上运行，如果服务器发生了故障，那么保存在服务器上的信息就会丢失，将会造成难以估量的损失，信息服务对服务器的伸缩性和可用性的要求变得越来越高。为了保证服务器的可靠性，服务器必须要采取冗余设计，通常情况下，服务器可以采用整机冗余技术、部件冗余技术、RAID 技术和管理软件等方式实现冗余任务。服务器整机冗余设计主要有双机热备、服务器集群等。

1. 双机热备

双机热备针对的是服务器的故障，通常情况下服务器要不要做双机热备，那要看用户能够容忍多长时间的中断服务。一般服务器出现故障，如果技术人员在现场的情况下，恢复服务器正常可能需要 10min、几小时就能完成，但是对于一些企业来讲，几分钟的中断都是无法容忍的，所以，就需要通过双机热备，来避免长时间的服务中断，从而确保系统能够长期、可靠地为用户服务。

双机热备份技术是一种软硬件结合的具有较高容错能力的应用方案。一般情况下采用的是磁盘阵列方式的双机备份模式，它是由两台服务器系统和一个外接共享磁盘阵列柜连接起来形成备份系统，同时还有一些相应的双机备份软件组成。但是此方法硬件投资大，价格较贵，不过此系统易于安装，也相对稳定。在这个备份方案中，操作系统和应用程序安装在两台服务器的本地系统盘上，整个网络系统的数据是通过磁盘阵列集中管理和数据备份的。数据集中管理是通过双机热备份系统，将所有站点的数据直接从中央存储设备读取和存储，并由专业人员进行管理，极大地保护了数据的安全性和保密性。用户的数据存放在外接共享磁盘阵列中，在一台服务器出现故障时，备机主动替代主机工作，保证网络服务不间断。

双机热备份系统采用"心跳"方法保证主系统与备用系统的联系。所谓"心跳"，指的是主从系统之间相互按照一定的时间间隔发送通讯信号，表明各自系统当前的运行状态。一旦"心跳"信号表明主机系统发生故障，或者备用系统无法收到主机系统的"心跳"信号，则系统的高可用性管理软件认为主机系统发生故障，主机停止工作，并将系统资源转移到备用系统上，备用系统将替代主机发挥作用，以保证网络服务运行不间断。

2. 服务器集群

服务器集群顾名思义就是将很多服务器集中起来一起进行同一种服务，服务器集群技术是当前最为通用的一项技术，采用集群系统通常是为了系统的稳定性和提高网络中心的数据处理能力及服务能力，同时可以大大降低系统的运维成本。服务器集群其实是由一些互相连接在一起的计算机组成的一个并行或者分布式系统，这些计算机一起工作并运行一系列共同的应用程序。采用服务器集群技术后，可以给计算机系统提供高可靠性、可扩充性和抗灾难性。目前，在世界各地正在运行的各种超级计算机中，有许多都是采用集群技术来实现的。

通常情况下，一个集群中包含多台拥有共享数据存储空间的服务器，各个服务器通过内部局域网相互通信。当一台服务器发生故障时，它所运行的应用程序将由其他服务器自动接管。在集群系统中，集群中所有的计算机拥有一个共同的名称，集群内的任一系统上运行的服务都可被所有的网络用户使用。当前使用最多的集群方式包括以下几种：

（1）服务器主备集群方式

通常把一个服务器定位"主服务器"，一个服务器定为"备服务器"，平时由主服务器为用户提供服务，而备服务器除了在主服务器出现故障时接管工作外，没有其他的用处，备份服务器在正常状态下不接受外部的任何应用请求，实时对主服务器进行检测，当主服务器停机时才会接管应用服务，因此设备利用率最高可达50%。

（2）服务器互备份集群方式

在多台服务器组成的集群系统中，每台服务器都运行自己的应用服务，同时作为其他服务器的备份机，当主应用中断，服务将被其他集群节点所接管，接管服务的节点将运行自身应用和故障服务器的应用，这种方式各集群节点的硬件资源均可被应用于对外服务。互备方式集群两个节点之间互相进行监控，集群中任何一个节点出现故障后，另一个节点把故障节点的主应用接管过来，所有应用服务由一台服务器完成。

复习与思考题

1. 网络需求分析的任务什么?
2. 网络需求分析的内容包括哪些方面?
3. 网络工程规划设计的流程和主要内容是什么?
4. 什么是网络分层设计?
5. IPv4 地址如何表示? 分哪几类? 各类地址范围是什么?
6. 什么是子网掩码和可变长子网掩码?
7. 子网划分的步骤有哪些?
8. 什么是 CIDR?
9. 什么是 NAT? 有哪几类?
10. 什么是 VLAN? 如何划分 VLAN?
11. 网络管理规划的主要内容是什么?

第7章 网络工程系统集成

7.1 网络工程系统集成概述

7.1.1 基本概况

1. 网络工程系统集成的基本概念

网络工程是指在网络系统的设计、建造和维护的过程中，将系统化的、规范化的、可度量的方法应用于网络系统中，从而提高网络的质量。系统集成是在系统工程科学方法的指导下，根据用户需求，优选各种技术和产品，将各个分离的子系统连接成为一个完整可靠经济和有效的整体，并使之能彼此协调工作，发挥整体效益，以达到整体性能最优。

网络工程系统集成是在信息系统工程方法的指导下，以用户的网络应用需求和投资规模为出发点，综合应用计算机技术和网络通信技术，合理选择网络设备、系统软件、应用软件等产品，系统地集成在一起，使集成后的网络系统具有良好的性能价格比，能够满足用户的实际需要，成为稳定可靠的计算机网络系统。从技术角度来看，网络系统集成是将计算机技术、网络技术、控制技术、通信技术、应用系统开发技术、建筑装修等技术综合运用到网络工程中的一门综合技术。

2. 网络工程系统集成的发展阶段

（1）第一代网络：面向终端的单主机互连系统（20世纪50年代初期~60年代中期）

这个时期的网络并不是真正意义上的网络，而是一个面向终端的互连通信系统。主机只负责以下两个方面的任务：负责终端用户的数据处理和存储，负责主机与终端之间的通信过程。

（2）第二代网络：多主机终端互连系统（20世纪60年代中期~70年代中期）

第二代网络是在计算机通信网的基础上，通过完成计算机网络体系结构和协议的研究而形成的计算机初期网络。

（3）第三代网络：开放式和标准化的网络系统（20世纪80年代~90年代）

20世纪80年代是计算机局域网络高速发展的时期。这些局域网络都采用了统一的网络体系结构，是遵守国际标准的开放式和标准化的网络系统。

（4）第四代网络（20世纪90年代后期至今）

第四代网络的特点是网络化、综合化、高速化及计算机协同处理能力。

3. 网络系统集成的内容

（1）网络硬件集成。包括通信子网的硬件系统集成和资源子网的硬件集成。

（2）网络软件的集成。主要是指根据网络所支持的应用的具体特点，选择网络操作系统和网络应用系统，然后通过网络软件的集成解决异构操作系统和异构应用系统之间的相互借口问题，从而构造一个灵活高效的网络软件系统。

（3）数据和信息的集成。数据和信息集成的核心任务包括合理部署组织的数据和信息，减少数据冗余，努力实现有效信息的共享，确保网络数据和信息的安全可靠等。

（4）技术与管理的集成。技术与管理的集成是指将技术与管理有效地集中在一起，在满足需求的前提下，努力为用户提供性价比较高的解决方案。在此基础上，是网络系统具有高性能、易管理、易扩充的特点。

（5）个人与组织机构的集成。通过网络系统集成使组织内部的个人行为与组织的目标高度一致，高度协调，从而实现提高个人工作效率和组织管理效率的目标。个人与组织机构的集成是系统集成的最高目标。

4. 网络系统集成涵盖的范围

随着世界经济的发展，信息技术与网络的应用已成为衡量各国经济发展的一项重要指标。特别是大型计算机网络的迅猛发展，网络多媒体的应用，如视频会议、视频点播、远程教育和远程诊断等多种关键技术，都离不开计算机网络系统集成。系统集成技术主要涉及网络传输、网络服务、网络质量、网络管理与安全。

（1）传输网络的选择。传输网络是选择分组交换方式还是电路交换方式，主要是依据应用需要什么样的服务质量。影响服务质量的主要因素包括网络可用带宽、传输延时和抖动以及传输可靠性。

（2）服务质量。服务质量（QoS）是网络性能的一种重要体现。指通过对网络资源的分配和调度，来保证用户的特定需求。针对 internet 上多媒体应用的需求，现有的技术可以提供两种服务质量：有保证的服务质量和尽力而为的服务质量。

（3）服务模式。除了多媒体应用的服务质量，另一个关键技术问题是媒体传输服务模式，即数据的分发是通过单播模式还组播模式。多媒体应用一般是在一个或多个群组中进行。群组是指有共同兴趣的一组人构成的动态虚拟专业网。

（4）网络管理与安全。包括 5 个层次的网络系统安全体系：网络安全性、系统安全性、用户安全性、应用程序安全性、数据安全性。在大多数情况下，人的因素非常关键，网络的管理紧密相关，管理员和用户的无意中的安全漏洞，比恶意的外部攻击更具威胁。

7.1.2 网络系统集成的过程

1. 需求分析和网络系统规划

首先，确定用户和功能的基本需求。

其次，现场勘察网络环境。包括建筑结构、确定中心机房位置、节点数与分布情况、相关节点间距离、电力情况、接地情况等。

网络设计者应从三方面考虑：

（1）从商业需求、工作环境、组织结构三方面确定网络应用要达到的目标。如果不明确用户的需求，则需求分析会与用户的实际要求相差较大。

（2）从商业约束和环境约束方面考虑网络应用的约束。用户的某些需求可能受到某些因素的限制而无法实现，但用户可能不知道，需要设计者在初期把问题提出。

（3）网络通信流量特征的分析。考虑当前以及未来网络应用流量的需求，做好规划。

网络需求分析是开始，其成败关系到网络全过程是否能顺利实现。

2. 投标和合同的签署

投标前需加强与客户的交流，了解客户的现状以及需求，如有意向，则根据用户需求制定初步的技术方案：确定拓扑结构、网络管理方案、网络安全方案等。

做好前期准备后，认真写投标书，投标书中包括工程概况、投标方概况、网络系统设计方案、应用系统设计方案、项目实施进度计划、培训维修维护计划、设备清单及报价等。投标是一个商务过程，能否中标，主要取决于公司实力、技术人员配备情况、是否有同类项目及完成情况、提供设备的先进性、与设备供应商的关系、投标总金额、提供的服务和培训情况、维护维修的响应速度以及项目进度等。最后通过述标与答疑后进行商务洽谈与合同签订。

3. 逻辑网络设计

结合投标方案中的初步设计，由网络设计师完成逻辑的具体设计。主要过程包括四个方面：

（1）总体设计：分析现有的网络体系结构，确定网络的逻辑结构和网络的物理结构。

（2）分层设计：核心层、汇聚层、接入层的设计，外网的接入设计。

（3）IP 地址的规划和设计：选择合适路由，选择网络技术、选择设备等。

（4）其他功能设计：聚合设计、冗余设计、安全设计。

4. 物理网络设计

物理网络设计包括以下三个方面：

（1）结构化布线设计：安装传输线路和各种配件，连接所有的语音设备、数据通信设备、图象处理设备、安全监视设备、交换设备等。根据工作区、水平、垂直、设备间、建筑群建立布线子系统。

（2）网络机房设计：设备安装和机房环境设计。需要注意机房的温度、湿度、卫生、电磁辐射等。

（3）供电系统设计：设备电力负荷、供电负荷大小、配电系统设计、供电方式、安全、电源系统接地等。

5. 分包商的管理及布线工程

按照分包商的四级资质，具体结合系统集成公司的综合条件、经营业绩、管理水平、技术条件、人才实力等几个方面进行选择和管理。总包商的优劣表现在资质、技术能力与咨询能力、项目管理能力、资金实力等方面，而分包商的优劣表现在成本控制、工程质量、专业知识等方面。

6. 设备的订购和安装调试

设备的选择影响网络的性能。考虑到设备的兼容性和管理的便利，尽量购同一厂家或同一品牌的设备。在网络的层次结构中，主干部分要考虑能日后扩充，而低端设备够用即可。选择的设备要满足用户的需要。同时要掌握大型设备订购周期。

7. 服务器的安装和配置

服务器选择的指标是稳定、持续可靠地工作。运行指标依次为：稳定性、可靠性、吞吐量、响应速度、扩展能力、性价比。从应用类型来说服务器的类型可分为：主域服务器、文件服务器、应用服务器、数据库服务器、代理服务器、DNS 服务器、Web 服务器、FTP 服务器、邮件服务器、高性能集群系统。影响性能的主要因素是：CPU、内存、磁盘、网络、I/O 总线。不同的服务器中对以上的要求不同，各种因素可能在服务器中形成瓶颈。

8. 网络系统测试

测试包括网络协议测试、布线系统测试、网络设备测试、网络系统测试、网络应用测试、网络安全测试等。

9. 网络安全与网络管理

分析网络中存在的资源，可能存在的安全威胁、制定相应策略。保障网络安全采用的方法有：数据备份、防火墙系统、入侵检测系统、漏洞扫描系统、防病毒系统、网络监测系统。在网络管理上注重拓扑管理、配置管理、故障管理、安全管理、性能管理、应用管理、计费管理等，只有对网络进行有效配置和有效管理才能使网络稳定、可靠、安全、高效运行。

10. 网络系统验收

从网络现场验收主要查看环境是否符合要求，施工材料是否按方案规定的要求购买，防火防盗措施、设备安装是否规范，各种网络设备是否运行正常。另外需要查验开发文档、管理文档和用户文档是否齐全合格。开发文档有：可行性研究报告、项目开发计划、系统需求说明书、逻辑网络设计、物理网络设计、应用软件设计等。管理文档有：网络设计计划、测试计划、进度安排、实施计划、人员安排、工程管理与控制等方面的资料。用户文档有：网络设计人员为用户准备的系统使用、操作、维护的资料，包括：用户手册、操作手册、维护修改手册等。

11. 培训与系统维护

系统集成商必须为用户进行培训。培训对象主要有：网络管理人员、一般开发人员、一般用户、单位领导。另一方面也要按照合同约定做好系统维护售后服务工作。

7.2　局域网与系统集成

7.2.1　局域网的定义与特点

局域网是在一个较小的范围（一个办公室、一幢楼、一家工厂等）内，利用通信线路将各种计算机及外设连接起来，以实现数据通信和资源共享的通信网络。局域网技术是计算机网络中的一个重要分支，而且也是发展最快、应用最广泛的一项技术。局域网的研究始于 20 世纪 70 年代，在其发展的近 50 年中，出现过以太网（Ethernet）、令牌环网（Token-Ring）、令牌总线（TokenBus）等多种类型的局域网，其中应用最广泛的是以太网。与广域网（WAN, Wide Area Network）相比，局域网具有以下特点：

（1）局域网覆盖有限的地理范围，可以满足一个办公室、一幢大楼、一个仓库以及一个园区等有限范围内的计算机及各类通信设备的联网需求，通常在 10km 内。

（2）局域网具有数据传输速率高（通常在 10 ~ 100Mb/s 之间）、误码率低（通常在 $10^{-8} \sim 10^{-11}$ 之间）的特点，而且具有较短的延时。

（3）局域网可以使用多种传输介质来连接，包括双绞线、同轴电缆、光缆等。

（4）局域网通常由一个单位自行建立，易于管理和维护。

决定局域网性能的主要技术包括局域网拓扑结构、传输介质和介质访问控制方法。这三种技术在很大程度上决定了传输数据的类型、网络的响应时间、吞吐量和利用率以及网络的应用环境。

7.2.2　局域网介质访问控制方法

由于局域网大多为广播型网络，在广播型局域网中，传输介质是共享的。网中的任何一个节点可以"广播"方式把数据通过共享介质发送出去，传输介质上所有节点都能收听到这个数据信号。由于所有节点都可以通过共享介质发送和接收数据，就有可能出现两个或多个节点同时发送数据、相互干扰的情况，即产生"冲突"现象。这就需要用介质访问控制方法控制多个节点利用公共传输介质发送和接收数据。介质访问控制方法解决应该由哪个节点发送数据，在发送数据时会不会产生冲突，如果产生冲突应该怎么办。

目前被普遍采用并形成国际标准的介质访问控制方法主要有三种。

（1）带有冲突检测的载波侦听多路访问（CSMA/CD）方法

CSMA/CD 适合于总线型局域网，它的工作原理是："先听后发，边听边发，冲突停止，随机延迟后重发"。CSMA/CD 的缺点是发送的延时不确定，当网络负载很重时，冲突会增多，降低网络效率。目前，应用最广的一类总线型局域网——以太网（Ethernet），采用的就是 CSMA/CD。

（2）令牌总线（TokenBus）方法

TokenBus 是在总线型局域网中建立一个逻辑环，环中的每个节点都有上一节点地址（PS）与下一节点地址（NS）。令牌按照环中节点的位置依次循环传递。每一节点必须在它的最大持有时间内发完帧，即使未发完，也只能等待下次持有令牌时再发送。

（3）令牌环（TokenRing）方法

TokenRing 适用于环型局域网，它不同于 TokenBus 的是令牌环网中的节点连接成的是一个物理环结构，而不是逻辑环。环工作正常时，令牌总是沿着物理环中节点的排列顺序依次传递的。当 A 节点要向 D 节点发送数据时，必须等待空闲令牌的到来。A 持有令牌后，传送数据。B、C、D 都会依次收到帧。但只有 D 节点对该数据帧进行复制，同时将此数据帧转发给下一个节点，直到最后又回到源节点 A。

7.2.3　虚拟局域网络（VLAN）

1. 虚拟局域网络概念

VLAN 是英文 Virtual Local Area Network 的缩写，即虚拟局域网。VLAN 是一种将局域网设备从逻辑上划分成若干组，从而实现虚拟工作组的数据交换技术。同一组的设备和用户不受物理网段的限制，可以根据功能、部门及应用等因素将它们组织起来，相互之间的通信就好像在同一个网段中一样，由此叫做虚拟局域网。

2. VLAN 的优点

（1）能够控制广播风暴。在一个 VLAN 内的广播包不会跑到别的 VLAN 上去。通过限制一个 VLAN 上的设备数目，这个 VLAN 上的广播率便可受到控制，避免产生广播风暴。

（2）能够提高网络的整体安全性。在没有路由的情况下，不同虚网间不能相互发送信息，数据可以有效隔离，保证了数据的私有性和安全性。当不同的 VLAN 间要互访信息的时候需要通过三层的交换机，提高了网络的安全系数。

（3）便于网络管理。在实际应用中，可以将物理网络逻辑分段，按照不同地点、不同部门归类，划分为一个虚网，为进行有效的网络管理提供了方便。

（4）有较好的灵活性。可以很方便地将一站点加入某个虚网中或从某个虚网中删除。

3. VLAN 实现原理

局域网（LAN）可以是由少数几台家用计算机构成的网络，也可以是数以百计的计算机构成的企业网络。VLAN 所指的 LAN 特指使用路由器分割的网络——也就是广播域。

如图 7-1 所示的典型网络中，如果 PC1 需要与 PC2 通信，PC1 先广播"ARP 请求

（ARP Request）信息"，来尝试获取 PC2 的 MAC 地址。交换机 S1-1 收到广播帧（ARP 请求）后，会将它转发给除接收端口外的其他所有端口，也就是 Flooding 了。接着，交换机 S1 收到广播帧后也会 Flooding。交换机 S1-2 也还会 Flooding。最终 ARP 请求会被转发到同一区域网络中的所有客户机上。如此一来，一方面广播信息消耗了网络整体的带宽，另一方面，收到广播信息的计算机还要消耗一部分 CPU 时间来对它进行处理，造成了网络带宽和 CPU 运算能力的大量无谓消耗。

如果整个网络只有一个广播域，那么一旦发出广播信息，就会传遍整个网络，并且对网络中的主机带来额外的负担。因此，在设计 LAN 时，需要注意如何才能有效地分割广播域。

分割广播域时，一般使用路由器，可依据路由器上的网络接口（LAN Interface）为单位分割广播域。如图 7-1 所示，路由器将整个网络分割成了 Area1 和 Area2 两个广播域。但是，通常情况下路由器上不会有太多的网络接口。随着宽带连接的普及，宽带路由器（或者叫 IP 共享器）变得较为常见，它们上面虽然带着多个连接 LAN 一侧的网络接口，但实际上相当于路由器内置的交换机，并不能真正分割广播域。使用路由器分割广播域的个数完全取决于路由器的网络接口个数，使得用户无法自由地根据实际需要分割广播域。如果在 Area1 或 Area2 内部利用二层交换机再化分成多个广播域，那么无疑运用上的灵活性会大大提高，且交换机与路由器相比，网络接口要多。用于在二层交换机上分割广播域的技术，就是 VLAN。通过利用 VLAN，我们可以自由设计广播域的构成，提高网络设计的自由度。

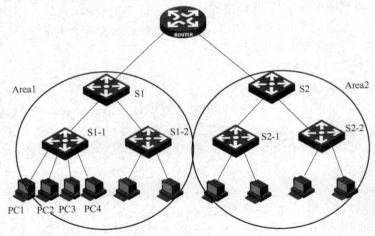

图 7-1　　VLAN 示意图 1

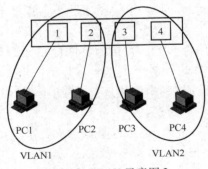

图 7-2　　VLAN 示意图 2

在一台未设置任何 VLAN 的二层交换机上，任何广播帧都会被转发给除接收端口外的所有其他端口（Flooding）。如图 7-2 所示网络，例如在没有划分 VLAN 前，PC1 发送广播信息后，通过连接的交换机端口 1 会被转发给 PC2、PC3、PC4 连接的端口 2、端口 3、端口 4。

这时，如果在交换机上生成两个 VLAN；同时设置端口 1、2 属于 VLAN1、端口 3、4 属于 VLAN2。再从 PC1 发出广播帧的话，交换机就只会把它转发给同属于一个 VLAN 的其他端口——也就是同属于 VLAN1 的端口 2，不会再转发给属于 VLAN2 的端口。同样，PC3 发送广播信息时，只会被转发给其他属于 VLAN2 的端口，不会被转发给属于 VLAN1 的端口。在交换机上设置 VLAN 后，如果未做其他处理，VLAN 间是无法通信的，如 PC1 通过直连交换机只能和 PC2 通信，而无法与 PC3 及 PC4 通信，与 PC3 及 PC4 的通信只能通过上级的 VLAN 间路由。就这样，VLAN 通过限制广播帧转发的范围分割了广播域。

4. 虚拟局域网络（VLAN）的管理方法

在虚拟局域网络的管理过程中，交换机的端口一般分为访问链接（Access Link）和汇聚链接（Trunk Link）两种类型。

访问链接指的是"只属于一个 VLAN，且仅向该 VLAN 转发数据帧"的端口。在大多数情况下，访问链接所连的是客户机。汇聚链接指的是跨越多个交换机的 VLAN 间的互联，汇聚链接所连接的是交换机或路由器。

（1）VLAN 的访问链接

一般设置 VLAN 时要先生成 VLAN，再设定访问链接，即划分各个端口属于哪一个 VLAN。设定访问链接可以是事先固定的，称为"静态 VLAN"，也可以是根据所连的计算机而动态改变设定，称为"动态 VLAN"。

静态 VLAN 又被称为基于端口的 VLAN（Port Based VLAN）。表示明确指定各端口属于哪个 VLAN 的设定方法。如图 7-2 所示，生成 VLAN1 和 VLAN2 后，将交换机的端口 1 和端口 2 静态指派给 VLAN1，将端口 3 和端口 4 静态指派给 VLAN2。

静态 VLAN 需要一个个端口地指定，当网络中的计算机数量比较多时，设定操作就会变得复杂。并且，客户机每次变更所连端口，都必须同时更改该端口所属 VLAN 的设定，因此静态 VLAN 不适合那些需要频繁改变拓扑结构的网络。

动态 VLAN 根据每个端口所连的计算机，随时改变端口所属的 VLAN。这就可以避免上述的更改设定之类的操作。动态 VLAN 一般分为基于 MAC 地址的 VLAN（MAC Based VLAN）、基于子网的 VLAN（Subnet Based VLAN）和基于用户的 VLAN（User Based VLAN）。它们之间的主要差异在于根据 OSI 参照模型哪一层的信息决定端口所属的 VLAN。

基于 MAC 地址的 VLAN，是通过查询并记录端口所连计算机上网卡的 MAC 地址来决定端口的所属。假定有一个 MAC 地址"A"被交换机设定为属于 VLAN10，那么不论 MAC 地址为"A"的这台计算机连在交换机哪个端口，该端口都会被划分到 VLAN10 中去。计算机连在端口 1 时，端口 1 属于 VLAN10；而计算机连在端口 2 时，则是端口 2 属于 VLAN10。由于是基于 MAC 地址决定所属 VLAN 的，因此可以理解为这是一种在 OSI 的第二层设定访问链接的办法。

基于子网的 VLAN，则是通过所连计算机的 IP 地址，来决定端口所属 VLAN 的。与基于 MAC 地址的 VLAN 不同，即使计算机因为交换了网卡或是其他原因导致 MAC 地址改变，只要它的 IP 地址不变，就仍可以加入原先设定的 VLAN。基于子网的 VLAN 与基于 MAC 地址的 VLAN 相比，能够更为简便地改变网络结构。IP 地址是 OSI 参照模型中第三层的信息，所以我们可以理解为基于子网的 VLAN 是一种在 OSI 的第三层设定访问链接的方法。

基于用户的 VLAN，则是根据交换机各端口所连的计算机上当前登录的用户，来决定该端口属于哪个 VLAN。这里的用户识别信息，一般是计算机操作系统登录的用户，比如可以是 Windows 域中使用的用户名。这些用户名信息，属于 OSI 第四层以上的信息。

（2）VLAN 的汇聚链接

在规划网络时，经常会出现属于同一部门的用户分散在不同的地方，连接到不同的交换机上，这时就需要考虑到如何跨越多台交换机设置 VLAN 的问题了。假设有如图 7-3 所示的网络。

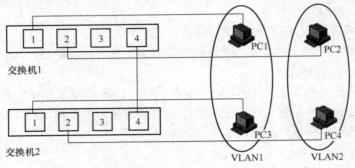

图 7-3   VLAN 示意图 3

PC1 和 PC2 连接到交换机 1 的端口 1 和端口 2，PC3 和 PC4 连接到交换机 2 的端口 1 和端口 2，但 PC1 和 PC3 属于同一个部门，而 PC2 和 PC4 同属于另一个部门，这时就需要把 PC1 和 PC3 划分到同一个 VLAN1 中，把 PC2 和 PC4 划分到另一个 VLAN2 中。

交换机 1 和交换机 2 的连接并不需要为每个 VLAN 单独设置一对接口和一条线路，而仅需一条线路连接，图 7-3 中分别连接两台交换机的端口 4，这样的链接就是汇聚链接（Trunk Link），在汇聚链接端口中允许对应的 VLAN 通过，即可实现不同交换机上同一 VLAN 内的通信。

（3）VLAN 间路由

划分 VLAN 可以隔离广播，不同 VLAN 内的计算机属于不同的广播域，当不同 VLAN 中的计算机需要通信时，其中一台计算机发送广播时，但报文无法到达另一 VLAN，无法解析 MAC 地址，从而收不到彼此的报文，也就无法直接通信。要解决这个问题，需要借助 OSI 参考模型中更高的网络层，利用路由器或三层交换机实现 VLAN 间路由（图 7-4）。

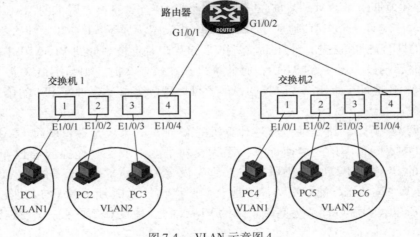

图 7-4   VLAN 示意图 4

如图7-4所示，路由器与交换机1和交换机2的连接也不需要为每个VLAN单独设置一对接口和线路，仅分别需要一条线路连接各个交换机，对应的端口为汇聚链接（Trunk Link）。图中PC2与PC3通信时，因同在一个VLAN2中，可以在交换机1上实现直接通信。PC1与PC2通信时，因分属于不同的VLAN，彼此收不到广播报文，无法在交换机1上实现通信，这时就通过端口4交给上层路由器，通过VLAN间路由，按照"PC1—交换机1的端口1—交换机1的端口4—路由器—交换机1的端口4—交换机1的端口2—PC2"的路线完成通信。同理，交换机1与交换机2内的计算机通信也是通过路由器完成的。

以国产H3C设备为例，按照图7-4的网络结构，在路由器（Router）上创建VLAN1和VLAN2，VLAN1的地址范围为192.168.0.1~192.168.0.128，VLAN 2的地址范围为192.168.0.129~192.168.0.255，指定端口G1/0/1连接交换机1（Switch1）的端口E1/0/4，端口G1/0/2连接交换机2（Switch2）的端口E1/0/4。交换机1（Switch1）的端口E1/0/1属于VLAN1，端口E1/0/2和端口E1/0/3属于VLAN2。交换机2（Switch2）的端口E1/0/1属于VLAN1，端口E1/0/2和端口E1/0/3属于VLAN2。具体配置如下：

路由器：

```
< Router > system-view
[ Router ] vlan 1 to 2
[ Router ] interface vlan 1
[ Router-Vlan-interface1 ] ip address 192.168.0.1 255.255.255.128
[ Router-Vlan-interface1 ] interface vlan 2
[ Router-Vlan-interface2 ] ip address 192.168.0.129 255.255.255.128
[ Router-Vlan-interface2 ] interface G1/0/1
[ Router-GigabitEthernet1/0/1 ] port link-type trunk
[ Router-GigabitEthernet1/0/1 ] port trunk permit vlan 1 to 2
[ Router-GigabitEthernet1/0/1 ] interface G1/0/2
[ Router-GigabitEthernet1/0/2 ] port link-type trunk
[ Router-GigabitEthernet1/0/2 ] port trunk permit vlan 1 to 2
```

交换机1：

```
< Switch1 > system-view
[ Switch1 ] vlan 1 to 2
[ Switch1 ] interface E1/0/4
[ Switch1-Ethernet1/0/4 ] port link-type trunk
[ Switch1-Ethernet1/0/4 ] port trunk permit vlan 1 to 2
[ Switch1-Ethernet1/0/4 ] interface E1/0/1
[ Switch1-Ethernet1/0/1 ] port link-type access
[ Switch1-Ethernet1/0/1 ] port access vlan 1
[ Switch1-Ethernet1/0/1 ] interface E1/0/2
[ Switch1-Ethernet1/0/2 ] port link-type access
[ Switch1-Ethernet1/0/2 ] port access vlan 1
[ Switch1-Ethernet1/0/2 ] interface E1/0/3
```

［Switch1-Ethernet1/0/3］port link-type access

［Switch1-Ethernet1/0/3］port access vlan 2

交换机 2：

＜Switch2＞system-view

［Switch2］vlan 1 to 2

［Switch2］interface E1/0/4

［Switch2-Ethernet1/0/4］port link-type trunk

［Switch2-Ethernet1/0/4］port trunk permit vlan 1 to 2

［Switch2-Ethernet1/0/4］interface E1/0/1

［Switch2-Ethernet1/0/1］port link-type access

［Switch2-Ethernet1/0/1］port access vlan 1

［Switch2-Ethernet1/0/1］interface E1/0/2

［Switch2-Ethernet1/0/2］port link-type access

［Switch2-Ethernet1/0/2］port access vlan 1

［Switch2-Ethernet1/0/2］interface E1/0/3

［Switch2-Ethernet1/0/3］port link-type access

［Switch2-Ethernet1/0/3］port access vlan 2

7.3　路由技术与系统集成

7.3.1　路由器概述

路由器是一种连接多个网络或网段的网络设备，工作在网络层，在不同的网络间存储并转发分组，根据信息包的地址将信息包发送到目的地，必要时进行网络层上的协议转换，从而构成一个更大的网络。路由器之所以能在不同网络之间起到"翻译"的作用，是因为它不再是一个纯硬件设备，而是具有相当丰富路由协议的软、硬结构设备，如 RIP 协议、OSPF 协议、EIGRP、IPv6 协议等。这些路由协议就是用来实现不同网段或网络之间的相互"理解"。

在局域网接入广域网的众多方式中，通过路由器接入互联网是最为普遍的方式。使用路由器互联网络的最大优点是：各互联子网仍保持各自独立，每个子网可以采用不同的拓扑结构、传输介质和网络协议，网络结构层次分明，还有的路由器具有 VLAN 管理功能。通过路由器与互联网相连，则可完全屏蔽公司内部网络，起到一个防火墙的作用，因此使用路由器上网还可确保内部网的安全。

7.3.2　路由器的主要功能

路由器的主要功能就是"路由"的作用，通俗地讲就是"向导"作用，主要用来为数据包转发指明一个方向的作用。路由器的"路由"功能可以分为如以下几个方面：

（1）在网际间接收节点发来的数据包，然后根据数据包中的源地址和目的地址，对照自己缓存中的路由表，把数据包直接转发到目的节点，这是路由器的最主要也是最基本的路由作用。

（2）为网际间通信选择最合理的路由，这个功能其实是上述路由功能的一个扩展功能。

如果有几个网络通过各自的路由器连在一起，一个网络中的用户要向另一个网络的用户发出访问请求的话，路由器就会分析发出请求的源地址和接收请求的目的节点地址中的网络 ID 号，找出一条最佳的、最经济、最快捷的一条通信路径。

（3）拆分和包装数据包，这个功能也是路由功能的附属功能。因为有时在数据包转发过程中，由于网络带宽等因素，数据包过大的话，很容易造成网络堵塞，这时路由器就要把大的数据包根据对方网络带宽的状况拆分成小的数据包，到了目的网络的路由器后，目的网络的路由器就会再把拆分的数据包装成一个原来大小的数据包，再根据源网络路由器的转发信息获取目的节点的 MAC 地址，发给本地网络的节点。

（4）不同协议网络之间的连接。目前多数中、高档的路由器往往具有多通信协议支持的功能，这样就可以起到连接两个不同通信协议网络的作用。如常用 Windows 操作平台所使用的通信协议主要是 TCP/IP 协议，但是如果是 NetWare 系统，则所采用的通信协议主要是 IPX/SPX 协议，还有一些特殊协议网段，这些都需要靠支持这些协议的路由器来连接。

（5）防火墙功能。目前许多路由器都具有防火墙功能，它能够起到基本的防火墙功能，也就是它能够屏蔽内部网络的 IP 地址，自由设定 IP 地址、通信端口过滤，使网络更加安全。

7.3.3　路由器和交换机的区别

路由器主要克服了交换机不能路由转发数据包的不足。但路由器与交换机并不是完全独立的两种设备，有区别也有一定联系，后期的三层交换机具备一定的路由功能。通常所讲的交换机一般指二层交换机，路由器与交换机的主要区别体现在以下几个方面：

（1）工作层次不同。最初的交换机是工作在 OSI/RM 开放体系结构的数据链路层，也就是第二层，而路由器一开始就设计工作在 OSI 模型的网络层。由于交换机工作在 OSI 的第二层（数据链路层），所以它的工作原理比较简单，而路由器工作在 OSI 的第三层（网络层），可以得到更多的协议信息，路由器可以做出更加智能的转发决策。

（2）数据转发所依据的对象不同。交换机是利用物理地址或者说 MAC 地址来确定转发数据的目的地址。而路由器则是利用不同网络的 ID 号（即 IP 地址）来确定数据转发的地址。IP 地址是在软件中实现的，描述的是设备所在的网络，有时这些第三层的地址也称为协议地址或者网络地址。MAC 地址通常是硬件自带的，由网卡生产商来分配的，而且已经固化到了网卡中去，一般来说是不可更改的。而 IP 地址则通常由网络管理员或系统自动分配。

（3）传统的交换机只能分割冲突域，不能分割广播域；而路由器可以分割广播域。由交换机连接的网段仍属于同一个广播域，广播数据包会在交换机连接的所有网段上传播，在某些情况下会导致通信拥挤和安全漏洞。连接到路由器上的网段会被分配成不同的广播域，广播数据不会穿过路由器。虽然第三层以上交换机具有 VLAN 功能，也可以分割广播域，但是各子广播域之间是不能通信交流的，它们之间的交流仍然需要路由器。

（4）路由器提供了防火墙的服务，它仅仅转发特定地址的数据包，不传送不支持路由协议的数据包传送和未知目标网络数据包的传送，从而可以防止广播风暴。

7.3.4　路由器的工作原理

路由器是用来连接不同网段或网络的。路由器识别不同网络的方法是通过识别不同网络的网络 ID 号进行的，所以为了保证路由成功，每个网络都必须有一个唯一的网络编号。路由器要识别另一个网络，首先要识别的就是对方网络的路由器 IP 地址的网络 ID，看是不是与目的节点地址中的网络 ID 号相一致。如果是则向这个网络的路由器发送，接收网络的路由器在接收到源网络发来的报文后，根据报文中所包括的目的节点 IP 地址中的主机 ID 号来识别是发给哪一个节点的，然后再直接发送。

在如图 7-5 所示的简单网络中，用路由器连接两个不同的网段。假设其中一个网段网络 ID 号为"A"，在同一网段中有 4 台终端设备连接在一起，这个网段的每个设备的 IP 地址分别假设为：A1、A2、A3 和 A4，路由器连接 A 网段的端口 IP 地址为 A5。路由器连接另一网段为 B 网段，这个网段的网络 ID 号为"B"，连接在 B 网段的另几台工作站设备的 IP 地址假设为：B1、B2、B3、B4，连接与 B 网段的路由器端口的 IP 地址设为 B5。

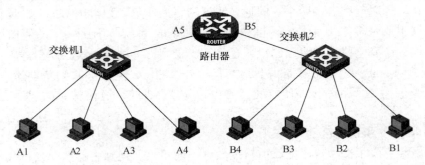

图 7-5　路由器连接两个网段示意图

现如果 A 网段中的 A1 用户想发送一个数据给 B 网段的 B2 用户。首先 A1 用户把所发送的数据及发送报文准备好，以数据帧的形式通过集线器或交换机广播发给同一网段的所有节点（集线器都是采取广播方式，而交换机因为不能识别这个地址，也采取广播方式），路由器在侦听到 A1 发送的数据帧后，分析目的节点的 IP 地址信息（路由器在得到数据包后总是要先进行分析）。得知不是本网段的，就把数据帧接收下来，进一步根据其路由表分析得知接收节点的网络 ID 号与 B5 端口的网络 ID 号相同，这时路由器的 A5 端口就直接把数据帧发给路由器 B5 端口。B5 端口再根据数据帧中的目的节点 IP 地址信息中的主机 ID 号来确定最终目的节点为 B2，然后再发送数据到节点 B2。这样一个完整的数据帧的路由转发过程就完成了，数据也正确、顺利地到达目的节点。

再看如图 7-6 所示，A、B、C、D 四个网络通过路由器连接在一起时，路由器又是如何发挥其路由、数据转发作用的？

现假设网络 A 中一个用户 A1 要向 C 网络中的 C3 用户发送一个请求信号时，信号传递的步骤如下：

第 1 步：用户 A1 将目的用户 C3 的地址 C3，连同数据信息以数据帧的形式通过集线器或交换机以广播的形式发送给同一网络中的所有节点，当路由器 A5 端口侦听到这个地址后，分析得知所发目的节点不是本网段的，需要路由转发，就把数据帧接收下来。

第 2 步：路由器 A5 端口接收到用户 A1 的数据帧后，先从报头中取出目的用户 C3 的 IP 地址，并根据路由表计算出发往用户 C3 的最佳路径。因为从分析得知到 C3 的网络 ID 号与路由器的 C5 网络 ID 号相同，所以由路由器的 A5 端口直接发向路由器的 C5 端口应是信号传递的最佳途经。

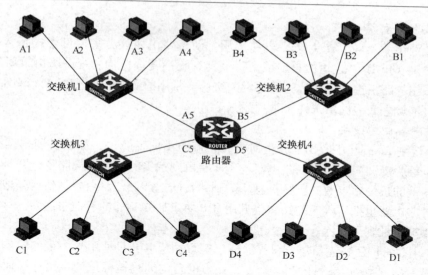

图 7-6　路由器连接四个网段示意图

第 3 步：路由器的 C5 端口再次取出目的用户 C3 的 IP 地址，找出 C3 的 IP 地址中的主机 ID 号，如果在网络中有交换机则可先发给交换机，由交换机根据 MAC 地址表找出具体的网络节点位置；如果没有交换机设备则根据其 IP 地址中的主机 ID 直接把数据帧发送给用户 C3，这样一个完整的数据通信转发过程也完成了。

从上面可以看出，不管网络有多么复杂，路由器其实所做的工作就是这么几步，所以整个路由器的工作原理都差不多。当然在实际的网络中还远比图 7-6 所示的要复杂许多，实际的步骤也不会像上述那么简单，但总的过程是这样的。

7.3.5　主要路由协议

路由协议是路由器软件中重要的组成部分。路由器的路由功能就是通过这些路由协议来实现的，路由协议的作用是用来建立以及维护路由表。路由表记录一些转发数据到已知目的节点的最佳路径，根据路由表只需直接按路径转发数据包即可，可大大提高数据转发的速度和效率。

典型的路由选择方式有两种：静态路由和动态路由。静态路由是在路由器中设置的固定的路由表，除非网络管理员干预，否则静态路由不会发生变化。由于静态路由不能对网络的改变作出反应，一般用于网络规模不大、拓扑结构固定的网络中。静态路由的优点是简单、高效、可靠。在所有的路由中，静态路由优先级最高。当动态路由与静态路由发生冲突时，以静态路由为准。而动态路由是网络中的路由器之间相互通信，传递路由信息，利用收到的路由信息更新路由器表的过程，能实时地适应网络结构的变化。如果路由更新信息表明发生了网络变化，路由选择软件就会重新计算路由，并发出新的路由更新信息。这些信息通过各个网络，引起各路由器重新启动其路由算法，并更新各自的路由表以动态地反映网络拓扑变化。动态路由适用于网络规模大、网络拓扑复杂的网络。当然，各种动态路由协议会不同程度地占用网络带宽和 CPU 资源。

静态路由和动态路由有各自的特点和适用范围，因此在网络中动态路由通常作为静态路由的补充。当一个分组在路由器中进行寻径时，路由器首先查找静态路由，如果查到则根据相应的静态路由转发分组，否则再查找动态路由。

1. 路由协议种类

根据是否在一个自治域（AS）内部使用，动态路由协议分为内部网关协议（IGP）和外部网关协议（EGP）。这里的自治域指一个具有统一管理机构、统一路由策略的网络。自治域内部采用的路由选择协议称为内部网关协议，常用的有 RIP、OSPF；外部网关协议主要用于多个自治域之间的路由选择，常用的是 BGP 和 BGP-4。

（1）RIP 路由协议

RIP 协议是 Internet 中常用的路由协议，采用距离向量算法，即路由器根据距离选择路由，所以也称为距离向量协议。路由器收集所有可到达目的地的不同路径，并且保存有关到达每个目的地的最少站点数的路径信息，除到达目的地的最佳路径外，任何其他信息均予以丢弃。同时路由器也把所收集的路由信息用 RIP 协议通知相邻的其他路由器。这样，正确的路由信息逐渐扩散到了全网。

RIP 使用非常广泛，它简单、可靠，便于配置，但 RIP 只适用于小型的同构网络，因为它允许的最大站点数为 15，任何超过 15 个站点的目的地均被标记为不可达。而且 RIP 每隔 30s 一次的路由信息广播也是造成网络的广播风暴的重要原因之一。

（2）OSPF 路由协议

OSPF 是一种基于链路状态的路由协议，需要每个路由器向其同一管理域的所有其他路由器发送链路状态广播信息。在 OSPF 的链路状态广播中包括所有接口信息、所有的量度和其他一些变量。利用 OSPF 的路由器首先必须收集有关的链路状态信息，并根据一定的算法计算出到每个节点的最短路径。而基于距离向量的路由协议仅向其邻接路由器发送有关路由更新信息。与 RIP 不同，OSPF 将一个自治域再划分为区，相应地即有两种类型的路由选择方式：当源和目的地在同一区时，采用区内路由选择；当源和目的地在不同区时，则采用区间路由选择。这就大大减少了网络开销，并增加了网络的稳定性。当一个区内的路由器出了故障时并不影响自治域内其他区路由器的正常工作，这也给网络的管理、维护带来方便。

（3）BGP 和 BGP-4 路由协议

BGP 是为 TCP/IP 互联网设计的外部网关协议，用于多个自治域之间。它既不是基于纯粹的链路状态算法，也不是基于纯粹的距离向量算法。它的主要功能是与其他自治域的 BGP 交换网络可达信息。各个自治域可以运行不同的内部网关协议。BGP 更新信息包括网络号/自治域路径的成对信息。自治域路径包括到达某个特定网络须经过的自治域串，这些更新信息通过 TCP 传送出去，以保证传输的可靠性。为了满足 Internet 日益扩大的需要，BGP 还在不断地发展。在最新的 BGP-4 中，还可以将相似路由合并为一条路由。

2. 路由算法

路由算法在路由协议中起着至关重要的作用，采用何种算法往往决定了最终的寻径结果，因此选择路由算法一定要仔细。通常需要综合考虑以下几个设计目标：

（1）最优化：指路由算法选择最佳路径的能力。

（2）简洁性：算法设计简洁，利用最少的软件和开销，提供最有效的功能。

（3）坚固性：路由算法处于非正常或不可预料的环境时，如硬件故障、负载过高或操作失误时，都能正确运行。由于路由器分布在网络联接点上，所以在它们出故障时会产生严重后果。最好的路由器算法通常能经受时间的考验，并在各种网络环境下被证实是可靠的。

（4）快速收敛：收敛是在最佳路径的判断上所有路由器达到一致的过程。当某个网络事件引起路由可用或不可用时，路由器就发出更新信息。路由更新信息遍及整个网络，引发重新计算最佳路径，最终达到所有路由器一致公认的最佳路径。收敛慢的路由算法会造成路径循环或网络中断。

（5）灵活性：路由算法可以快速、准确地适应各种网络环境。例如，某个网段发生故障，路由算法要能很快发现故障，并为使用该网段的所有路由选择另一条最佳路径。

7.3.6　典型的路由配置

近些年国产设备发展迅速，并且具有较高的性价比。越来越多的单位在网络建设中将国产设备列为首选。以下案例均以国产 H3C 设备为例。

1. 静态路由典型配置

（1）静态路由和缺省路由

静态路由是一种特殊的路由，由管理员手工配置。在组网结构比较简单的网络中，只需配置静态路由就可以实现网络互通。恰当地设置和使用静态路由可以改善网络的性能，并可为重要的网络应用保证带宽。

静态路由的缺点在于：不能自动适应网络拓扑结构的变化，当网络发生故障或者拓扑发生变化后，可能会出现路由不可达，导致网络中断，此时必须由网络管理员手工修改静态路由的配置。

缺省路由是在路由器没有找到匹配的路由表入口项时才使用的路由。如果报文的目的地址不能与路由表的任何入口项相匹配，那么该报文将选取缺省路由；如果没有缺省路由且报文的目的地不在路由表中，那么该报文将被丢弃，将向源端返回一个 ICMP 报文报告该目的地址或网络不可达。

缺省路由可以通过静态路由配置，以到网络 0.0.0.0（掩码也为 0.0.0.0）的形式在路由表中出现，也可以由某些动态路由协议生成，如 OSPF、IS-IS 和 RIP。

（2）组网图（图 7-7）

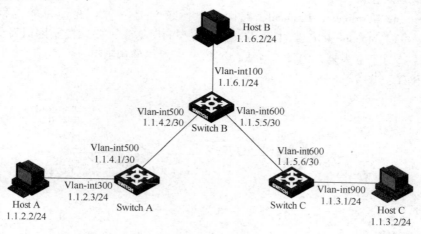

图 7-7　静态路由配置组网图

（3）应用要求

路由器各接口及主机的 IP 地址和掩码如图 7-7 所示。要求采用静态路由，使图中任意两台主机之间都能互通。

（4）配置过程

在 Switch A 上配置缺省路由。

＜SwitchA＞ system-view

［SwitchA］ip route-static0. 0. 0. 0 0. 0. 0. 0 1. 1. 4. 2

在 Switch B 上配置两条静态路由。

＜SwitchB＞ system-view

［SwitchB］ip route-static 1. 1. 2. 0 255. 255. 255. 0 1. 1. 4. 1

［SwitchB］ip route-static 1. 1. 3. 0 255. 255. 255. 0 1. 1. 5. 6

在 Switch C 上配置缺省路由。

＜SwitchC＞ system-view

［SwitchC］ip route-static 0. 0. 0. 0 0. 0. 0. 0 1. 1. 5. 5

配置 Host A 的缺省网关为 1. 1. 2. 3，Host B 的缺省网关为 1. 1. 6. 1，Host C 的缺省网关为 1. 1. 3. 1，具体配置过程略。

（5）注意事项

在配置静态路由时，不要直接指定广播类型接口作出接口（如 VLAN 接口等）。因为广播类型的接口，会导致出现多个下一跳，无法唯一确定下一跳。在某些特殊应用中，如果必须配置广播接口（如 VLAN 接口等）为出接口，则必须同时指定其对应的下一跳地址。

对于不同的静态路由，可以为它们配置不同的优先级，从而更灵活地应用路由管理策略。例如：配置到达相同目的地的多条路由，如果指定相同优先级，则可实现负载分担，如果指定不同优先级，则可实现路由备份。

在配置静态路由时，如果先指定下一跳地址，然后将该地址配置为本地接口（如 VLAN 接口等）的 IP 地址，静态路由不会生效。

2. RIP 版本典型配置

RIP（Routing Information Protocol，路由信息协议）是一种较为简单的内部网关协议（Interior Gateway Protocol，IGP），主要用于规模较小的网络中，比如校园网以及结构较简单的地区性网络。对于更为复杂的环境和大型网络，一般不使用 RIP。

（1）组网图（图 7-8）

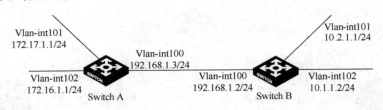

图 7-8　配置 RIP 版本

（2）应用要求

如图 7-8 所示，要求在 Switch A 和 Switch B 的所有接口上使用 RIP，并使用 RIP-2 进行网络互连。

（3）配置过程

配置 Switch A。

＜SwitchA＞ system-view

［SwitchA］rip

［SwitchA-rip-1］network 192. 168. 1. 0

［SwitchA-rip-1］network 172. 16. 0. 0

［SwitchA-rip-1］network 172. 17. 0. 0

［SwitchA-rip-1］quit

配置 Switch B。

＜SwitchB＞ system-view

［SwitchB］rip

［SwitchB-rip-1］network 192. 168. 1. 0

［SwitchB-rip-1］network 10. 0. 0. 0

［SwitchB-rip-1］quit

查看 Switch A 的 RIP 路由表。

［SwitchA］display rip 1 route

Route Flags：R-RIP, T-TRIP

               P-Permanent，A-Aging，S-Suppressed，G-Garbage-collect

----

Peer 192. 168. 1. 2　 on Vlan-interface100

Destination/Mask	Nexthop	Cost	Tag	Flags	Sec
10. 0. 0. 0/8	192. 168. 1. 2	1	0	RA	11

从路由表中可以看出，RIP-1 发布的路由信息使用的是自然掩码。

在 Switch A 上配置 RIP-2。

［SwitchA］rip

［SwitchA-rip-1］version 2

［SwitchA-rip-1］undo summary

在 Switch B 上配置 RIP-2。

［SwitchB］rip

［SwitchB-rip-1］version 2

［SwitchB-rip-1］undo summary

查看 Switch A 的 RIP 路由表。

［SwitchA］display rip 1 route

Route Flags：R-RIP, T-TRIP

               P-Permanent，A-Aging，S-Suppressed，G-Garbage-collect

----

Peer 192. 168. 1. 2　 on Vlan-interface100

Destination/Mask	Nexthop	Cost	Tag	Flags	Sec
10. 2. 1. 0/24	192. 168. 1. 2	1	0	RA	16
10. 1. 1. 0/24	192. 168. 1. 2	1	0	RA	16

从路由表中可以看出，RIP-2 发布的路由中带有更为精确的子网掩码信息。

3. OSPF 基本功能典型配置

OSPF（Open Shortest Path First，开放最短路径优先）是 IETF 组织开发的一个基于链路状态的内部网关协议。目前针对 IPv4 协议使用的是 OSPF Version 2（RFC 2328）。

（1）组网图（图 7-9）

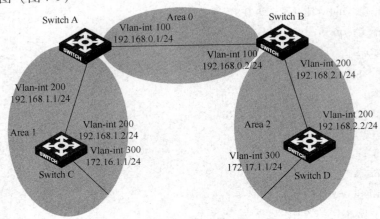

图 7-9　OSPF 基本配置组网图

（2）应用要求

所有的交换机都运行 OSPF，并将整个自治系统划分为 3 个区域。其中 Switch A 和 Switch B 作为 ABR 来转发区域之间的路由。配置完成后，每台交换机都应学到 AS 内的到所有网段的路由。

（3）配置过程

配置 Switch A。

```
< SwitchA > system-view
[SwitchA] ospf
[SwitchA-ospf-1] area 0
[SwitchA-ospf-1-area-0. 0. 0. 0] network 192. 168. 0. 0 0. 0. 0. 255
[SwitchA-ospf-1-area-0. 0. 0. 0] quit
[SwitchA-ospf-1] area 1
[SwitchA-ospf-1-area-0. 0. 0. 1] network 192. 168. 1. 0 0. 0. 0. 255
[SwitchA-ospf-1-area-0. 0. 0. 1] quit
[SwitchA-ospf-1] quit
```

配置 Switch B。

```
< SwitchB > system-view
[SwitchB] ospf
[SwitchB-ospf-1] area 0
[SwitchB-ospf-1-area-0. 0. 0. 0] network 192. 168. 0. 0 0. 0. 0. 255
[SwitchB-ospf-1-area-0. 0. 0. 0] quit
[SwitchB-ospf-1] area 2
[SwitchB-ospf-1-area-0. 0. 0. 2] network 192. 168. 2. 0 0. 0. 0. 255
```

　　〔SwitchB-ospf-1-area-0. 0. 0. 2〕quit

　　〔SwitchB-ospf-1〕quit

配置 Switch C。

　　＜SwitchC＞ system-view

　　〔SwitchC〕ospf

　　〔SwitchC-ospf-1〕area 1

　　〔SwitchC-ospf-1-area-0. 0. 0. 1〕network 192. 168. 1. 0 0. 0. 0. 255

　　〔SwitchC-ospf-1-area-0. 0. 0. 1〕network 172. 16. 1. 0 0. 0. 0. 255

　　〔SwitchC-ospf-1-area-0. 0. 0. 1〕quit

　　〔SwitchC-ospf-1〕quit

配置 Switch D。

　　＜SwitchD＞ system-view

　　〔SwitchD〕ospf

　　〔SwitchD-ospf-1〕area 2

　　〔SwitchD-ospf-1-area-0. 0. 0. 2〕network 192. 168. 2. 0 0. 0. 0. 255

　　〔SwitchD-ospf-1-area-0. 0. 0. 2〕network 172. 17. 1. 0 0. 0. 0. 255

　　〔SwitchD-ospf-1-area-0. 0. 0. 2〕quit

　　〔SwitchD-ospf-1〕quit

　　检验配置结果。

查看 Switch A 的 OSPF 邻居。

　　〔SwitchA〕display ospf peer verbose

显示 Switch A 的 OSPF 路由信息。

　　〔SwitchA〕display ospf routing

显示 Switch A 的 LSDB。

　　〔SwitchA〕display ospf lsdb

查看 Switch D 的路由表。

　　〔SwitchD〕display ospf routing

使用 Ping 进行测试连通性。

　　〔SwitchD〕ping 172. 16. 1. 1

　　4. BGP 基本功能典型配置

　　BGP（Border Gateway Protocol，边界网关协议）是一种用于 AS（Autonomous System，自治系统）之间的动态路由协议。AS 是拥有同一选路策略，在同一技术管理部门下运行的一组路由器。

　　（1）组网图

　　BGP 组网配置如图 7-10 所示。

　　（2）应用要求

　　在图 7-10 中，所有交换机均运行 BGP 协议，Switch A 和 Switch B 之间建立 EBGP 连接，Switch B、Switch C 和 Switch D 之间建立 IBGP 全连接。

　　（3）配置过程

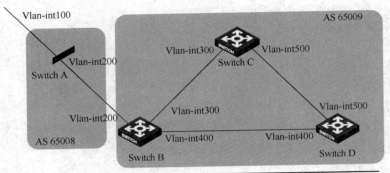

设备	接口	IP地址	设备	接口	IP 地址
Switch A	Vlan-int100	8.1.1.1/8	Switch C	Vlan-int500	9.1.2.1/24
	Vlan-int200	200.1.1.2/24		Vlan-int300	9.1.3.2/24
Switch B	Vlan-int400	9.1.1.1/24	Switch D	Vlan-int400	9.1.1.2/24
	Vlan-int200	200.1.1.1/24		Vlan-int500	9.1.2.2/24
	Vlan-int300	9.1.3.1/24			

图 7-10 BGP 基本配置组网图

配置 IBGP 连接。

配置 Switch B，启动 BGP，并设置其 Router ID 为 2.2.2.2。

< SwitchB > system-view

［SwitchB］bgp 65009

［SwitchB-bgp］router-id 2.2.2.2

［SwitchB-bgp］peer 9.1.1.2 as-number 65009

［SwitchB-bgp］peer 9.1.3.2 as-number 65009

［SwitchB-bgp］quit

配置 Switch C，启动 BGP，并设置其 Router ID 为 3.3.3.3。

< SwitchC > system-view

［SwitchC］bgp 65009

［SwitchC-bgp］router-id 3.3.3.3

［SwitchC-bgp］peer 9.1.3.1 as-number 65009

［SwitchC-bgp］peer 9.1.2.2 as-number 65009

［SwitchC-bgp］quit

配置 Switch D，启动 BGP，并设置其 Router ID 为 4.4.4.4。

< SwitchD > system-view

［SwitchD］bgp 65009

［SwitchD-bgp］router-id 4.4.4.4

［SwitchD-bgp］peer 9.1.1.1 as-number 65009

［SwitchD-bgp］peer 9.1.2.1 as-number 65009

［SwitchD-bgp］quit

配置 EBGP 连接。

配置 Switch A，启动 BGP，并设置其 Router ID 为 1.1.1.1。

＜SwitchA＞ system-view

［SwitchA］bgp 65008

［SwitchA-bgp］router-id 1.1.1.1

［SwitchA-bgp］peer 200.1.1.1 as-number 65009

将 8.0.0.0/8 网段路由通告到 BGP 路由表中。

［SwitchA-bgp］network 8.0.0.0

［SwitchA-bgp］quit

配置 Switch B。

［SwitchB］bgp 65009

［SwitchB-bgp］peer 200.1.1.2 as-number 65008

［SwitchB-bgp］quit

查看 Switch B 的 BGP 对等体的连接状态。

［SwitchB］display bgp peer

查看 Switch A 路由表信息。

［SwitchA］display bgp routing-table

查看 Switch B 的路由表。

［SwitchB］display bgp routing-table

查看 Switch C 的路由表。

［SwitchC］display bgp routing-table

配置 BGP 引入直连路由。

配置 Switch B。

［SwitchB］bgp 65009

［SwitchB-bgp］import-route direct

显示 Switch A 的 BGP 路由表。

［SwitchA］display bgp routing-table

显示 Switch C 的路由表。

［SwitchC］display bgp routing-table

使用 Ping 进行验证。

［SwitchC］ping 8.1.1.1

（4）注意事项

一台路由器如果要运行 BGP 协议，则必须存在 Router ID。Router ID 是一个 32 比特无符号整数，是一台路由器在自治系统中的唯一标识。

如果对等体和对等体组都对某个选项做了配置，配置以最后一次的修改为准。

由于 BGP 使用 TCP 连接，所以在配置 BGP 时需要指定对等体的 IP 地址。BGP 对等体不一定就是相邻的路由器，利用逻辑链路也可以建立 BGP 对等体关系。有时为了增强 BGP 连接的稳定性，通常使用 Loopback 接口地址建立连接。

当两个设备之间建立多条 BGP 连接时，如果没有明确指定建立 TCP 连接的源接口，可能会由于无法根据到达 BGP 对等体的最优路由确定 TCP 连接源接口从而导致无法建立 TCP 连接，因此建议用户在此情况下配置 BGP 对等体时明确配置 BGP 会话建立 TCP 连接的源接口为指定接口。

通常情况下，EBGP 对等体之间必须具有直连的物理链路，如果不满足这一要求，则必须使用 peer ebgp-max-hop 命令允许它们之间经过多跳建立 TCP 连接。但是，对于直连 EBGP 使用 LoopBack 接口建立邻居关系，不需要 peer ebgp-max-hop 命令的配置。

创建 IBGP 对等体组不需要指定 AS 号。

如果对等体组中已经存在对等体，则不能改变该对等体组的 AS 号，也不能使用 undo 命令删除已指定的自治系统号。

在混合 EBGP 对等体组中，需要单独指定各对等体的 AS 号。

7.4 服务器技术与系统集成

7.4.1 服务器概述

服务器作为网络的节点，存储、处理网络上 80% 的数据、信息，因此也被称为网络的灵魂。服务器是网络环境中的高性能计算机，它侦听网络上其他计算机（客户机）提交的服务请求，并提供相应的服务。为此，服务器必须具有承担服务并且保障服务质量的能力。

服务器主要的硬件构成包含如下几个主要部分：中央处理器、内存、芯片组、I/O 总线、I/O 设备、电源、机箱等。这也成了我们选购一台服务器时所主要关注的指标。

7.4.2 服务器 CPU

服务器 CPU，顾名思义，就是在服务器上使用的 CPU（Center Process Unit 中央处理器）。服务器是网络中的重要设备，要接受少至几十人、多至成千上万人的访问，因此对服务器具有大数据量的快速吞吐、超强的稳定性、长时间运行等严格要求。所以说 CPU 是计算机的"大脑"，是衡量服务器性能的首要指标。

目前，服务器的 CPU 仍按 CPU 的指令系统来区分，通常分为 CISC 型 CPU 和 RISC 型 CPU 两类，后来又出现了一种 64 位的 VLIM（Very Long Instruction Word 超长指令集架构）指令系统的 CPU。

1. CPU 的技术指标

（1）处理器主频

主频，就是 CPU 的时钟频率，单位是赫兹（Hz）。它决定计算机的运行速度，随着计算机的发展，主频由过去 MHz 发展到了现在的 GHz（1G = 1024M）。通常来讲，在同系列微处理器，主频越高就代表计算机的速度也越快，但对于不同类型的处理器，它就只能作为一个参数来作参考。另外 CPU 的运算速度还要看 CPU 的流水线的各方面的性能指标。由于主频并不直接代表运算速度，所以在一定情况下，很可能会出现主频较高的 CPU 实际运算速度较低的现象。因此主频仅仅是 CPU 性能表现的一个方面，而不代表 CPU 的整体性能。

与处理器主频密切相关的还有另外两个指标：倍频与外频，外频是 CPU 的基准频率，单位也是 MHz。外频是 CPU 与主板之间同步运行的速度，而且目前的绝大部分电脑系统中外频也是内存与主板之间的同步运行的速度，在这种方式下，可以理解为 CPU 的外频直接与内存相连通，实现两者间的同步运行状态；倍频即主频与外频之比的倍数。主频、外频、倍频，其关系式：主频 = 外频 × 倍频。现在的厂商基本上都已经把倍频锁死，要超频只有从外频下手，通过倍频与外频的搭配来对主板的跳线或在 BIOS 中设置软超频，从而达到计算机总体性能的部分提升。所以在购买的时候要尽量注意 CPU 的外频。

（2）处理器缓存

缓存（Cache）大小是 CPU 的重要指标之一，其结构与大小对 CPU 速度的影响非常大。简单地讲，缓存就是用来存储一些常用或即将用到的数据或指令，当需要这些数据或指令的时候直接从缓存中读取，这样比到内存甚至硬盘中读取要快得多，能够大幅度提升 CPU 的处理速度。

所谓处理器缓存，通常指的是二级高速缓存，或外部高速缓存，即高速缓冲存储器，是位于 CPU 和主存储器之间的规模较小的但速度很高的存储器，通常由 SRAM（静态随机存储器）组成。用来存放那些被 CPU 频繁使用的数据，以便使 CPU 不必依赖于速度较慢的 DRAM（动态随机存储器）。SRAM 采用了与制作 CPU 相同的半导体工艺，因此与动态存储器 DRAM 比较，SRAM 的存取速度快，但体积较大，价格很高。

（3）处理器内核

核心（Die）又称为内核，是 CPU 最重要的组成部分。CPU 中心那块隆起的芯片就是核心，是由单晶硅以一定的生产工艺制造出来的，CPU 所有的计算、接受/存储命令、处理数据都由核心执行。各种 CPU 核心都具有固定的逻辑结构，一级缓存、二级缓存、执行单元、指令级单元和总线接口等逻辑单元都会有科学的布局。

2．CPU 数量

（1）标配处理器数量

标配处理器数量是指服务器在出厂时随机有多少个处理器（CPU），一般来讲，现在服务器出厂时都至少会带一颗 CPU，有的会有 2 颗、4 颗或甚至更多。当然，标准配置 CPU 数量越多，价格一般也就会越高。

入门级服务器通常只使用一到两颗 CPU，主要是针对基于 Windows NT、NetWare 等网络操作系统的用户，可以满足办公室型的中小型网络用户的文件共享、打印服务、数据处理、Internet 接入及简单数据库应用的需求，也可以在小范围内完成诸如 E-mail、Proxy、DNS 等服务。

工作组级服务器一般支持 1 至 2 个 Xeon 处理器或单颗 P4（奔腾 4）处理器，可支持大容量的 ECC（一种内存技术，多用于服务器内存）内存，功能全面，可管理性强、且易于维护，适用于为中小企业提供 Web、Mail 等服务。

部门级服务器通常可以支持 2 至 4 个 PIII Xeon（至强）处理器，具有较高的可靠性、可用性、可扩展性和可管理性。部门级服务器是企业网络中分散的各基层数据采集单位与最高层数据中心保持顺利连通的必要环节。适合中型企业（如金融、邮电等行业）作为数据中心、Web 站点等应用。

企业级服务器属于高档服务器，通常普遍可支持 4 至 8 个 PIII Xeon（至强）或 P4 Xeon（至强）处理器，拥有独立的双 PCI 通道和内存扩展板设计，具有高内存带宽，大容量热插拔硬盘和热插拔电源，具有超强的数据处理能力。企业级服务器主要适用于需要处理大量数据、高处理速度和对可靠性要求极高的大型企业和重要行业（如金融、证券、交通、邮电、通信等行业），可用于提供 ERP（企业资源配置）、电子商务、OA（办公～自动化）等服务。

（2）最大处理器数量

最大处理器数量是指服务器的主板最多能支持多少个处理器（CPU）。

对于一台普通 PC（个人电脑）来讲，它的主板有多少个 CPU 插座，那么这台 PC 最大就能支持多少个 CPU。但对于服务器来说就不完全是这种情况，现在的中高端服务器的主板一般都可以安插 CPU 扩展板，这样的服务器最大支持 CPU 数量就取决于扩展板和主板的双方面因素。总之，扩展性能越强，服务器的总拥有成本就越高。

7.4.3 服务器内存

1. 服务器内存典型类型

目前服务器常用的内存有 SDRAM 和 DDR、DDR2 三种。

（1）SDRAM（图 7-11）

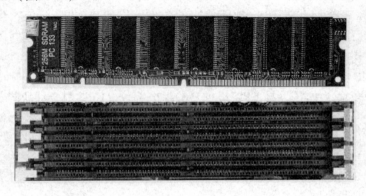

图 7-11　常见 SDRAM 内存及插槽

SDRAM 是 "Synchronous Dynamic Random Access Memory" 的缩写，意思是 "同步动态随机存储器"，就是我们平时所说的 "同步内存"，这种内存采用 168 线结构，内存及其插槽示意如图 7-11 所示。

从理论上说，SDRAM 与 CPU 频率同步，共享一个时钟周期。SDRAM 内含两个交错的存储阵列，当 CPU 从一个存储阵列访问数据的同时，另一个已准备好读写数据，通过两个存储阵列的紧密切换，读取效率得到成倍提高。目前，最新的 SDRAM 的存储速度已高达 5ns。

（2）DDR SDRAM（图 7-12）

DDR 是一种继 SDRAM 后产生的内存技术，DDR，英文原意为 "DoubleDataRate"，顾名思义，就是双数据传输模式。之所以称其为 "双"，也就意味着有 "单"，我们日常所使用的 SDRAM 都是 "单数据传输模式"，这种内存的特性是在一个内存时钟周期中，在一个方波上升沿时进行一次操作（读或写），而 DDR 则引用了一种新的设计，其在一个内存时钟周期中，在方波上升沿时进行一次操作，在方波的下降沿时也做一次操作，所以说在一个时钟周期中，DDR 则可以完成 SDRAM 两个周期才能完成的任务，所以理论上同速率的 DDR 内存与 SDR 内存相比，性能要超出一倍，可以简单理解为 100MHz DDR ＝ 200MHz SDR。

（3）DDR2 SDRAM（图 7-13）

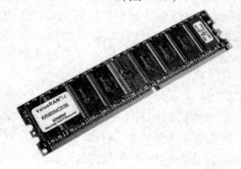

图 7-12　DDR 内存　　　　　　　　　　　　　　　图 7-13　DDR2 内存

　　DDR2（Double Data Rate 2）SDRAM 是由 JEDEC（电子设备工程联合委员会）进行开发的新生代内存技术标准，虽然 DDR2 也采用了和 DDR 相同的数据传输方式，即在时钟信号的上升沿和下降沿都传输数据，但 DDR2 内存却拥有两倍于上一代 DDR 内存预读取能力（即：4bit 数据读预取）。换句话说，DDR2 内存每个时钟能够以 4 倍外部总线的速度读/写数据，并且能够以内部控制总线 4 倍的速度运行。

　　2. 服务器内存主要技术

　　（1）ECC

　　ECC 的英文全称是 "Error Checking and Correcting"，对应的中文名称就叫做 "错误检查和纠正"，它的主要功能是 "发现并纠正错误"，它比奇偶校正技术更先进的方面主要在于它不仅能发现错误，而且能纠正这些错误，这些错误纠正之后计算机才能正确执行下面的任务，确保服务器的正常运行。

　　（2）Chipkill

　　Chipkill 技术是 IBM 公司为了解决目前服务器内存中 ECC 技术的不足而开发的，是一种新的 ECC 内存保护标准。ECC 内存只能同时检测和纠正单一比特错误，但如果同时检测出两个以上比特的数据有错误，则一般无能为力。IBM 的 Chipkill 技术是利用内存的子结构方法来解决这一难题。目前 ECC 技术之所以在服务器内存中广泛采用，一则是因为在这以前其他新的内存技术还不成熟，再则在目前的服务器中系统速度还是很高，在这种频率上一般来说同时出现多比特错误的现象很少发生，正因为这样才使得 ECC 技术得到了充分地认可和应用，使得 ECC 内存技术成为几乎所有服务器上的内存标准。

　　（3）Register

　　Register 即寄存器或目录寄存器，在内存上的作用我们可以把它理解成书的目录，有了它，当内存接到读写指令时，会先检索此目录，然后再进行读写操作，这将大大提高服务器内存工作效率。带有 Register 的内存一定带 Buffer（缓冲），并且目前能见到的 Register 内存也都具有 ECC 功能，其主要应用在中高端服务器及图形工作站上，如 IBM Netfinity 5000。

　　（4）FB-DIMM

　　FB-DIMM（Fully Buffered-DIMM，全缓冲内存模组）是 Intel 在 DDR2、DDR3 的基础上发展出来的一种新型内存模组与互联架构，既可以搭配现在的 DDR2 内存芯片，也可以搭配未来的 DDR3 内存芯片。FB-DIMM 可以极大地提升系统内存带宽并且极大地增加内存最大容量。FB-DIMM 技术是 Intel 为了解决内存性能对系统整体性能的制约而发展出来的，在现有技术基础上实现了跨越式的性能提升，同时成本也相对低廉。与现有的普通 DDR2 内存相比，FB-DIMM 技术具有极大的优势：在内存频率相同的情况下目前能提供四倍于普通内存的带宽，并且能支持的最大内存容量也达到了普通内存的 24 倍，系统最大能支持 192GB 内存。

3. 标准内存容量和最大内存容量

标准内存容量是指服务器在出厂时随机带了多大容量的内存，这取决于厂商的出厂配置。一般来讲，服务器出厂时都配备了一定容量的内存，如 512M、1GB、2GB 等，通常低端的入门级服务器标配内存容量要少些，这取决于工作的需要和厂商的策略。现在的绝大多数服务器的主板，都还有空余的内存插槽或者支持内存扩展板，这样就可以安装更多的内存来扩充内存容量，来达到更高的性能。

最大内存容量是指服务器主板最大能够支持内存的容量。一般来讲，最大容量数值取决于主板芯片组和内存扩展槽等因素。比如 ServerWorks GC-HE 芯片组能够支持高达 64G 的内存，ServerWorks GC-LE 芯片组可以支持 16GB 的 DDR 内存，总的来说，服务器支持内存容量越大，其扩展性就越好，性能也就越高。

7.4.4 服务器硬盘

如果说服务器是网络数据的核心，那么服务器硬盘就是这个核心的数据仓库，所有的软件和用户数据都存储在这里。对用户来说，储存在服务器上的硬盘数据是最宝贵的，因此硬盘的可靠性是非常重要的。为了使硬盘能够适应大数据量、超长工作时间的工作环境，服务器一般采用高速、稳定、安全的 SCSI 硬盘。

现在的硬盘从接口方面分，可分为 IDE 硬盘与 SCSI 硬盘［目前还有一些支持 PCMCIA 接口、IEEE 1394 接口、SATA 接口、USB 接口和 FC-AL（FibreChannel-Arbitrated Loop）光纤通道接口的产品，但相对来说非常少］；IDE 硬盘即我们日常所用的硬盘，它由于价格便宜而性能也不差，因此在 PC 上得到了广泛的应用，目前个人电脑上使用的硬盘绝大多数均为此类型硬盘。另一类硬盘就是 SCSI 硬盘了（SCSI 即 Small Computer System Interface 小型计算机系统接口），由于其性能好，因此在服务器上普遍均采用此类硬盘产品，但同时它的价格也不菲，所以在普通 PC 上不常看到 SCSI 的踪影。

1. 服务器硬盘特点

同普通 PC 的硬盘相比，服务器上使用的硬盘具有如下四个特点：

（1）速度快。服务器使用的硬盘转速快，可以达到每分钟 7200 或 10000 转，甚至更高；它还配置了较大（一般为 2MB 或 4MB）的回写式缓存；平均访问时间比较短；外部传输率和内部传输率更高，采用 Ultra Wide SCSI、Ultra2 Wide SCSI、Ultra160 SCSI、Ultra320 SCSI 等标准的 SCSI 硬盘，每秒的数据传输率分别可以达到 40MB、80MB、160MB、320MB。

（2）可靠性高。因为服务器硬盘几乎是 24h 不停地运转，承受着巨大的工作量。可以说，硬盘如果出了问题，后果不堪设想。所以，现在的硬盘都采用了 SMART 技术（自监测、分析和报告技术），同时硬盘厂商都采用了各自独有的先进技术来保证数据的安全。为了避免意外的损失，服务器硬盘一般都能承受 300G 到 1000G 的冲击力。

（3）多使用 SCSI 接口。多数服务器采用了数据吞吐量大、CPU 占有率极低的 SCSI 硬盘。SCSI 硬盘必须通过 SCSI 接口才能使用，有的服务器主板集成了 SCSI 接口，有的安有专用的 SCSI 接口卡，一块 SCSI 接口卡可以接 7 个 SCSI 设备，这是 IDE 接口所不能比拟的。

（4）可支持热插拔。热插拔（Hot Swap）是一些服务器支持的硬盘安装方式，可以在服务器不停机的情况下，拔出或插入一块硬盘，操作系统自动识别硬盘的改动。这种技术对于 24h 不间断运行的服务器来说，是非常必要的。

2. 衡量服务器硬盘性能主要指标

（1）主轴转速

主轴转速是一个在硬盘的所有指标中除了容量之外，最应该引人注目的性能参数，也是决定硬盘内部传输速度和持续传输速度的第一决定因素。如今硬盘的转速多为 5400r/min、7200r/min、10000r/min 和 15000r/min。从目前的情况来看，10000r/min 的 SCSI 硬盘具有性价比高的优势，是目前硬盘的主流，而 7200r/min 及其以下级别的硬盘在逐步淡出硬盘市场。

（2）内部传输率

内部传输率的高低才是评价一个硬盘整体性能的决定性因素。硬盘数据传输率分为内外部传输率；通常称外部传输率也为突发数据传输率（Burstdata Transfer Rate）或接口传输率，指从硬盘的缓存中向外输出数据的速度，目前采用 Ultra 160 SCSI 技术的外部传输率已经达到了 160MB/s；内部传输率也称最大或最小持续传输率（Sustained Transfer Rate），是指硬盘在盘片上读写数据的速度，现在的主流硬盘大多在 30MB/s 到 60MB/s 之间。由于硬盘的内部传输率要小于外部传输率，所以只有内部传输率才可以作为衡量硬盘性能的真正标准。

（3）单碟容量

除了对于容量增长的贡献之外，单碟容量的另一个重要意义在于提升硬盘的数据传输速度。单碟容量的提高得益于磁道数的增加和磁道内线性磁密度的增加。磁道数的增加对于减少磁头的寻道时间大有好处，因为磁片的半径是固定的，磁道数的增加意味着磁道间距离的缩短，而磁头从一个磁道转移到另一个磁道所需的就位时间就会缩短。这将有助于随机数据传输速度的提高。而磁道内线性磁密度的增长则和硬盘的持续数据传输速度有着直接的联系。磁道内线性密度的增加使得每个磁道内可以存储更多的数据，从而在碟片的每个圆周运动中有更多的数据被从磁头读至硬盘的缓冲区里。

（4）平均寻道时间

平均寻道时间是指磁头移动到数据所在磁道需要的时间，这是衡量硬盘机械性能的重要指标，一般在 3～13ms 之间，建议平均寻道时间大于 8ms 的 SCSI 硬盘不要考虑。平均寻道时间和平均潜伏时间（完全由转速决定）一起决定了硬盘磁头找到数据所在的簇的时间。该时间直接影响着硬盘的随机数据传输速度。

（5）缓存

提高硬盘高速缓存的容量也是一条提高硬盘整体性能的捷径。因为硬盘的内部数据传输速度和外部传输速度不同，因此需要缓存来做一个速度适配器。缓存的大小对于硬盘的持续数据传输速度有着极大的影响。它的容量有 512kB、2MB、4MB，甚至 8MB 或 16MB，对于视频捕捉、影像编辑等要求大量磁盘输入/输出的工作，大的硬盘缓存是非常理想的选择。

7.4.5 独立磁盘冗余阵列（RAID）

RAID 是英文 Redundant Array of Independent Disks 的缩写，翻译成中文意思是"独立磁盘冗余阵列"，有时也简称磁盘阵列（Disk Array）。

简单的说，RAID 是一种把多块独立的硬盘（物理硬盘）按不同的方式组合起来形成一个硬盘组（逻辑硬盘），从而提供比单个硬盘更高的存储性能和提供数据备份技术。组成磁盘阵列的不同方式称为 RAID 级别（RAID Levels）。数据备份的功能是在用户数据一旦发生损坏后，利用备份信息可以使损坏数据得以恢复，从而保障了用户数据的安全性。在用户看起来，组成的磁盘组就像是一个硬盘，用户可以对它进行分区、格式化等。总之，对磁盘阵列的操作与单个硬盘一模一样。不同的是，磁盘阵列的存储速度要比单个硬盘高很多，而且可以提供自动数据备份。

RAID 技术的两大特点，一是速度、二是安全。由于这两项优点，RAID 技术早期被应用于高级服务器中的 SCSI 接口的硬盘系统中，随着近年计算机技术的发展，PC 的 CPU 的速度已进入 GHz 时代。IDE 接口的硬盘也不甘落后，相继推出了 ATA66 和 ATA100 硬盘。这就使得 RAID 技术被应用于中低档甚至个人 PC 上成为可能。RAID 通常是由在硬盘阵列塔中的 RAID 控制器或电脑中的 RAID 卡来实现的。

RAID 技术经过不断的发展，现在已拥有了从 RAID 0 到 6 七种基本的 RAID 级别。另外，还有一些基本 RAID 级别的组合形式，如 RAID 10（RAID 0 与 RAID 1 的组合）、RAID 50（RAID 0 与 RAID 5 的组合）等。不同 RAID 级别代表着不同的存储性能、数据安全性和存储成本。最为常用 RAID 形式包括：RAID 0、RAID 1、RAID 3、RAID 5、RAID 10（表 7-1）。

表 7-1　RAID 形式比较

RAID 级别	RAID 0	RAID 1	RAID 3	RAID 5	RAID 10
别名	条带	镜像	专有奇偶位条带	分布奇偶位条带	镜像阵列条带
容错性	没有	有	有	有	有
冗余类型	没有	复制	奇偶校验	奇偶校验	复制
热备盘选项	没有	有	有	有	有
读性能	高	低	高	高	中间
随机写性能	高	低	最低	低	中间
连续写性能	高	低	低	低	中间
需要的磁盘数	一个或多个	只需 2 个或 $2 \times N$ 个	三个或更多	三个或更多	只需 4 个或 $4 \times N$ 个
可用容量	总的磁盘容量	只能用磁盘容量的 50%	$(n-1)/n$ 的磁盘容量。其中 n 为磁盘数	$(n-1)/n$ 的总磁盘容量。其中 n 为磁盘数	磁盘容量的 50%
典型应用	无故障的迅速读写，要求安全性不高，如图形工作站等	随机数据写入，要求安全性高，如服务器、数据库存储领域	连续数据传输，要求安全性高，如视频编辑、大型数据库等	随机数据传输，要求安全性高，如金融、数据库、存储等	要求数据量大，安全性高，如银行、金融等领域

1. RAID 0

RAID 0 又称为 Stripe（条带化）或 Striping，它代表了所有 RAID 级别中最高的存储性能。RAID 0 提高存储性能的原理是把连续的数据分散到多个磁盘上存取，这样，系统有数据请求就可以被多个磁盘并行的执行，每个磁盘执行属于它自己的那部分数据请求。这种数据上的并行操作可以充分利用总线的带宽，显著提高磁盘整体存取性能。

如图 7-14 所示，系统向三个磁盘组成的逻辑硬盘（RAID 0 磁盘组）发出的 I/O 数据请求被转化为 3 项操作，其中的每一项操作都对应于一块物理硬盘。从图中可以清楚地看到通过建立 RAID 0，原先顺序的数据请求被分散到所有的三块硬盘中同时执行。从理论上讲，三块硬盘的并行操作使同一时间内磁盘读写速度提升了 3 倍。但由于总线带宽等多种因素的影响，实际的提升速率肯定会低于理论值，但是，大量数据并行传输与串行传输比较，提速效果显著。

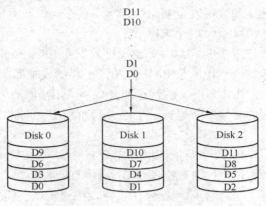

图 7-14　RAID 0 示意图

RAID 0 的缺点是不提供数据冗余，一旦用户数据损坏，损坏的数据将无法得到恢复。RAID 0 具有的特点，使其特别适用于对性能要求较高，而对数据安全不太在乎的领域，如图形工作站等。对于个人用户，RAID 0 也是提高硬盘存储性能的绝佳选择。

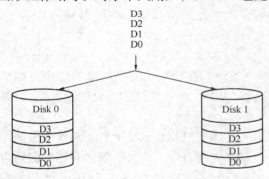

图 7-15　RAID 1 示意图

2. RAID 1

RAID 1 又称为 Mirror 或 Mirroring（镜像），它的宗旨是最大限度地保证用户数据的可用性和可修复性。RAID 1 的操作方式是把用户写入硬盘的数据百分之百地自动复制到另外一个硬盘上（图 7-15）。

如图 7-15 所示，当读取数据时，系统先从 RAID 0 的源盘读取数据，如果读取数据成功，则系统不去管备份盘上的数据；如果读取源盘数据失败，则系统自动转而读取备份盘上的数据，不会造成用户工作任务的中断。当然，我们应当及时地更换损坏的硬盘并利用备份数据重新建立 Mirror，避免备份盘在发生损坏时，造成不可挽回的数据损失。

由于对存储的数据进行百分之百的备份，在所有 RAID 级别中，RAID 1 提供最高的数据安全保障。同样，由于数据的百分之百备份，备份数据占了总存储空间的一半，因而 Mirror（镜像）的磁盘空间利用率低，存储成本高。

Mirror 虽不能提高存储性能，但由于其具有的高数据安全性，使其尤其适用于存放重要数据，如服务器和数据库存储等领域。

3. RAID 10

RAID 10 也称为 RAID 0 + 1，是 RAID 0 和 RAID 1 的组合形式（图 7-16）。

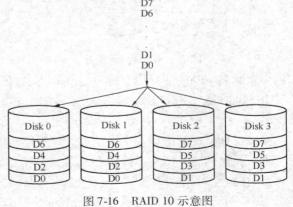

图 7-16　RAID 10 示意图

以四个磁盘组成的 RAID 0 + 1 为例，其数据存储方式如图 7-16 所示，RAID 0 + 1 是存储性能和数据安全兼顾的方案。它在提供与 RAID 1 一样的数据安全保障的同时，也提供了与 RAID 0 近似的存储性能。

由于 RAID 0 + 1 也通过数据的 100% 备份功能提供数据安全保障，因此 RAID 0 + 1 的磁盘空间利用率与 RAID 1 相同，存储成本高。

RAID 0 + 1 的特点使其特别适用于既有大量数据需要存取，同时又对数据安全性要求严格的领域，如银行、金融、商业超市、仓储库房、各种档案管理等。

4. RAID 3

RAID 3 是把数据分成多个"块"，按照一定的容错算法，存放在 $N+1$ 个硬盘上，实际数据占用的有效空间为 N 个硬盘的空间总和，而第 $N+1$ 个硬盘上存储的数据是校验容错信息，当这 $N+1$ 个硬盘中的其中一个硬盘出现故障时，从其他 N 个硬盘中的数据也可以恢复原始数据，这样，仅使用这 N 个硬盘也可以带伤继续工作（如采集和回放素材），当更换一个新硬盘后，系统可以重新恢复完整的校验容错信息。由于在一个硬盘阵列中，多于一个硬盘同时出现故障的几率很小，所以一般情况下，使用 RAID 3，安全性是可以得到保障的。与 RAID 0 相比，RAID 3 在读写速度方面相对较慢。使用的容错算法和分块大小决定 RAID 使用的应用场合，在通常情况下，RAID 3 比较适合大文件类型且安全性要求较高的应用，如视频编辑、硬盘播出机、大型数据库等。

5. RAID 5

RAID 5 是一种存储性能、数据安全和存储成本兼顾的存储解决方案。以四个硬盘组成的 RAID 5 为例，其数据存储方式如图 7-17 所示，P0 为 D0、D1 和 D2 的奇偶校验信息，其他以此类推。

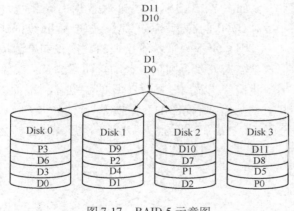

图 7-17　RAID 5 示意图

图中可以看出，RAID 5 不对存储的数据进行备份，而是把数据和相对应的奇偶校验信息存储到组成 RAID 5 的各个磁盘上，并且奇偶校验信息和相对应的数据分别存储于不同的磁盘上。当 RAID 5 的一个磁盘数据发生损坏后，利用剩下的数据和相应的奇偶校验信息去恢复被损坏的数据。

7.4.6　网络操作系统

网络操作系统（NOS），是网络的心脏和灵魂，是向网络计算机提供网络通信和网络资源共享功能的操作系统。它是负责管理整个网络资源和方便网络用户的软件的集合。由于网络操作系统是运行在服务器之上的，所以有时我们也把它称之为服务器操作系统。

网络操作系统与运行在工作站上的单用户操作系统（如 WINDOWS 7 等）或多用户操作系统由于提供的服务类型不同而有差别。一般情况下，网络操作系统是以使网络相关特性最佳为目的的，如共享数据文件、软件应用以及共享硬盘、打印机、调制解调器、扫描仪和传真机等。一般计算机的操作系统，其目的是让用户与系统及在此操作系统上运行的各种应用之间的交互作用最佳。

目前局域网中主要存在以下几类网络操作系统：

1. Windows 类

微软公司的 Windows 系统不仅在个人操作系统中占有绝对优势，它在网络操作系统中也具有非常强劲的力量。这类操作系统配置在整个局域网配置中是最常见的，但由于它对服务器的硬件要求较高，且稳定性能不是很高，应用并不广泛，高端服务器通常采用 UNIX、LINUX 等非 Windows 操作系统。在局域网中，微软的网络操作系统主要有：Windows Server 2003/2008/2012/2016/2019 等，工作站系统可以采用任一 Windows 或非 Windows 操作系统，包括个人操作系统，如 Windows 7、Windows 10 等。

在整个 Windows 网络操作系统中最为成功的还是要算 Windows NT4.0 这一套系统，在早期它几乎成为中、小型企业局域网的标准操作系统，一则是它继承了 Windows 家族统一的界面，使用户学习、使用起来更加容易。再则它的功能也的确比较强大，基本上能满足所有中、小型企业的各项网络需求。虽然相比后来新的操作系统来说在功能上要逊色许多，但它对服务器的硬件配置要求要低许多，可以更大程度上满足许多中、小企业的 PC 服务器配置需求。

2. NetWare 类

NetWare 操作系统虽然现在几乎不再使用，但早期由于对网络硬件的要求较低（工作站只要是 286 机就可以了）而受到一些设备比较落后的中、小型企业，特别是学校的青睐。人们一时还忘不了它在无盘工作站组建方面的优势，还忘不了它那毫无过分需求的大度。且因为它兼容 DOS 命令，其应用环境与 DOS 相似，经过长时间的发展，具有相当丰富的应用软件支持，技术完善、可靠。NetWare 服务器对无盘站和游戏的支持较好，常用于教学网和游戏厅。目前这种操作系统几乎退出了应用市场。

3. Unix 系统

常用的 Unix 系统版本主要有：Unix SVR4.0、HP-UX 11.0、SUN 的 Solaris8.0 等。支持网络文件系统服务，提供数据等应用，功能强大，由 AT&T 和 SCO 公司推出。这种网络操作系统稳定和安全性能非常好，但由于它多数是以命令方式来进行操作的，不容易掌握，特别是初级用户。正因如此，小型局域网基本不使用 Unix 作为网络操作系统，Unix 一般用于大型的网站或大型的企、事业局域网中。Unix 网络操作系统历史悠久，其良好的网络管理功能已为广大网络用户所接受，拥有丰富的应用软件的支持。Unix 网络操作系统的版本有：AT&T 和 SCO 的 Unix SVR3.2、SVR4.0 和 SVR4.2 等。Unix 本是针对小型机主机环境开发的操作系统，是一种集中式分时多用户体系结构。因其体系结构不够合理，Unix 的市场占有率呈下降趋势。

4. Linux

Linux 操作系统的最大的特点就是源代码开放，可以免费得到许多应用程序。目前也有中文版本的 Linux，如 REDHAT（红帽子）、红旗 Linux 等。在国内得到了用户充分的肯定，主要体现在它的安全性和稳定性方面，它与 Unix 有许多类似之处。但目前这类操作系统仍主要应用于中、高档服务器中。

总的来说，对特定计算环境的支持使得每一个操作系统都有适合于自己的工作场合，这就是系统对特定计算环境的支持。例如，Windows 2000 Professional 适用于桌面计算机，

Linux 目前较适用于小型的网络，而 Windows 2000 Server 和 Unix 则适用于大型服务器应用程序。因此，对于不同的网络应用，需要我们有目的地选择合适的网络操作系统。

7.4.7 服务器集群技术

1. 集群基本概况

（1）集群系统

集群（Cluster）技术是近几年新兴起的一项高性能计算技术。它将一组相互独立的计算机通过高速的通信网络组成一个单一的计算机系统，并以单一系统的模式加以管理。其出发点是提供高可靠性、可扩充性和抗灾难性。

集群中所有的计算机都拥有一个共同的名称，集群系统内任意一台服务器都可被所有的网络用户所使用。

（2）负载均衡

网络负载均衡允许用户的请求传播到多台服务器上（这些服务器对外只须提供一个 IP 地址或域名），即可以使用群组中的多台服务器共同分担对外的网络请求服务。网络负载均衡技术保证即使是在负载很重的情况下它们也能作出快速响应。

Windows 2003 Server 企业版的"集群管理器"可用于手动平衡服务器的工作负荷，并根据计划维护发布服务器。还可以从网络中的任何位置监控集群、所有节点及资源的状态。

（3）热备和容错

根据功能需求，双机系统和集群系统又可细分为双机热备、双机容错、集群热备和集群容错。热备是热备份（Hot Standby，也译为"热备用"）的简称，它与容错（Fault Tolerance）的主要区别在于热备系统只能监控服务器的 CPU，是硬件级的监控；而容错系统监控服务器的应用，实行软件加硬件级的监控。

由于容错技术提供更高层次的弹性和恢复能力，使用深层硬件冗余（如磁盘镜像、双机热备等），加上专门的软件，几乎可以即时地恢复任何单一的硬件或软件错误。热备与容错方案要比集群方案昂贵得多，因为用户必须为处于闲置状态等待错误的冗余硬件支付费用。

2. 集群工作模式

双机集群系统有两种工作模式，一种是主从模式，另一种是双工模式。

主从（Active/Standby）模式，一般为两台服务器同时运行，一台服务器被指定为进行关键性操作的主服务器，另一服务器作为备用的服务器。在主服务器工作时，从服务器处于监控准备状态（除了监控主服务器状态，不进行其他操作）。

双工方式（Active/Active）又称对等模式。在正常情况下，两台服务器同时运行各自的服务，且相互监测对方的情况。

3. 集群工作原理

服务器集群节点之间使用一台双端口磁盘阵列分别与两个节点相连，同时用两条物理上独立的传输线进行通信。服务器与客户机通信是通过以太网交换机，服务器集群内部通信是采用 RS-232 接口。使用两条通信线的目的就是消除单一通信故障点，增加监视对方的可靠性。每个服务器都有自己的本地硬盘，用来存放操作系统软件及数据库系统的数据。而磁盘阵列用来存放高共享应用及数据。如图 7-18 所示为一个典型的两节点的集群系统配置。

双机集群工作原理如下。

（1）心跳工作过程。通过 RS-232 通信进行心跳检测时，主机和备机会通过此心跳路径，周期性地发出相互检测的测试包，如果此时主机出现故障，备机在连续丢失设定数目的检测包后，会认为主机出现故障，这时备机会自动检测设置中是否有第 2 种心跳，仲裁消息的信息度。如果没有第 2 种心跳的话，备机则根据已设定的规则，启动备机的相关服务，完成双机热备切换。

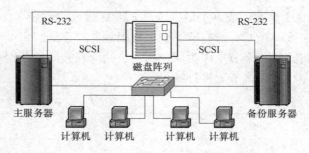

图 7-18　典型的两节点的集群系统配置

（2）虚拟 IP 工作过程。主机、备机的 IP 地址采用虚拟 IP 地址实现，其原理如图 7-19 所示。主机正常的情况下虚拟 IP 地址指向主机的实 IP 地址，用户通过虚拟 IP 地址访问主机，这时双机热备软件将虚拟 IP 地址解析到主机实 IP 地址。

图 7-19　IP 地址转换示意图

当主机向备机切换时，虚拟 IP 地址通过双机热备软件自动将虚拟 IP 地址解析到备机的实 IP 地址上。这时虚拟 IP 地址指向备机的实 IP 地址。但对用户来说，用户访问的仍然是虚拟 IP 地址。所以用户只会在切换的过程中发现有短暂的通信中断，经过一个短暂的时间，就可以恢复通信。

（3）网络故障恢复过程。双机系统中，当检测到主机操作系统的故障时，可及时将服务切到备用服务器。在主服务器操作系统正常的情况下，数据库系统出现意外故障时，双机容错软件可以及时发现并将其切换到备用服务器，使服务不至于停止。在主服务器操作系统和数据库系统全部都正常的情况下，主服务器网络出现故障时，双机热备软件可以将系统切到正常的备用服务器上。

7.4.8　Windows Server 2003 集群设置

Windows Server 2003 企业版支持高性能服务器，并能够集群 8 个节点服务器，以实现更高的负载处理。这些功能提供了可靠性，有助于确保系统即使在问题出现时也保持可用。

1. 双服务器集群部署

Windows Server 2003 企业版集群节点安装时，将关闭其他节点。这样，有助于保证附加到共享总线的磁盘上的数据不会丢失或遭到破坏。当多个节点同时尝试写入一个未受到集群软件保护的磁盘时，可能会出现数据丢失或遭到破坏的情况。在 Windows Server 2003 中，系统不会自动装载那些引导分区不在同一总线的逻辑磁盘，也不会为其分配驱动器盘符。这有助于确保在复杂的 SAN 环境中，服务器不会装载可能属于另一台服务器的驱动器。双节点集群操作时，节点和共享磁盘存储状态设置，见表 7-2。

在第一个节点上开始安装集群服务前，必须先在每一个集群节点安装 Windows Server

2003 企业版或 Windows Server 2003 数据中心版。接着设置网络、设置磁盘。配置集群服务，必须一个具有所有节点管理权限的账户登录。每个节点都必须是同一个域的成员。如果选择将其中一个节点作为域控制器，则应在相同的子网上再设置一个域控制器，以便消除单点故障，并对该节点进行维护。

表 7-2 双节点集群操作状态设置

步骤	节点 1	节点 2	存储	备 注
设置网络	开启	开启	关闭	确认共享总线上的所有存储设备均已关闭，开启所有节点
设置共享磁盘	开启	关闭	开启	关闭所有节点。开启共享存储，然后开启第一个节点
验证磁盘配置	开启	开启	开启	开启第一个节点，开启第二个节点。如果需要，可以针对第三和第四个节点重复相同的步骤
配置第一个节点	开启	关闭	开启	关闭所有节点，开启第一个节点
配置第二个节点	开启	开启	开启	顺利配置完第一个节点后，开启第二个节点。如果需要，可以针对第三和第四个节点重复相同的步骤
安装后	开启	开启	开启	所有节点都应开启

2. 设置网络

每个集群节点要求至少要有两个网卡用于两个或多个独立网络，以避免单点故障。其中一个网卡设置静态 IP 地址，用于连接到公用网络（与客户机连接网络），在"网络连接"对话框中将对应的局域网图标命名为 Public；另一个网卡也设置静态 IP 地址，用于连接到仅由集群节点组成的专用网络，在"网络连接"对话框中将对应的局域网图标命名为 Private。

（1）设置专用网络。服务器中用以连接专用网络的 TCP/IP 选项卡，只需配置 IP 地址和掩码，DNS 不需要设置，同时确保清除了在 DNS 中注册此连接的地址和在 DNS 注册中使用此连接的 DNS 后缀复选框。WINS 也不需要设置，同时要禁用 TCP/IP 上的 NetBIOS。

（2）设置公用网络。服务器中用于连接公用网络 TCP/IP 选项卡，需配置 IP 地址和掩码，以及网关 IP 地址和 DNS 的 IP 地址。所有集群节点必须是同一个域成员，并可以访问域控制器和 DNS 服务器。可以将其配置为成员服务器或域控制器。如果集群节点是唯一的域控制器，那么每个节点必须同时是 DNS 服务器。它们应当相互指向对方以用于主 DNS 解析，以及指向它们自身以用于辅助解析。

（3）设置集群域用户账户。该账户应为每个可运行集群服务的节点上的"本地管理员"组的成员，必须在配置集群服务前创建。用鼠标单击"开始"，指向"所有程序"→"管理工具"，然后单击"Active Directory 用户和计算机"，右击"用户"→"新建"，然后单击用户，在其窗口中输入"域用户"和"集群名称"。该用户账户只能专门用于运行集群服务，而不能属于个人。集群服务账户不必是"域管理员"组的成员。基于安全原因，不要授予集群服务账户域管理员的权利。

3. 设置共享磁盘

共享磁盘所在的控制器必须不同于系统磁盘所使用的控制器。集群磁盘上的所有分区必须格式化为 NTFS，应在 RAID 配置中创建多个硬件级别的逻辑驱动器，而不是使用一个单一的逻辑磁盘。然后将其分成多个操作系统级别的分区。这不同于独立服务器通常所采用的配置。但是，它可使用户在集群中拥有多个磁盘资源，还可跨节点执行主动配置和手动负载平衡，为了得到最佳的 NTFS 文件系统的性能，应采用最小 500MB 的磁盘分区。为了避免破坏集群磁盘，在其他节点上启动操作系统前，确认至少在一个节点上安装配置，并运行了 Windows Server 2003 和集群服务。在完成集群服务配置之前，所开启的节点数不要超过一个，这一点至关重要。

（1）创建仲裁磁盘。创建一个最小 50MB 的专用磁盘，用作仲裁设备。在集群服务安装过程中，必须为仲裁磁盘提供驱动器盘符，常用的标准盘符为 Q。仲裁磁盘用于存储集群配置数据库检查点和日志文件，日志文件可协助管理集群和维护一致性。仲裁磁盘故障可能导致整个集群失效，所以，强烈建议用户使用硬件 RAID 阵列上的一个卷。除了进行集群管理外，不要使用仲裁磁盘执行其他任务。

（2）创建共享磁盘。确认仅开启了一个节点。鼠标右击"我的电脑"，单击"管理"，然后展开"存储"。鼠标双击"磁盘管理"，如果连接了一个新的驱动器，将自动开启"写入签名和更新磁盘向导"。

4．配置集群服务

配置集群服务可通过集群配置向导来完成。集群配置流程如图 7-20 所示。配置集群第 1 个节点是流程中的创建一个新集群，配置集群第 2 个节点是流程中的添加节点。配置第 1 节点和第 2 节点所采取的路径有所不同，但它们共有一些相同的设置页面。

使用"集群管理器（CluAdmin. exe）"，在节点 1 上验证集群服务安装。操作"管理工具"选项卡，单击"集群管理器"，确认所有的资源均顺利地实现了联机。

5．安装后配置

当每个节点上的网络都已经得到了正确配置，并且集群服务也已经配置完毕后，需要配置网络角色，以定义其在集群中的功能。

（1）配置心跳。启动"集群管理器"，在左侧视窗中，鼠标单击"集群配置"→"网络"，鼠标右击"专用"→单击"属性"。鼠标单击"仅用于内部集群通信（专用网络）"→"确定"。用鼠标右击"公用"→单击"属性"。单击"选定为集群应用启用"复选框，单击"所有通信（混合网络：集群服务使用该网卡进行节点对节点通信和外部客户端通信）"→"确定"。

（2）配置集群磁盘。默认状态下，所有磁盘并不在相同的总线上。如节点有多条总线则磁盘无法用作共享存储。如内部 SCSI 驱动器，应从集群配置中删除这些磁盘。如果计划对某些磁盘实施"卷装载"点，则可能要删除这些磁盘的当前磁盘资源，删除驱动器盘符，然后创建一个未分配驱动器盘符的新的磁盘资源。

（3）配置仲裁磁盘。启动"集群管理器"（CluAdmin. exe）。鼠标右击位于左上角的"集群名称"，然后单击"属性"。鼠标单击"仲裁"选项卡，在仲裁资源列表框中，选择一个不同的磁盘资源。

（4）创建一个延迟启动。当所有的集群节点均同时启动并尝试附加到仲裁资源时，集群服务可能无法启动。用鼠标右击"我的电脑"，然后单击"属性"。单击"高级选项卡"，然后在启动和故障恢复框中，单击"设置"，通过增加或减少显示操作系统列表的时间设置，可以避免这类情况的发生。

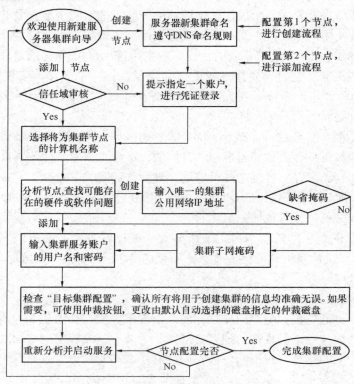

图 7-20　配置集群服务流程

7.5　IPv6 技术与系统集成

7.5.1　IPv6 技术概述

IPv6 是 Internet Protocol Version 6 的缩写，其中 Internet Protocol 译为"互联网协议"。IPv6 是 IETF（互联网工程任务组，Internet Engineering Task Force）设计的用于替代现行版本 IP 协议（IPv4）的下一代 IP 协议。目前 IP 协议的版本号是 4（简称为 IPv4），它的下一个版本就是 IPv6。

1. IPv6 产生背景

Internet 协议的第四版（IPv4）为 TCP/IP 族和 Internet 提供了基本的通信机制。IP 技术已经广泛应用了 10 年，互联网的影响已经渗透到社会的各个方面。同时，互联网的发展也成为国家信息化和现代化建设的重要部分，并产生了重大的经济效益和社会效益。随着 Internet 的指数增长，互联网的体系结构由 NSFNET 核心网络演变为 ISP（Internet Service Provider，互联网络提供商）运营的分散的体系结构。当前互联网面临的一个严峻问题是地址消耗严重，即没有足够的地址来满足全球的需要。IPv4 的问题逐渐显露出来，32 位的 IP 地址空间枯竭、路由表急剧膨胀、路由选择效率不高、对网络安全和多媒体应用的支持不够，配置复杂，对移动性支持不好，很难开展端到端的业务等，这些问题已经成为制约互联网发展的重要障碍。而 IETF 开发的 IPv6 下一代网络彻底、有效地解决了目前 IPv4 所存在的上述问题。

2. IPv6 新特性

（1）扩展的地址空间

IPv6 的地址结构中除了把 32 位地址空间扩展到了 128 位以外，还对 IP 主机可能获得的不同类型地址作了一些调整。IPv4 中用于指定一个网络接口的单播地址和用于指定由一个或多个主机侦听的组播地址基本不变。在 IPv6 的庞大地址空间中，目前全球联网设备已分配掉的地址仅占其中极小一部分，有足够的余量可供未来的发展之用，同时由于有充足可用的地址空间，NAT 之类的地址转换技术将不再需要。

（2）简化的包头

IPv6 中包括总长为 40 字节的 8 个字段。它与 IPv4 包头的不同在于，IPv4 中包含至少 12 个不同字段，且长度在没有选项时为 20 字节，但在包含选项时可达 60 字节。IPv6 使用了固定格式的包头并减少了需要检查和处理的字段的数量，这将使得选路的效率更高。

（3）流

在 IPv4 中，对所有包大致同等对待，这意味着每个包都是由中间路由器按照自己的方法来处理。路由器并不跟踪任意两台主机间发送的包，因此不能记住如何对将来的包进行处理。IPv6 实现了流概念，其定义为：流指的是从一个特定源发向一个特定目的地的包序列，源点希望中间路由器对这些包进行特殊处理。路由器需要对流进行跟踪并保持一定的信息，这些信息在流中的每个包中都是不变的。这种方法使路由器可以对流中的包进行高效处理。对流中的包的处理可以与其他包不同。但无论如何，对于它们的处理更快，因为路由器无需对每个包头重新处理。

（4）身份验证和保密

IPv6 全面支持 IPSec，这要求提供基于标准的网络安全解决方案，以便满足和提高不同的 IPv6 实现之间的协同工作能力。IPv6 使用了两种安全性扩展：IP 身份验证头（AH）和 IP 封装安全性净荷（ESP）。

3. IPv6 的优势

与 IPv4 相比，IPv6 具有以下几个优势：

（1）IPv6 具有更大的地址空间。IPv4 中规定 IP 地址长度为 32 位，最大地址个数为 2^{32}，而 IPv6 中 IP 地址的长度为 128 位，即最大地址个数为 2^{128}。

（2）IPv6 使用更小的路由表。IPv6 的地址分配一开始就遵循聚类（Aggregation）的原则，这使得路由器能在路由表中用一条记录（Entry）表示一片子网，大大减小了路由器中路由表的长度，提高了路由器转发数据包的速度。

（3）IPv6 增加了增强的组播（Multicast）支持以及对流的控制（Flow Control），这使得网络上的多媒体应用有了长足发展的机会，为服务质量（QoS，Quality of Service）控制提供了良好的网络平台。

（4）IPv6 加入了对自动配置（Auto Configuration）的支持。这是对 DHCP 协议的改进和扩展，使得网络（尤其是局域网）的管理更加方便和快捷。

（5）IPv6 具有更高的安全性。在使用 IPv6 网络中用户可以对网络层的数据进行加密并对 IP 报文进行校验，在 IPv6 中的加密与鉴别选项提供了分组的保密性与完整性，极大地增强了网络的安全性。

（6）允许扩充。如果新的技术或应用需要时，IPv6 允许协议进行扩充。

（7）更好的头部格式。IPv6 使用新的头部格式，其选项与基本头部分开，如果需要，可将选项插入到基本头部与上层数据之间。这就简化和加速了路由选择过程，因为大多数的选项不需要由路由选择。

7.5.2 IPv6 地址

1. IPv6 地址的表示方式

（1）文本表示法

X：X：X：X：X：X：X：X

表示成由：隔开的 8 个 16 比特段。每一个 X 代表 4 位的 16 进制数。例如：

FEDC：BA98：7654：FEDC：BA98：7654：3210

（2）压缩表示法

:: 标识一组或多组 16 进制的 0，没有必要写出前导的 0，如 0000 可以写为 0。

1080：0：0：0：8：800：200C：417A　　＝　　1080::8：800：200C：417A

FF01：0：0：0：0：0：0：101　　＝　　FF01::101

0：0：0：0：0：0：0：1　　＝　　::1

0：0：0：0：0：0：0：0　　＝　　::

（3）IPv6 和 IPv4 混合表示法

当处理 IPv6 和 IPv4 混合环境的时候，可以有另一种便利的表示法

X：X：X：X：X：X：d. d. d. d

X 代表 16 进制数（用于嵌入在 IPv6 中的 IPv4 数据的表示），d 代表 10 进制，4 个 d 表示标准的 IP 地址格式。

（4）地址前缀表示法

IPv6 地址/前缀长度

2. 地址类型

IPv6 地址共有 3 种地址类型：单播、任播、多播。

（1）单播：标识一个单独的接口。如接口标识符，未指定地址 0：0：0：0：0：0：0：0，环回地址 0：0：0：0：0：0：0：1，带有嵌入 IPv4 地址的 IPv6 地址，全局或局部的单播地址。

（2）任播：标识一组接口（一般情况下属于不同的节点），发送给任播地址的报文将会被传递到该组接口其中之一（根据不同协议的最近的一个）。该类地址从单播地址空间中分配，使用任何已定义的单播地址格式。因此任播地址从语义上无法和单播地址进行区分。当一个单播地址被赋予多个节点的时候它就是一个任播地址。被赋予该地址的节点必须被明确的配置为知道该地址是任播地址。任播地址的一个应用是标识在某一特定子网上的所有路由器组成的集合或者可以使报文到达某一路由器集合从而可到达特定路由区域。如：子网路由器的任播地址是预定义的，格式如下：

N bit 子网前缀	0（128 − N 位）

子网前缀标识了一个特定的链路。任播地址语义上和链路接口的接口标志符设置为 0 的

单播地址是相同的。发给子网路由器任播地址的包文将会被发送到该子网的一台路由器，要求所有的子网路由器都支持该路由器所在端口的子网的子网路由器地址。

（3）多播：标识一组接口（一般情况下属于不同节点），发现多播地址的包文会传递到它的每一个成员。IPv6 中已经没有广播地址了，它的功能被多播取代。多播地址格式如下：

11111111（8bit）	标志（4bit）	范围（4bit）	组 ID（112bit）

前导字节 0xFF 是多播地址的开始标志。

标志：格式为 "000T" 其中

T = 0　　　代表由 IANA（internet assigned number authority）分配的周知的多播地址；

T = 1　　　代表暂时的多播地址。

范围：用于限制多播组的范围，如下所示。

值	0	1	2	5	8	E	F
描述	保留	本节点范围	本链路范围	本站点范围	本组织范围	全球范围	保留

组 ID：在给定范围内标识多播组。表 7-3 列出了一些常见的多播组。

表 7-3　常见的多播组

IPv6 公认多播地址	IPv4 公认多播地址	多播组
本节点范围		
FF01：0：0：0：0：0：0：1	224.0.0.1	所有节点地址
FF01：0：0：0：0：0：0：2	224.0.0.2	所有路由器地址
本链路范围		
FF02：0：0：0：0：0：0：1	224.0.0.1	所有节点地址
FF02：0：0：0：0：0：0：2	224.0.0.2	所有路由器地址
FF02：0：0：0：0：0：0：5	224.0.0.5	OSPF router
FF02：0：0：0：0：0：0：6	224.0.0.6	OSPF DR
FF02：0：0：0：0：0：0：9	224.0.0.9	RIP router
FF02：0：0：0：0：0：0：D	224.0.0.13	PIM router
本站点范围		
FF05：0：0：0：0：0：0：2	224.0.0.2	所有路由器地址

一种特殊类型的多播地址是被请求节点（solicited-node）地址。被请求节点多播地址由每一个分配了单播和任播地址的接口创建及分配。该地址与本链路地址不同，使用接口 ID 的后 24 比特与前缀 FF02：0：0：0：0：1：FF00：：/104 组成。例如：

MAC　　　　　0000.0C0A.2C51

EUI-64　　　：：200：CFF：FE0A：2C51

本链路地址　FE80：：200：CFF：FE0A：2C51

本站点地址　FEC0：：200：CFF：FE0A：2C51

被请求节点多播地址　FE02：：1：FF0A：2C51

使用接口 ID 的后 24 比特组成被请求节点多播地址可以减少节点必须加入的多播地址。

被请求节点多播地址的一个应用是在 ND（Neighbor Discovery）中。

7.5.3 IPv4 到 IPv6 过渡技术

在从 IPv4 向 IPv6 过渡时，需要解决两种场合下的通信问题：一是被现有 IPv4 路由体系分隔开的局部 IPv6 网络之间如何通信，也就是我们称之为在 IPv4 海洋中的 IPv6 孤岛间的通信问题；二是如何使新配置的局部 IPv6 网络能够无缝地访问现有 IPv4 资源，反之亦然。

针对以上两类问题，有三种技术：双协议栈技术、隧道技术、地址协议转换技术。双协议栈技术和隧道技术是第一个问题的解决方案，地址协议转换技术是第二个问题的解决方案。

（1）双协议栈技术

路由器和主机同时运行 IPv4 和 IPv6 两套协议栈，主机使用 IPv4 协议与 IPv4 站点进行通信，使用 IPv6 协议与 IPv6 站点通信，路由器对 IPv4 和 IPv6 路由信息，按照各自的路由协议进行计算，并维护不同的路由表。双协议栈的依据是，IPv4 和 IPv6 是相近的网络层协议，它们有相同的物理平台，和它们合作的传输层协议——TCP 和 UDP 协议也相同。采用双协议栈技术操作简单，易于理解。但是，它对网络设备要求很高，需要维护大量的协议和数据，对设备进行升级时的投入较大。另外，它并不能解决 IPv4 地址稀缺的问题，因为双协议栈仍然需要 IPv4 地址及其路由结构，浪费了 IPv4 地址。

（2）隧道技术

隧道技术利用现有的网络基础设备，利用隧道在 IPv4 节点和 IPv6 节点之间传递数据。它将 IPv6 数据封装在 IPv4 包中，在 IPv4 网络中传输，IPv4 的源地址和目标地址对应隧道的入口地址和出口地址，IPv6 数据在隧道出口处被取出转发目标节点。这是 IPv4 过渡到 IPv6 初期最普遍采用的技术。其优点是只需要在隧道的入口和出口有相应的 IPv6 数据封装和数据解析标准，IPv6 数据在传输过程中透明，与纯 IPv4 数据传输过程相同，非常容易实现。缺点是不能实现 IPv4 节点与 IPv6 节点间的直接通信，另外隧道技术也需要消耗 IPv4 地址。

（3）协议转换技术

协议转换技术 NAT-PT（Network Address Translation - Protocol Translation）是一种附带地址转换器的网络地址转换器。协议转换技术的最大优点是 IPv6 和 IPv4 节点不需要进行改造，原有 IPv4 协议不加改动就能与 IPv6 协议通信。但其实现方法复杂，网络设备进行地址转换和协议转换的开销较大，一般来说，该技术只有在其他过渡技术不奏效的情况下使用。

7.5.4 IPv6 管理典型配置

案例中同样以国产 H3C 设备为例。

1. IPv6 基础典型配置

当用户需要访问 IPv6 网络时，交换机上必须要配置 IPv6 地址，并确保用户和交换机之间网络层互通。全球单播地址、站点本地地址、链路本地地址三者必选其一。

特别当用户需要访问使用 IPv6 的公网时，必须配置 IPv6 全球单播地址。

IPv6 站点本地地址和全球单播地址可以通过下面方式配置：

采用 EUI-64 格式形成：当配置采用 EUI-64 格式形成 IPv6 地址时，接口的 IPv6 地址的前缀是所配置的前缀，而接口标识符则由接口的链路层地址转化而来。

手工配置：用户手工配置 IPv6 站点本地地址或全球单播地址。

IPv6 的链路本地地址可以通过两种方式获得：

自动生成：设备根据链路本地地址前缀（FE80::/64）及接口的链路层地址，自动为接口生成链路本地地址；

手动指定：用户手工配置 IPv6 链路本地地址。

（1）组网图（图 7-21）

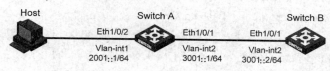

图 7-21　IPv6 基础配置组网示意图

（2）应用要求

Host、Switch A 和 Switch B 通过以太网端口直接相连，将以太网端口分别加入相应的 VLAN 中，并在 VLAN 接口上配置 IPv6 地址，验证设备之间的互通性。

Switch A 的 VLAN 接口 2 的全球单播地址为 3001::1/64，VLAN 接口 1 的全球单播地址为 2001::1/64。

Switch B 的 VLAN 接口 2 的全球单播地址为 3001::2/64，有可以到 Host 的路由。

Host 上安装了 IPv6，根据 IPv6 邻居发现协议自动配置 IPv6 地址。

（3）配置过程

配置 Switch A

使能交换机的 IPv6 转发功能。

〈SwitchA〉system-view

［SwitchA］ipv6

手工指定 VLAN 接口 2 的全球单播地址，同时会自动生成链路本地地址。

［SwitchA］interface vlan-interface 2

［SwitchA-Vlan-interface2］ipv6 address 30601::1/64

［SwitchA-Vlan-interface2］quit

手工指定 VLAN 接口 1 的全球单播地址，并允许其发布 RA 消息。（缺省情况下，所有的接口不会发布 RA 消息）

［SwitchA］interface vlan-interface 1

［SwitchA-Vlan-interface1］ipv6 address 2001::1/64

［SwitchA-Vlan-interface1］undo ipv6 nd ra halt

配置 Switch B

使能交换机的 IPv6 转发功能。

〈SwitchB〉system-view

［SwitchB］ipv6

配置 VLAN 接口 2 的全球单播地址。

［SwitchB］interface vlan-interface 2

［SwitchB-Vlan-interface2］ipv6 address 3001::2/64

［SwitchB-Vlan-interface2］quit

配置 IPv6 静态路由，该路由的目的地址为 2001::/64，下一跳地址为 3001::1。

〔SwitchB〕ipv6 route-static 2001：：64 3001：：1

配置 Host

Host 上安装 IPv6，根据 IPv6 邻居发现协议自动配置 IPv6 地址。

〔SwitchA〕display ipv6 neighbors interface ethernet 1/0/2

Type：S-Static D-Dynamic

IPv6 Address	Link-layer	VID	Interface	State T Age
FE80：：215：E9FF：FEA6：7D14	0015-e9a6-7d14	1	Eth1/0/2	STALE D 1238
2001：：15B：E0EA：3524：E791	0015-e9a6-7d14	1	Eth1/0/2	STALE D 1248

通过上面的信息可以知道 Host 上获得的 IPv6 全球单播地址为：

2001：：15B：E0EA：3524：E791。

验证配置结果

使用 display ipv6 interface 命令显示 Switch 的接口信息。

〔SwitchA〕display ipv6 interface vlan-interface 2

〔SwitchA〕display ipv6 interface vlan-interface 1

〔SwitchB〕display ipv6 interface vlan-interface 2

在 Host 上使用 Ping 测试和 Switch A 及 Switch B 的互通性；在 Switch B 上使用 Ping 测试和 Switch A 及 Host 的互通性。

〔SwitchB〕ping ipv6-c 1 3001：：1

 PING 3001：：1：56 data bytes，press CTRL_ C to break

  Reply from 3001：：1

  bytes＝56 Sequence＝1 hop limit＝64 time ＝ 2 ms

  — 3001：：1 ping statistics —

  1 packet（s）transmitted

  1 packet（s）received

  0.00% packet loss

  round-trip min/avg/max ＝ 2/2/2 ms

〔SwitchB-Vlan-interface2〕ping ipv6 -c 1 2001：：15B：E0EA：3524：E791

 PING 2001：：15B：E0EA：3524：E791：56 data bytes，press CTRL_ C to break

  Reply from 2001：：15B：E0EA：3524：E791

  bytes＝56 Sequence＝1 hop limit＝63 time ＝ 3 ms

  — 2001：：15B：E0EA：3524：E791 ping statistics —

  1 packet（s）transmitted

  1 packet（s）received

  0.00% packet loss

  round-trip min/avg/max ＝ 3/3/3 ms

从 Host 上也可以 ping 通 Switch B 和 Switch A，证明它们是互通的。

（4）注意事项

当接口配置了 IPv6 站点本地地址或全球单播地址后，同时会自动生成链路本地地址，且与采用 ipv6 address auto link-local 命令生成的链路本地地址相同。

配置链路本地地址时，手工指定方式的优先级高于自动生成方式。即如果先采用自动生成方式，之后手工指定，则手工指定的地址会覆盖自动生成的地址；如果先手工指定，之后采用自动生成的方式，则自动配置不生效，接口的链路本地地址仍是手工指定的。此时，如果删除手工指定的地址，则自动生成的链路本地地址会生效。

2. IPv6 手动隧道典型配置

IPv6 over IPv4 隧道机制是将 IPv6 数据报文前封装上 IPv4 的报文头，通过隧道（Tunnel）使 IPv6 报文穿越 IPv4 网络，实现隔离的 IPv6 网络的互通。

根据对 IPv6 报文的封装方式的不同，IPv6 over IPv4 隧道分为以下几种模式：IPv6 手动隧道；IPv4 兼容 IPv6 自动隧道；6to4 隧道；ISATAP（Intra-Site Automatic Tunnel Addressing Protocol，站点内自动隧道寻址协议）隧道。其中，IPv6 手动隧道为配置隧道，IPv4 兼容 IPv6 自动隧道、6to4 隧道及 ISATAP 隧道为自动隧道。

IPv6 手动隧道是点到点之间的链路，一条链路就是一个单独的隧道。主要用于边缘路由器—边缘路由器或主机—边缘路由器之间定期安全通信的稳定连接，可实现与远端 IPv6 网络的连接。

（1）组网图（图 7-22）

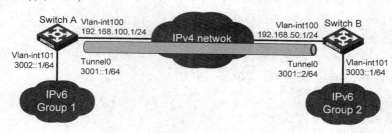

图 7-22　手动隧道组网图

（2）应用要求

如图 7-22 所示，两个 IPv6 网络分别通过 Switch A 和 Switch B 与 IPv4 网络连接，要求在 Switch A 和 Switch B 之间建立 IPv6 手动隧道，使两个 IPv6 网络可以互通。

（3）配置过程

配置 Switch A

\# 使能交换机的 IPv6 转发功能。

〈SwitchA〉system-view

［SwitchA］ipv6

\# 配置接口 Vlan-interface 100 的地址。

［SwitchA］interface vlan-interface 100

［SwitchA-Vlan-interface 100］ip address 192. 168. 100. 1 255. 255. 255. 0

［SwitchA-Vlan-interface 100］quit

\# 配置接口 Vlan-interface 101 的 IPv6 地址。

［SwitchA］interface vlan-interface 101

[SwitchA-Vlan-interface 101] ipv6 address 3002：：1 64

[SwitchA-Vlan-interface 101] quit

配置链路聚合组。需要注意的是，将端口加入到链路聚合组时，需要在端口上关闭 STP 功能。

[SwitchA] link-aggregation group 1 mode manual

[SwitchA] link-aggregation group 1 service-type tunnel

[SwitchA] interface GigabitEthernet 1/0/2

[SwitchA-GigabitEthernet1/0/2] stp disable

[SwitchA-GigabitEthernet1/0/2] port link-aggregation group 1

[SwitchA-GigabitEthernet1/0/2] quit

配置手动隧道。

[SwitchA] interface tunnel 0

[SwitchA-Tunnel 0] ipv6 address 3001：：1/64

[SwitchA-Tunnel 0] source vlan-interface 100

[SwitchA-Tunnel 0] destination 192.168.50.1

[SwitchA-Tunnel 0] tunnel-protocol ipv6-ipv4

在 Tunnel 接口视图下配置隧道引用链路聚合组 1。

[SwitchA-Tunnel 0] aggregation-group 1

[SwitchA-Tunnel 0] quit

配置从 Switch A 经过 Tunnel 0 接口到 Group 2 的静态路由。

[SwitchA] ipv6 route-static 3003：：64 tunnel 0

配置 Switch B

使能交换机的 IPv6 转发功能。

〈SwitchB〉system-view

[SwitchB] ipv6

配置接口 Vlan-interface 100 的地址。

[SwitchB] interface vlan-interface 100

[SwitchB-Vlan-interface 100] ip address 192.168.50.1 255.255.255.0

[SwitchB-Vlan-interface 100] quit

配置接口 Vlan-interface 101 的 IPv6 地址。

[SwitchB] interface vlan-interface 101

[SwitchB-Vlan-interface 101] ipv6 address 3003：：1 64

[SwitchB-Vlan-interface 101] quit

配置链路聚合组。需要注意的是，将端口加入到链路聚合组时，需要在端口上关闭 STP 功能。

[SwitchB] link-aggregation group 1 mode manual

[SwitchB] link-aggregation group 1 service-type tunnel

[SwitchB] interface GigabitEthernet 1/0/2

[SwitchB-GigabitEthernet1/0/2] stp disable

［SwitchB-GigabitEthernet1／0／2］port link-aggregation group 1

［SwitchB-GigabitEthernet1／0／2］quit

配置手动隧道。

［SwitchB］interface tunnel 0

［SwitchB-Tunnel 0］ipv6 address 3001∷2/64

［SwitchB-Tunnel 0］source vlan-interface 100

［SwitchB-Tunnel 0］destination 192.168.100.1

［SwitchB-Tunnel 0］tunnel-protocol ipv6-ipv4

在 Tunnel 接口 视图下配置隧道引用链路聚合组 1。

［SwitchB-Tunnel 0］aggregation-group 1

［SwitchB-Tunnel 0］quit

配置从 Switch B 经过 Tunnel 0 接口到 Group 1 的静态路由。

［SwitchB］ipv6 route-static 3002∷64 tunnel 0

验证配置结果

完成以上配置之后，分别通过 display 命令查看 Switch A 和 Switch B 的 Tunnel 接口状态。

［SwitchA］display ipv6 interface tunnel 0

［SwitchB］display ipv6 interface tunnel 0

从 Switch A 上可以 Ping 通对端的 Vlan-int 101 接口的 IPv6 地址：

［SwitchA］ping ipv6 3003∷1

　PING 3003∷1∷56　data bytes, press CTRL_ C to break

　　Reply from 3003∷1

　　bytes＝56 Sequence＝1 hop limit＝64　time ＝ 1 ms

　　Reply from 3003∷1

　　bytes＝56 Sequence＝2 hop limit＝64　time ＝ 1 ms

　　Reply from 3003∷1

　　bytes＝56 Sequence＝3 hop limit＝64　time ＝ 1 ms

　　Reply from 3003∷1

　　bytes＝56 Sequence＝4 hop limit＝64　time ＝ 1 ms

　　Reply from 3003∷1

　　bytes＝56 Sequence＝5 hop limit＝64　time ＝ 1 ms

　—3003∷1 ping statistics—

　　5 packet（s）transmitted

　　5 packet（s）received

　　0.00% packet loss

　　round-trip min／avg／max ＝ 1/1/1 ms

（4）注意事项

在隧道的两端应配置相同的隧道模式，否则可能造成报文传输失败。隧道接口必须引用链路聚合组以实现报文的接收和发送，且隧道引用的链路聚合组必须已创建，否则隧道接口状态不会 up，隧道无法通讯。

如果隧道两端 Tunnel 接口的地址不在同一个网段，则必须配置通过隧道到达对端的转发路由，以便需要进行封装的报文能正常转发。用户可以配置静态路由，也可以配置动态路由。在 Tunnel 的两端都要进行此项配置。

配置静态路由时，需要手动配置到达目的地址（不是隧道的终点 IPv4 地址，而是封装前报文的目的 IPv6 地址）的路由，并配置出接口为本端 Tunnel 接口或下一跳为对端的 Tunnel 接口地址。在隧道的两端都要进行此项配置。

配置动态路由时，需要在隧道两端的 Tunnel 接口使用动态路由协议。在隧道的两端都要进行此项配置。

3. IPv4 兼容 IPv6 自动隧道典型配置

IPv4 兼容 IPv6 自动隧道是点到多点的链路。隧道两端采用特殊的 IPv6 地址，其格式为：0：0：0：0：0：0：a. b. c. d/96，其中 a. b. c. d 是 IPv4 地址。通过这个嵌入的 IPv4 地址可以自动确定隧道的终点，使 IPv6 隧道的建立非常方便。但由于它必须使用 IPv4 兼容 IPv6 地址，仍依赖于 IPv4 地址，在使用时有一定的局限性。

（1）组网图（图 7-23）

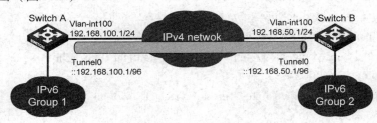

图 7-23　IPv4 兼容 IPv6 自动隧道组网图

（2）应用要求

如图 7-23 示，两个 IPv6 网络分别通过 Switch A 和 Switch B 与 IPv4 网络连接，要求在 Switch A 和 Switch B 之间建立 IPv4 兼容 IPv6 自动隧道，使两个 IPv6 网络可以互通。

（3）配置过程

配置 Switch A

使能交换机的 IPv6 转发功能。

〈SwitchA〉system-view

［SwitchA］ipv6

配置接口 Vlan-interface 100 的地址。

［SwitchA］interface vlan-interface 100

［SwitchA-Vlan-interface 100］ip address 192. 168. 100. 1 255. 255. 255. 0

［SwitchA-Vlan-interface 100］quit

配置链路聚合组。需要注意的是，将端口加入到链路聚合组时，需要在端口上关闭 STP 功能。

［SwitchA］link-aggregation group 1 mode manual

［SwitchA］link-aggregation group 1 service-type tunnel

［SwitchA］interface GigabitEthernet 1/0/2

［SwitchA-GigabitEthernet1/0/2］stp disable

［SwitchA-GigabitEthernet1/0/2］port link-aggregation group 1

［SwitchA-GigabitEthernet1/0/2］quit

配置自动隧道。

［SwitchA］interface tunnel 0

［SwitchA-Tunnel 0］ipv6 address ：：192. 168. 100. 1/96

［SwitchA-Tunnel 0］source vlan-interface 100

［SwitchA-Tunnel 0］tunnel-protocol ipv6-ipv4 auto-tunnel

在 Tunnel 接口视图下配置隧道引用链路聚合组 1。

［SwitchA-Tunnel 0］aggregation-group 1

配置 Switch B

使能交换机的 IPv6 转发功能。

〈SwitchB〉system-view

［SwitchB］ipv6

配置接口 Vlan-interface 100 的地址。

［SwitchB］interface vlan-interface 100

［SwitchB-Vlan-interface 100］ip address 192. 168. 50. 1 255. 255. 255. 0

［SwitchB-Vlan-interface 100］quit

配置链路聚合组。需要注意的是，将端口加入到链路聚合组时，需要在端口上关闭
STP 功能。

［SwitchB］link-aggregation group 1 mode manual

［SwitchB］link-aggregation group 1 service-type tunnel

［SwitchB］interface GigabitEthernet 1/0/2

［SwitchB-GigabitEthernet1/0/2］stp disable

［SwitchB-GigabitEthernet1/0/2］port link-aggregation group 1

［SwitchB-GigabitEthernet1/0/2］quit

配置自动隧道。

［SwitchB］interface tunnel 0

［SwitchB-Tunnel 0］ipv6 address ：：192. 168. 50. 1/96

［SwitchB-Tunnel 0］source vlan-interface 100

［SwitchB-Tunnel 0］tunnel-protocol ipv6-ipv4 auto-tunnel

在 Tunnel 接口视图下配置隧道引用链路聚合组 1。

［SwitchB-Tunnel 0］aggregation-group 1

验证配置结果

完成以上配置之后，分别通过 display 命令查看 Switch A 和 Switch B 的 Tunnel 接口状态。

［SwitchA］display ipv6 interface tunnel 0

［SwitchB］display ipv6 interface tunnel 0

从 Switch A 上可以 Ping 通对端的 IPv4 兼容 IPv6 地址：

［SwitchA］ping ipv6 :: 192. 168. 50. 1

PING :: 192. 168. 50. 1 : 56　data bytes, press CTRL_C to break

Reply from :: 192. 168. 50. 1

bytes = 56 Sequence = 1 hop limit = 64　time = 1 ms

Reply from :: 192. 168. 50. 1

bytes = 56 Sequence = 2 hop limit = 64　time = 1 ms

Reply from :: 192. 168. 50. 1

bytes = 56 Sequence = 3 hop limit = 64　time = 1 ms

Reply from :: 192. 168. 50. 1

bytes = 56 Sequence = 4 hop limit = 64　time = 1 ms

Reply from :: 192. 168. 50. 1

bytes = 56 Sequence = 5 hop limit = 64　time = 1 ms

—:: 192. 168. 50. 1 ping statistics—

5 packet（s）transmitted

5 packet（s）received

0. 00% packet loss

round-trip min/avg/max = 1/1/1 ms

（4）注意事项

在隧道的两端应配置相同的隧道模式，否则可能造成报文传输失败。

隧道接口必须引用链路聚合组以实现报文的接收和发送，且隧道引用的链路聚合组必须已创建，否则隧道接口状态不会 up，隧道无法通讯。

自动隧道不需要配置目的地址。

对于自动隧道，使用同种封装协议的 Tunnel 接口不能同时配置完全相同的源地址。

如果隧道两端 Tunnel 接口的地址不在同一个网段，则必须配置通过隧道到达对端的转发路由，以便需要进行封装的报文能正常转发。

配置静态路由时，需要手动配置到达目的地址（不是隧道的终点 IPv4 地址，而是封装前报文的目的 IPv6 地址）的路由，并配置出接口为本端 Tunnel 接口或下一跳为对端的 Tunnel 接口地址。在隧道的两端都要进行此项配置。

对于自动隧道，不支持动态路由。

4. 6to4 隧道典型配置

6to4 隧道是点到多点的自动隧道，主要用于将多个 IPv6 孤岛通过 IPv4 网络连接到 IPv6 网络。6to4 隧道通过 IPv6 报文的目的地址中嵌入的 IPv4 地址，可以自动获取隧道的终点。

6to4 隧道采用特殊的地址，其格式为：2002：abcd：efgh：子网号::接口 ID/64，其中 2002 表示固定的 IPv6 地址前缀，abcd：efgh 表示该 6to4 隧道对应的 32 位 IPv4 源地址，用 16 进制表示（如 1. 1. 1. 1 可以表示为 0101：0101）。通过这个嵌入的 IPv4 地址可以自动确定隧道的终点，使隧道的建立非常方便。

由于 6to4 地址的 64 位地址前缀中的 16 位子网号可以由用户自定义，前缀中的前 48 位已由固定数值、隧道起点或终点设备的 IPv4 地址确定，使 IPv6 报文通过隧道进行转发成为可能。

（1）组网图（图 7-24）

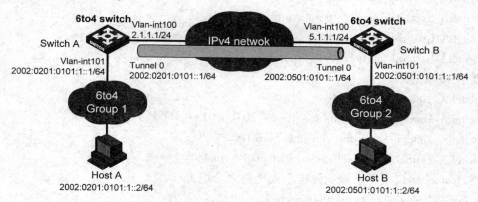

图 7-24 6to4 隧道组网图

（2）应用要求

如图 7-24 所示，两个 6to4 网络通过网络边缘 6to4 switch（Switch A 和 Switch B）与 IPv4 网络相连，为了实现 6to4 网络中的主机 Host A 和 Host B 之间的互通，需要配置 6to4 隧道。

6to4 网络之间的互通需要为 6to4 网络内的主机及 6to4 switch 配置 6to4 地址。

Switch A 上接口 Vlan-int 100 的 IPv4 地址为 2.1.1.1/24，转换成 IPv6 地址后使用 6to4 前缀 2002：0201：0101：：/48。对此前缀进行子网划分，Tunnel 0 使用 2002：0201：0101：：/64 子网，Vlan-int 101 使用 2002：0201：0101：1：：/64 子网。

Switch B 上接口 Vlan-int 100 的 IPv4 地址为 5.1.1.1/24，转换成 IPv6 地址后使用 6to4 前缀 2002：0501：0101：：/48。对此前缀进行子网划分，Tunnel 0 使用 2002：0501：0101：：/64 子网，Vlan-int 101 使用 2002：0501：0101：1：：/64 子网。

（3）配置过程

配置 Switch A

使能交换机的 IPv6 转发功能。

〈SwitchA〉system-view

［SwitchA］ipv6

配置接口 Vlan-interface 100 的地址。

［SwitchA］interface vlan-interface 100

［SwitchA-Vlan-interface 100］ip address 2.1.1.1 24

［SwitchA-Vlan-interface 100］quit

配置接口 Vlan-interface 101 的地址。

［SwitchA］interface vlan-interface 101

［SwitchA-Vlan-interface 101］ipv6 address 2002：0201：0101：1：：1/64

［SwitchA-Vlan-interface 101］quit

配置链路聚合组。需要注意的是，将端口加入到链路聚合组时，需要在端口上关闭 STP 功能。

［SwitchA］link-aggregation group 1 mode manual

［SwitchA］link-aggregation group 1 service-type tunnel

［SwitchA］interface GigabitEthernet 1/0/3

［SwitchA-GigabitEthernet1/0/3］stp disable

［SwitchA-GigabitEthernet1/0/3］port link-aggregation group 1

［SwitchA-GigabitEthernet1/0/3］quit

配置 6to4 隧道。

［SwitchA］interface tunnel 0

［SwitchA-Tunnel 0］ipv6 address 2002：201：101：：1/64

［SwitchA-Tunnel 0］source vlan-interface 100

［SwitchA-Tunnel 0］tunnel-protocol ipv6-ipv4 6to4

在 Tunnel 接口视图下配置隧道引用链路聚合组 1。

［SwitchA-Tunnel 0］aggregation-group 1

［SwitchA-Tunnel 0］quit

配置到目的地址 2002：：/16，下一跳为 Tunnel 接口的静态路由。

［SwitchA］ipv6 route-static 2002：：16 tunnel 0

配置 Switch B

使能交换机的 IPv6 转发功能。

〈SwitchB〉system-view

［SwitchB］ipv6

配置接口 Vlan-interface 100 的地址。

［SwitchB］interface vlan-interface 100

［SwitchB-Vlan-interface 100］ip address 5.1.1.1 24

［SwitchB-Vlan-interface 100］quit

配置接口 Vlan-interface 101 的地址。

［SwitchB］interface vlan-interface 101

［SwitchB-Vlan-interface 101］ipv6 address 2002：0501：0101：1：：1/64

［SwitchB-Vlan-interface 101］quit

配置链路聚合组。需要注意的是，将端口加入到链路聚合组时，需要在端口上关闭 STP 功能。

［SwitchB］link-aggregation group 1 mode manual

［SwitchB］link-aggregation group 1 service-type tunnel

［SwitchB］interface GigabitEthernet 1/0/3

［SwitchB-GigabitEthernet1/0/3］stp disable

［SwitchB-GigabitEthernet1/0/3］port link-aggregation group 1

［SwitchB-GigabitEthernet1/0/3］quit

配置 6to4 隧道。

［SwitchB］interface tunnel 0

［SwitchB-Tunnel 0］ipv6 address 2002：0501：0101：：1/64

［SwitchB-Tunnel 0］source vlan-interface 100

［SwitchB-Tunnel 0］tunnel-protocol ipv6-ipv4 6to4

在 Tunnel 接口视图下配置隧道引用链路聚合组 1。

［SwitchB-Tunnel 0］aggregation-group 1

［SwitchB-Tunnel 0］quit

配置到目的地址 2002∷/16，下一跳为 Tunnel 接口的静态路由。

［SwitchB］ipv6 route-static 2002∷16 tunnel 0

验证配置结果

完成以上配置之后，Host A 与 Host B 可以互相 Ping 通。

D：\ > ping6 -s 2002：201：101：1∷2 2002：501：101：1∷2

　Pinging 2002：501：101：1∷2

from 2002：201：101：1∷2 with 32 bytes of data：

Reply from 2002：501：101：1∷2：bytes = 32 time = 13 ms

Reply from 2002：501：101：1∷2：bytes = 32 time = 1 ms

Reply from 2002：501：101：1∷2：bytes = 32 time = 1 ms

Reply from 2002：501：101：1∷2：bytes = 32 time < 1 ms

Ping statistics for 2002：501：101：1∷2：

　　Packets：Sent = 4，Received = 4，Lost = 0（0% loss），

Approximate round trip times in milli-seconds：

　　Minimum = 0 ms，Maximum = 13 ms，Average = 3 ms

（4）注意事项

在隧道的两端应配置相同的隧道模式，否则可能造成报文传输失败。

隧道接口必须引用链路聚合组以实现报文的接收和发送，且隧道引用的链路聚合组必须已创建，否则隧道接口状态不会 up，隧道无法通讯。

自动隧道不需要配置目的地址。

对于自动隧道，使用同种封装协议的 Tunnel 接口不能同时配置完全相同的源地址。

如果隧道两端 Tunnel 接口的地址不在同一个网段，则必须配置通过隧道到达对端的转发路由，以便需要进行封装的报文能正常转发。

配置静态路由时，需要手动配置到达目的地址（不是隧道的终点 IPv4 地址，而是封装前报文的目的 IPv6 地址）的路由，并配置出接口为本端 Tunnel 接口或下一跳为对端的 Tunnel 接口地址。在隧道的两端都要进行此项配置。

对于自动隧道，不支持动态路由。

5. ISATAP 隧道典型配置

ISATAP 隧道是点到点的自动隧道技术，通过在 IPv6 报文的目的地址中嵌入的 IPv4 地址，可以自动获取隧道的终点。

使用 ISATAP 隧道时，IPv6 报文的目的地址和隧道接口的 IPv6 地址都要采用特殊的 ISATAP 地址。ISATAP 地址格式为：Prefix（64bit）：0：5EFE：ip-address。其中，64 位的 Prefix 为任何合法的 IPv6 单播地址前缀，ip-address 为 32 位 IPv4 源地址，形式为 a. b. c. d 或者 abcd：efgh，且该 IPv4 地址不要求全球唯一。通过这个嵌入的 IPv4 地址就可以自动建立隧道，完成 IPv6 报文的传送。

ISATAP 隧道主要用于在 IPv4 网络中 IPv6 路由器-IPv6 路由器、IPv6 主机-IPv6 路由器的连接。

（1）组网图（图 7-25）

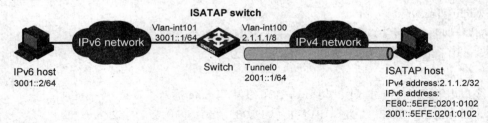

图 7-25　ISATAP 隧道组网图

（2）应用要求

如图 7-25 所示，IPv6 网络和 IPv4 网络通过 ISATAP 交换机相连，要求将 IPv4 网络中的 IPv6 主机通过 ISATAP 隧道接入到 IPv6 网络。

（3）配置过程

配置 Switch

　# 使能 IPv6 转发功能。

　〈Switch〉system-view

　［Switch］ipv6

　# 配置各接口地址。

　［Switch］interface vlan-interface 100

　［Switch-Vlan-interface 100］ipv6 address 3001：：1/64

　［Switch-Vlan-interface 100］quit

　［Switch］interface vlan-interface 101

　［Switch-Vlan-interface 101］ip address 2. 1. 1. 1 255. 0. 0. 0

　［Switch-Vlan-interface 101］quit

　# 配置链路聚合组。需要注意的是，将端口加入到链路聚合组时，需要在端口上关闭 STP 功能。

　［Switch］link-aggregation group 1 mode manual

　［Switch］link-aggregation group 1 service-type tunnel

　［Switch］interface GigabitEthernet 1/0/3

　［Switch-GigabitEthernet1/0/3］stp disable

　［Switch-GigabitEthernet1/0/3］port link-aggregation group 1

　［Switch-GigabitEthernet1/0/3］quit

　# 配置 ISATAP 隧道。

　［Switch］interface tunnel 0

　［Switch-Tunnel 0］ipv6 address 2001：：1/64 eui-64

　［Switch-Tunnel 0］source vlan-interface 101

　［Switch-Tunnel 0］tunnel-protocol ipv6-ipv4 isatap

在 Tunnel 接口视图下配置隧道引用链路聚合组 1。

［Switch-Tunnel 0］aggregation-group 1

取消对 RA 消息发布的抑制，使主机可以通过交换机发布的 RA 消息获取地址前缀等信息。

［Switch-Tunnel 0］undo ipv6 nd ra halt

［Switch-Tunnel 0］quit

配置到 ISATAP 主机的静态路由。

［Switch］ipv6 route-static 2001：：16 tunnel 0

配置主机

ISATAP 主机上的具体配置与主机的操作系统有关，下面仅以 Windows XP 操作系统为例进行说明。

在 Windows XP 上，ISATAP 接口通常为接口 2，只要在该接口上配置 ISATAP 交换机的 IPv4 地址即可完成主机的配置。先看看这个 ISATAP 接口的信息：

C：\ ＞ipv6 if 2

Interface 2：Automatic Tunneling Pseudo-Interface

　　Guid ｛48FCE3FC-EC30-E50E-F1A7-71172AEEE3AE｝

　　does not use Neighbor Discovery

　　does not use Router Discovery

　　routing preference 1

　　EUI-64 embedded IPv4 address：0. 0. 0. 0

　　router link-layer address：0. 0. 0. 0

　　preferred link-local fe80：：5efe：2. 1. 1. 2，life infinite

　　link MTU 1280（true link MTU 65515）

　　current hop limit 128

　　reachable time 42500ms（base 30000ms）

　　retransmission interval 1000ms

　　DAD transmits 0

　　default site prefix length 48

它自动生成了一个 ISATAP 格式的 link-local 地址（fe80：：5efe：2. 1. 1. 2）。我们需要设置这个接口上的 ISATAP 交换机的 IPv4 地址：

C：\ ＞ipv6 rlu 2 2. 1. 1. 1

只需要这么一个命令，这就完成了主机的配置，我们再来看看这个 ISATAP 接口的信息：

C：\ ＞ipv6 if 2

Interface 2：Automatic Tunneling Pseudo-Interface

　　Guid ｛48FCE3FC-EC30-E50E-F1A7-71172AEEE3AE｝

　　does not use Neighbor Discovery

　　uses Router Discovery

　　routing preference 1

EUI-64 embedded IPv4 address：2.1.1.2

router link-layer address：2.1.1.1

preferred global 2001：：5efe：2.1.1.2，life 29d23h59m46s/6d23h59m46s（public）

preferred link-local fe80：：5efe：2.1.1.2，life infinite

link MTU 1500（true link MTU 65515）

current hop limit 255

reachable time 42500ms（base 30000ms）

retransmission interval 1000ms

DAD transmits 0

default site prefix length 48

对比前后的区别，我们可以看到主机获取了 2001：：/64 的前缀，自动生成地址 2001：：5efe：2.1.1.2，同时还会发现这么一行 "uses Router Discovery" 表明主机启用了路由器发现，这时 ping 一下交换机上隧道接口的 IPv6 地址，可以 ping 通，这时候表明 ISATAP 隧道已经成功建立。

（4）注意事项

隧道接口必须引用链路聚合组以实现报文的接收和发送，且隧道引用的链路聚合组必须已创建，否则隧道接口状态不会 up，隧道无法通讯。

对于自动隧道，使用同种封装协议的 Tunnel 接口不能同时配置完全相同的源地址。

如果隧道两端 Tunnel 接口的地址不在同一个网段，则必须配置通过隧道到达对端的转发路由，以便需要进行封装的报文能正常转发。

配置静态路由时，需要手动配置到达目的地址（不是隧道的终点 IPv4 地址，而是封装前报文的目的 IPv6 地址）的路由，并配置出接口为本端 Tunnel 接口或下一跳为对端的 Tunnel 接口地址。在隧道的两端都要进行此项配置。对于自动隧道，不支持动态路由。

复习与思考题

1. 网络系统集成的主要过程是什么？
2. 简述局域网介质访问控制方法。
3. 简述路由器的工作原理。
4. CPU 的主要技术指标有哪些？
5. 简述几种常见的 IPv4 到 IPv6 过渡技术实现原理。

第8章 网络测试验收与管理维护

网络工程建设是否达到设计目标，需要通过网络工程测试和验收工作，全面考核工程建设质量，并形成测试验收报告，确保交付用户一个合格的网络系统。网络进入运行服务周期后，能否可靠、高效提供服务，与网络系统的日常管理维护工作密切相关。

8.1 网络工程测试

网络工程测试是根据相关的标准和规定，利用专用测试工具与技术手段对网络工程布线、网络设备及系统集成等部分的各项性能指标进行检测的过程，这是网络系统验收工作的基础。在一个阶段的施工完成之后，要采用专用的测试设备对各项性能进行严格的测试，并详细写下分段测试报告及总体质量检测评价报告，以保证工程的进度和质量，为网络的管理维护提供依据和保障。

8.1.1 网络工程测试的概念

网络工程测试是依据相关的规定或规范，采用相应的技术手段，利用专用的网络测试工具，对网络设备及网络综合布线系统的各项性能指标进行测试的过程。

一般来说，网络工程测试可以分为综合布线系统测试、网络系统测试、网络应用服务系统测试和网络系统集成测试等内容。综合布线系统的测试一般在系统集成测试前就已完成，它实际是网络链路的传输测试，本书第5章讲述了综合布线系统的测试和验收相关内容。网络系统测试主要包括网络设备测试和网络系统性能测试。网络应用服务系统测试包括网络服务器及应用系统测试、网络管理与安全系统测试等。网络系统集成测试是根据测试计划完成对整体网络工程项目交付前的最终测试。

8.1.2 网络系统测试

网络系统测试是一种内部网的可以划分很细致的测试，针对整网的细节部分做出针对性能的测试，包括网络设备测试、网络可靠性测试等方面。

1. 网络设备测试

网络设备测试主要包括交换机、路由器与防火墙等网络传输设备测试和计算机、服务器等网络终端设备的测试。网络设备测试依据相关标准进行，见表8-1。

表8-1 网络设备测试标准与规范

标准编号	标准名称	标注内容
YD/T 1156—2001	路由器测试规范——高端路由器	高端路由器的接口特性测试、协议测试、性能测试、网络管理功能测试等
YD/T 1141—2007	以太网交换机测试方法	以太网交换机的测试方法，包括功能测试、性能测试、协议测试和常规测试等
YD/T 1240—2002	接入网设备测试方法——基于以太网技术的宽带接入网设备	基于以太网技术的宽带接入网设备的接口、功能、协议、性能和网管的测试方法，适用于基于以太网技术的宽带接入网设备

标准编号	标准名称	标注内容
GB/T 20281—2006	信息安全技术防火墙技术要求和测试评价方法	从信息技术方面详细规定了各安全保护级别的防火墙所对应具有的安全功能要求和安全保证要求
GA/T 1177—2014	信息安全技术 第二代防火墙安全技术要求	依据安全功能强弱和安全保证要求对等级进行划分，将安全等级分为基本级和增强级

（1）交换机测试

① 交换机的物理测试

a. 设备确认：设备的包装、型号、数量、附件等符合设计或合同要求。

b. 外观接口确认：检测交换机的插槽、模块接口类型、数量、状态。

c. 安装确认：放置、布线、标示准确清晰完整。

d. 加电测试：加电启动正常。

e. 基本指标参数确认：包括软件版本、基本功能、支持协议等。

② 交换机的功能测试

a. 基本配置功能测试。

b. 协议标准技术支持测试：支持协议及其兼容性等。

c. 管理功能测试：支持 Telnet 远程配置，支持通过 Console 口配置，支持 WEB 网管，支持 SNMP 管理，支持 RMON 管理，支持集群管理等。

d. MAC 地址学习能力测试：MAC 地址学习速度、数量、缓存大小等。

e. VLAN 支持测试：支持 VLAN 数量、VLAN 的 802.1Q 标准、VLAN 透传、GVRP、VLAN trunk 等。

f. 性能指标测试：吞吐量、延迟和数据包的响应时间、拥塞控制能力、地址过滤、转发速率及故障恢复能力等。

（2）路由器测试

① 路由器的物理测试

a. 设备确认：设备的包装、型号、数量、附件等符合设计或合同要求。

b. 外观接口确认：检测交换机的插槽、模块接口类型、数量、状态；支持以太网、令牌环、令牌总线、FDDI 等局域网网络接口；支持 E1/T1、E3/T3、DS3、通用串行口等广域网接口。

c. 安装确认：放置、布线、标示准确清晰完整。

d. 加电测试：加电启动正常。

e. 基本指标参数确认：包括软件版本、基本功能、支持协议等。

② 路由器的功能测试

a. 基本配置功能测试。

b. 协议标准技术支持测试：支持协议及其兼容性；支持 TCP/IP、PPP、X.25、帧中继等网络通信协议。

c. 管理功能测试：支持 Telnet 远程配置，支持通过 Console 口配置，支持 WEB 网管，支持 SNMP 管理，支持 RMON 管理，支持集群管理等。

d. 路由功能测试：RIP、OSPF、BGP 等路由协议支持能力、路由表维护能力等。

e. 安全功能支持测试：支持数据包过滤，地址转换，访问控制，数据加密，防火墙，地址分配等。

f. 性能指标测试：吞吐量、延迟和数据包的响应时间、拥塞控制能力、地址过滤、转发速率及故障恢复能力等。

（3）防火墙测试

① 防火墙物理测试

测试内容和路由器物理测试基本相同。

② 防火墙功能测试

防火墙各项功能测试见表 8-2。

表 8-2 防火墙测试项目表

测试项目	测试内容
协议支持	支持的 TCP/IP 协议、AppleTalk、DECnet、IPX 及 NETBEUI 等协议
包过滤	IP 过滤规则对 ICMP、UDP、TCP 和非（ICMP、UDP、TCP）包的过滤效果
IPMAC 地址绑定	测试 IPMAC 绑定的基本功能，以及在 MAC 地址匹配而 IP 地址不匹配和 IP 地址匹配而 MAC 地址不匹配的两种 IP 欺骗的情况下防火墙的处理能力
NAT 转换	IP 地址转换及服务功能
多播	分区方向的控制、多播树
TRUNK	跨越防火墙，完成 VLAN 内的通信
内容过滤	对 SMTP、HTTP、FTP 等应用层进行过滤
报警	邮件，trap，蜂鸣等
日志审计	完备的日志功能，包括安全日志、时间日志和传输日志，对事件及访问日志的审计
实施监控	进行相应的流量、连接等信息查看
攻击防御	防 Flood、针对 ICMP 的攻击等多种 DoS 攻击测试
VPN 和加密认证	支持 VPN，支持本地、RADIUS、SecureID、NT 域、数字证书、MSCHAP 等多种认证

（4）服务器测试

① 服务器物理测试

a. 服务器基本指标：设备的 CPU、总线、内存、内置存储设备、网络接口、外存接口等设备是否符合要求。

b. 服务器技术支持：冗余技术、系统备份、在线诊断技术、故障预报警技术、内存纠错技术、热插拔技术和远程诊断技术。

c. 服务器功能配置：系统配置、网络配置、冗余配置和备份功能是否可行。

② 服务器性能测试

a. CPU 浮点运算、稳定性、占有率。

b. 内存读写速度、稳定性。

c. 磁盘读写速度、存取时间。

d. 网络 IOS、平均响应时间、每秒网络包流量。

e. 服务器可拓展性、易管理性。

2. 网络系统可靠性测试

在完成网络工程布线测试、网络设备测试后，就可以进行网络的初步运行，此时对整个网络进行可靠性测试，保证整网最终交付的可靠。网络系统可靠性测试的测试内容是在整网环境下完成的，以保证网络系统的复杂关联性，互相影响得到充分验证。网络系统的可靠性测试是一种灰盒测试，不仅仅要进行端到端的测试，还要深入关注到各个节点的运行状态、流量和协议控制层面的脉络运行状态。要做好各类故障的分类分析，充分考虑客户环境的复杂性和客户行为，对网络系统的高可靠相关特性深入理解，在验证中优化配置参数，得到最优最可靠的网络系统。

网络系统可靠性主要指网络系统的可持续性、可维护性、快速恢复机制等。相应的，可靠性测试包括以下几方面的内容：

（1）持续运行能力测试

在持续长时间、大压力高负荷、高频率震荡的测试条件下，测试网络的运行状况，通过更恶劣环境的测试，以确保网络系统在最终交付用户使用后，在各种冲击和压力下，能够保持稳定可靠运行。

（2）故障预警、定位能力测试

测试评价网络系统的系统实时监控、系统风险预警功能和系统故障定位维护功能。

（3）单点故障恢复时间测试

测试评价网络系统出现链路故障、节点设备故障、设备切换、设备升级等网络故障的情况下，恢复到正常状态的速度，一般要求系统平均恢复时间低于 500ms。

（4）协议及系统协调组合能力测试

网络系统中的协议配置对系统的稳定性、负荷和恢复时间有重大影响。例如对 OSPF 的 hello time 设置过小，会加重网络中控制平面处理负担，并容易产生路由振荡。但是过大也会导致故障时系统恢复时间无法达到要求。因此在测试中可根据不同网络的要求，取得一个性价比最高的平衡。

当各类为保证网络系统有效运行的协议在一个网络系统中应用时，增加了网络运行的复杂性，验证网络系统中链路聚合、MSTP、RRPP、BFD、GR、VRRP、ECMP、IRF 等 HA（High Availability）特性的组合、协调能力是一项重要的系统测试内容，并通过测试提供系统实际运行时最佳运行调试经验。

（5）攻击防御能力测试

构造各类攻击，使用测试仪器、开源软件、自行开发的各类异常报文攻击工具，实现对网络系统的安全漏洞、健壮性的综合测试。

8.1.3 网络应用服务系统测试

网络应用服务是网络系统服务的最终目标，网络应用服务测试是评价整个网络提供最终服务能力的指标。网络应用服务的内容包括常用应用服务，如 www 服务、FTP 服务、电子邮件服务等，也包括系统应用服务，如数据库服务、网络管理安全系统服务、用户自定义服务等。

1. FTP 服务测试

用负载测试和容量规划等软件工具，测试文件读写、软件最大支持用户数等指标。主要测试内容为大文件顺序读写、大文件随机读写、小文件随机读写、小文件顺序读写等。

2. WEB 服务性能测试

随着 Web 技术的发展，Web 及其应用程序对 Web 服务器提出了越来越高的性能要求，Web 服务器性能测试是指在一定的软硬件环境下，按照统一的度量标准，测试 Web 服务器对各种请求的响应速度、最大顺畅连接数等性能指标，进行可靠的性能评价。Web 服务器性能测试不仅能够确定影响 Web 服务器性能的关键因素，进而可以采取有针对性的方法和策略对 Web 服务器进行优化，而且在 Web 系统构建过程中可以为选取 Web 服务器提供重要参考。

Web 服务器性能测试方法通过模拟客户端对 Web 系统的压力量来测试 Web 服务器性能是否能够满足 Web 系统的需要。它主要包括并发性能测试、疲劳强度测试等，主要测试服务器响应时间、页面响应时间、往返时间、并发连接数、连接速率、资源利用率等指标。

3. 数据库服务测试

如果被测服务器上拥有数据库的话，同样用负载测试和容量规划软件，通过模拟用户数量的递增，获得每秒事务数衡量服务器的数据库事务处理能力。

8.2　网络工程验收

网络安装和配置工作完成之后，网络工程就进入到系统测试与验收阶段，该阶段的任务是检查网络系统是否符合设计的要求和相关的规范，检验工程质量是否达到相关标准。验收工作存在于网络施工的全过程，是用户对网络施工工作的认可与肯定。系统测试与验收是按照网络工程标准和合同规定对系统性能、试运行情况进行审核，同时检查系统竣工资料的准确性、一致性、完整性，以确认网络是否达到设计要求。验收工作发现存在的问题或故障，并采取相应的措施加以排除。当系统测试发现问题或故障，需要再回到工程实施阶段对出现的问题重新安装、配置。

1. 设备验收

在设备安装过程中应尽量避免安装在震动、潮湿、易受机械损伤、有强磁场干扰的地方等。网络设备的到货验收就是对照设备订货清单清点所带货物，确保到货的设备与订货清单一致，并且功能良好能够胜任网络设计中所需要其担任的工作，以及配套的附件能够保证整体的安装流程，用书面记录的方式使验货工作有条不紊。

一般情况下，设备厂商会提供一份验收清单，内容包括设备清单、设备到位情况、设备检验记录、设备签收单、设备安装及运行情况等，设备清单示例见表 8-3。

表 8-3　设备清单

序号	设备型号	数量	附件是否齐全	整体是否完好

2. 初步验收

在将要进行网络工程初步验收时，应事先做好前期准备，例如要确保综合布线（光缆和双绞线）通过了各项认证测试（测试报告），确保可靠性测试合格，确保布线正确且没有错误，确保设备多次测试之后的连接跳线合格，而且不要忽视各种跳线的性能与损耗。如果通过了网络工程的初步验收，则其网络系统及其计算器系统可以交付用户开始试运行。

3. 竣工验收

网络系统通过初步验收并经过 1~2 个月的试运行之后，如果没有重大故障发生，特别是没有系统中断的现象发生，在用户允许的前提下，供应商、系统集成商、用户以及三方的技术顾问可参与对计算机系统和网络系统的最终验收，如通过则交给用户正式运行，日后由用户负责系统的运行及维护，并由供应商及集成商提供技术支持。

最终验收的程序如下：

检查试运行期间的所有运行报告及各项相关数据，而试运行时期，如有指标与要求不符，与施工技术人员进行沟通寻找妥善的解决方法。确定所有的测试工作已经全部完成没有遗漏，且出现的所有问题都已解决。

最终验收测试是按照测试标准对整体系统进行抽样式测试，测试结果填入"最终验收测试报告"中，在测试时如果性能各项都没有出现问题，那么竣工时用以前测试的资料作为依据，而如果出现问题的话应追加试运转期直到各项指标合格为止。

三方（供应商、系统集成商、用户）应该签署"最终验收报告书"，最后附上"最终验收测试报告"、"网络拓扑和配置手册"、"综合布线竣工文档"、"网络设备清单"、"工程说明书"、"系统设计文档"等，见表 8-4 最终验收测试报告表。

向用户移交全部的技术文档，包括所有设备的详细配置参数、各种属于用户的应用手册等。如果出现质量不合格的项目应追查原因，分清责任，再进行沟通。

表 8-4　最终验收测试报告表

序号	测试步骤	正确结果	测试结果
1	设备是否完好	完好	
2	各设备指示灯情况	指示灯正确闪烁	
3	各网络设备网络连通性	都能连通	
4	用软件进行压力模拟测试	符合需求抗压性	
5	人为制造出异常状态	恢复良好	
6	各设备正常运转，没有出现过热、运行缓慢、异常等	一切正常	

8.3　网络管理维护

企业信息化建设初期，网络系统结构简单、网络设备数量较少，采用简单网络管理维护方式结合一些简单的网络管理工具，就可以完成日常的网络管理维护工作。随着网络设备逐步增多、网络系统结构日趋复杂，企业的运营和业务越来越多地依赖网络系统来完成，简单的网络管理方式难以完成网络的正常运维，采用多功能的网络管理系统，将机房基础环境、网络环境、服务器设备硬件、系统和应用软件、业务系统、资产、人员等环节集中整合到统一的管理平台中，为网络系统设备提供设备监控、预警管理、自动管控、资产管理、配置管理、事件管理、变更管理等是必要的。

8.3.1　网络管理

1. 网络管理的概念

网络管理分为狭义和广义两种，其中狭义上说的是网络交通量等网络参考性能的管理，广义为网络应用系统的管理。

网络管理包括对硬件、软件和人力的使用、综合与协调，以便对网络资源进行监视、测试、配置、分析、评价和控制，这样就能以合理的价格满足网络的一些需求，如实时运行性能、服务质量等。

交换机的
Console端口

图 8-1　本地终端管理

网络管理通常采用三种方式：本地终端管理方式、Telnet 命令行方式和基于网络管理协议的独立网络管理系统方式。本地终端方式在网络初始化时被使用，如图 8-1 所示，利用 Console 线连接完成网络设备配置管理。

2. 网络管理的体系结构

在网络管理维护过程中，网络管理人员通过网络管理系统对整个网络进行管理，网络管理系统是用于对网络系统全面有效的管理，实现用户要求的网络管理目标的系统。一个完整的网络管理维护体系通常需要以下各部分，既多个被管代理 Agent，至少一个网络管理站 Manager，网络管理协议（SNMP，CMIP）和至少一个网站信息库 MIB，如图 8-2 所示为基于网络管理协议的网络管理模型。

（1）被管代理（Agent）：存在于被管网络设备或代理服务器中，负责接受来自网络管理者的管理命令和设置信息，转换为网络设备操作指令，完成网络管理者对网络设备信息的设置和调整，或完成把网络设备信息传递给网络管理者的任务。

（2）网络管理站（Manager）：负责接收用户的命令，并根据管理协议向被管理的服务器上传输，同时接收被管代理的通告，给予用户通告。管理站被作为网络管理员与网络管理系统的接口。它的基本构成是：一组具有分析数据、发现故障等功能的管理程序；一个用于网络管理员监控网络的接口；将网络管理员的要求转变为对远程网络元素的实际监控的能力；一个从所有被管网络实体的 MIB 中抽取信息的数据库。

（3）网管协议：用来交换和封装网络管理站和被管代理之间的数据信息传输标准，其中主要的为 SNMP，SNMP 是由一系列协议组和规范组成的，它们提供了一种从网络上的设备中收集网络管理信息的方法。

（4）网管信息库（MIB）：在网络管理模型中，管理信息库 MIB（Management Information Base）是网络管理系统的核心，网管信息库由多个被管对象组成，可提供所有有关网络设备的相关信息。

网络管理模式分为三种：集中式网络管理模式、分布式网络管理模式和混合管理模式，适用的网络结构和复杂程度不同，采用的网络管理模式也不同。

集中式网络管理模式：集中式网络管理模式是所有的网络代理在管理站的监视和控制下，协同工作实现集成的网络管理。集中式网络管理模式在网络系统中设置了专门的网络管理节点，管理软件、管理功能主要集中在网络节点上，主要包括信息搜集、信息记录、响应请求和

图 8-2　网管系统结构

205

设备配置等功能。

集中式网络管理模式的优点：管理集中，有利于从整个网络对全局进行有效的管理。

集中式网络管理模式的缺点：管理信息集中汇总到网络管理节点上，导致大量的网络信息流，管理不够灵活，管理节点发生故障可能影响整个网络。

在实际的网络管理实践中，单独使用集中式网络管理模式的方式较少，而分布式网络管理模式应用广泛，也有集中式网络与分布式网络相结合的网络。

在集中式网络管理中，如果网络中存在非标准网络设备，需要设置委托网管代理，通过委托网管代理来管理一个或多个非标准网络设备，委托网管代理的作用是进行协议转换。

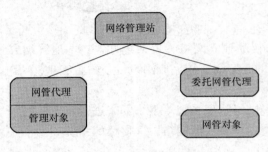

图 8-3　集中式网管

该配置中至少有一个节点担当管理站的角色，其他节点在网管代理模块（NME）的控制下与管理站通信。其中 NME 是一组与管理有关的软件，NMA 是指网络管理应用，它们之间的关系如图 8-3 所示。

分布式网络管理模式：为了减少中心管理控制台、局域网连接、广域网连接以及管理信息系统人员不断增长、数据过多的负担，就必须对现有的集中式的网络管理模式进行一个大幅度彻底的改变。其方法是将信息管理和智能判断分布到所用网络的各处，减少操作，使得管理变得更加自动，在问题源或靠近故障源的地方能够做出基本的故障处理决策。

分布式管理将数据采集、监视分开来管理，分布式把网络上的已有的数据源采集数据而不必考虑网络的拓扑结构。分布式管理为网络管理员提供了更加有效的、大型的、地理分布广泛的网络管理方案。分布式网络管理模式主要有以上功能和特点。为了在非常大的网络环境中限制网管信息流量超负荷，分布式网络管理采用了智能过滤器来减少传输和缓存数据。通过优先级控制，不需要的或不良的数据就会从系统中排除，从而使得网络控制台能够先处理优先级高的工作，如趋势分析和容量规划。为了在系统中不同地点排除不必要的数据，分布式管理采用以下 4 种过滤器。

设备查过滤器：规定采集网站应该查找和监视哪些设备。

拓扑过滤器：规定哪些拓扑数据被转发到哪个管理网站上。

映象过滤器：规定哪些对象将被包容到各管理网站的映象中去。

报警和事件过滤器：规定哪些报警和事件被转发给任意优先级的特定管理，目的是排除掉那些与其他控制台无关的事件。

混合式网络管理模式：混合式网络管理模式是集中式网络管理模式与分布式网络管理模式的结合。正是由于集中和分布两种模式各有千秋又都存在短板，基于现代的网络发展趋势创新出了集中和分布相结合的混合式网络管理模式。

3. 网络管理的功能

国际化标准组织 ISO 在 ISO/IEC7498-4 文档中定义了网络管理的五大功能，包括故障管理、计费管理、配置管理、性能管理、安全管理。

（1）故障管理

故障管理是网络管理中的基础功能，如果出现故障，必须能及时地发现故障并对故障进行分析和定位，从而可以尽快地采取措施进行补救，保证网络的继续运行。网络故障管理包括故障检测、分析和排错三方面，应包括以下典型功能：

① 故障发现。

② 故障信息记录。

③ 识别与跟踪故障。

④ 执行诊断测试。

⑤ 排除故障。

（2）计费管理

目的是监控网络资源使用的时间或流量等，对于一些提供公共商业网络服务的公司是十分重要的。它可以估算出用户使用网络资源可能需要的费用和代价。当用户为了一个通信目的需要使用多个网络中的资源时，计费管理可计算总计费用。另外，网络管理员还可规定用户可使用的最大费用，从而控制用户过多占用和使用网络资源，这也从另一方面提高了网络资源的利用效率。

（3）配置管理

配置管理是指对网络系统参数信息的定义、监测和管理，它初始化网络并配置网络更新信息，以使其提供网络服务。配置管理的目的是为了实现网络的特定功能或使网络性能得到优化。

主要配置管理内容包括：

① 标示被管网络的各种对象。

② 初始化或关闭被管对象。

③ 记录各种被管对象的配置、状态参数信息，如网络设备、软件、操作级别、负责维护设备的人员等信息，并维护信息数据库。

④ 获取网络系统的变化信息。

⑤ 更新优化网络系统的配置。

（4）性能管理

性能管理主要是评估系统资源的运行状况及通信效率等系统性能，它能够监视和分析被管网络及其所提供服务的性能指标信息。性能分析的结果可能会触发某个诊断测试过程或重新配置网络以维持网络的性能。性能管理收集分析有关被管网络当前状况的数据信息，并维持和分析性能日志。主要的功能包括：

① 性能信息监控：自动发现网络拓扑结构及网络配置，实时监控设备状态信息，通过对被管理设备的监控或轮询，获取有关网络运行的信息及统计数据。

② 性能查询分析：查询、统计、分析网络日志等信息，判断网络运行状况，预测网络运行趋势，从而为网络性能优化提供依据。

③ 性能优化和管理：优化网络性能，消除网络中的瓶颈，实现网络流量的均匀分布，网络运行的最优化。

（5）安全管理

安全性一直是网络的薄弱环节之一，而用户对网络安全的要求又相当高，因此网络安全管理非常重要。面对网络中存在的主要安全问题，网络安全管理应包括对授权机制、访问控制、加密和安全日志信息的管理，主要内容包括：

① 授权管理：确定重要的网络资源和用户之间的关系集合，控制和维护授权设施。

② 加密管理：识别重要的网络资源，进行数据加密。

③ 防火墙、入侵检测系统管理：监视对重要网络资源的访问，防止非法用户的访问，阻止外界入侵。

④ 日志管理：维护和检查安全日志。

⑤ 网络病毒控制。

4. 网络管理系统选择

网络管理系统软件的选择除具备基本的网络管理功能，主要考虑以下几方面的需求：

（1）易于使用，提高工作效率。

（2）具有良好的开放性和扩展性。

（3）支持各种关键设备、服务器及应用的性能监测与分析。

（4）有效的故障告警与故障处理分析功能。

（5）跨厂商、跨设备、跨平台网络管理功能。

（6）动态拓扑生成功能。

下面以网络设备厂商思科的 Cisco Works 2000 网管系统为例了解网络管理系统的基本功能。

Cisco Works 是 Cisco 公司开发的网络管理工具，主要用于 Cisco 设备的管理，它包括多个管理模块：CiscoView、Traffic Director、Campus Manager 等。

Cisco View 是一个基于 SNMP 的图形化设备管理工具，它可以提供对设备的实时查看，它采用 client-server 模式。Cisco View 是一个基于 GUI 的设备管理软件应用程序，可为 Cisco 系统公司的网络互连设备（交换机、路由器、集中器和适配器）提供动态状态信息，统计数据和全面的配置信息。Cisco View 可以图形的方式显示 Cisco 的物理视图。另外，此网络管理工具还提供配置和监视功能以及基本的故障排除功能。

设备前、后面板的图形显示，包括板卡、端口状态。

对板卡、端口进行配置。

实时查看设备运行状况，如端口利用率等。

提供 Telnet 等工具。

Traffic Director 是用来监测、记录网络流量，帮助管理员进行流量分析的工具。Traffic Director 的流量监控系统包括一个集中管理的控制台，以及分布在网络中的进行数据采集的代理（Agent），主要功能如下：

（1）监测网络流量。

（2）设置流量阈值并且在流量达到阈值时告警。

（3）收集统计信息并记录。

（4）对流量进行统计，并生成相应的图表以便查看。

（5）实时查看网络流量状况。

Campus Manager 是 Cisco Works 2000 网管工具中的一个模块，它提供了基于 Web 的管理工具使管理员对网络拓扑等进行管理。采用 client/server 这种结构，从而可以使多个用户同时访问 Server 以进行操作。主要功能如下：

（1）查看详细的网络信息，包括设备、链路、端口等。

（2）配置、管理、监视 ATM 设备。

（3）将网络进行逻辑分割并进行管理。

（4）生成并管理 LANE services。

（5）查看设备、端口属性，并进行配置。

8.3.2 网络故障及处理

随着网络规模的扩大，网络系统的管理和维护越来越复杂，网络故障的出现是无法避免的，网络出现故障的原因多种多样，如何诊断网络故障，如何进行网络故障的修复是网络管理维护中经常面对的问题。对于大多数管理员来说，主要任务就是整个企业网络系统的维护，每当网络系统出现故障时，是最令网管员头痛的事，因此，故障管理成为整个网络管理的重中之重。

1. 网络故障的分类

网络故障就是网络不能提供服务，局部的或全局的网络功能不能实现。按网络故障性质划分为物理故障、逻辑故障；按网络故障对象划分为线路故障、设备故障、主机（配置）故障。而根据不同的故障原因可以分为：连通性故障、网络协议故障、配置故障和安全故障。

（1）物理故障

物理故障，也称为硬故障，指的是因网络设备或线路损坏，插头松动，线路受到严重电磁干扰等情况产生的网络故障。比如说，网络管理人员发现网络某条线路突然中断，首先用 ping 或 fping 检查线路与网管中心是否连通。物理层的故障主要表现在设备的物理连接方式是否恰当，连接电缆是否正确，Modem、CSU/DSU 等设备的配置和操作是否正确。

确定路由器端口物理连接是否完好的最佳方法是使用 show interface 命令，检查每个端口的状态，解释屏幕输出信息，查看端口状态、协议建立状态和 EIA 状态。

（2）逻辑故障

逻辑故障，也称为软故障，是由软件配置或软件错误等引起的网络故障，其中最常见的情况就是配置错误，就是指因为网络设备的配置原因而导致的网络异常或故障。配置错误可能是路由器端口参数设定有误，或路由器路由配置错误以至于路由循环或找不到远端地址，或者是路由掩码设置错误等。比如，同样是网络中的线路故障，该线路没有流量，但又可以 ping 通线路的两端端口，这时就很有可能是路由配置错误了。

（3）线路故障

线路故障，顾名思义就是线路不通。处理这样的问题时首先查看该线路上是否还有流量流动，然后再用 ping 检查线路远端的路由器的响应情况。

（4）路由器等传输设备故障

上述提到的线路故障中，很多时候都涉及路由器，所以有时候会将一些线路故障归纳为路由器故障。

（5）主机故障

此类故障一般都是主机的配置不当，涉及 IP 的冲突和 IP 地址与网关地址的不匹配。同时，主机还存在另一个故障，例如，主机没有控制其上的 finger、rlogin 等多余的服务，但是黑客却可以利用这些多余的正常服务或者 BUG 攻击主机夺取权限。

（6）连通性故障

连通性故障的表现为：链接到局域网的计算机无法进行 Internet 访问，工作站无法登陆，或者登陆后通过"网上邻居"访问局域网里的其他计算机同时无法使用网络共享和打印机，再没有收到病毒攻击的情况下在局域网中的工作站都非常的慢。处理上述情况主要从以下方面着手：网卡是否正常，是否正确安装网络协议，网线插座等外部设施是否正常等。

（7）网络协议故障

网络协议故障表现为：网络中的工作站无法登陆服务器，工作室通过"网上邻居"无法看到局域网中其他计算机，或看到了但是无法访问，连入局域网但是无法访问 Internet，局域网中会看到重名的工作站。处理此类故障的方法为：检查网卡是否正常、网络协议是否安装和配置正常，在组建局域网时是否有人为的失误造成重名工作站。

（8）配置故障

配置故障主要是由于系统和软件工具的配置错误、配置不当形成的。通常此故障表现为：某些工作站无法和其他部门实现连接，工作站无法访问其他设备，只能 ping 通主机，当局域网连入 Internet 时只能 ping 但是无法上网。

（9）安全故障

安全故障主要指病毒感染、黑客攻击、安全漏洞等，当然也不能排除局域网内部的相互感染甚至恶意攻击。

2. 网络故障的主要处理工具

（1）网络测线仪

在实际进行网络布线的过程中，我们最常使用的工具就是网络测线仪，借助该工具，我们可以对双绞线中的八根芯线的连通性进行依次测试检查，然后根据测试结果判断出网络布线是否存在问题。

（2）操作系统工具

依次点击"开始→程序→附件→系统工具→系统信息"，在打开的"系统信息"窗口中点击"工具→网络诊断"，随后进入"帮助和支持中心"的网络诊断运行窗口，点击"扫描您的系统"后，网络诊断工具将开始对整个网络进行诊断。

在这个过程中，系统将调用 Ping 等命令对网关、DNS 服务器等进行探测和查错。此过程完成后，展开所有标有红色"失败"的项，即可快速诊断出故障原因。

（3）IPConfig

IPConfig 是 TCP/IP 故障诊断工具，通过 IPConfig 提供的信息，可以确定存在于 TCP/IP 属性中的一些配置上的问题。例如使用"IPConfig/all"就可以获取主机的详细的配置信息，其中包括 IP 地址、子网掩码和默认网关、DNS 服务器等信息。

通过 IPConfig 所获信息，可以迅速判断出网络的故障所在。例如：子网掩码为 0.0.0.0 时，则表示局域网中的 IP 地址可能有重复的现象存在；如果返回的本地 IP 地址显示为 169.254.*.*，子网掩码为 255.255.0.0，则表示该 IP 地址是由 Windows XP 的自动专用 IP 寻址功能分配的。这意味着 TCP/IP 未能找到 DHCP 服务器，或是没有找到用于网络接口的默认网关。如果返回的本地 IP 地址显示为 0.0.0.0，则既可能是 DHCP 初始化失败导致 IP 地址无法分配，也可能是因为网卡检测到缺少网络连接或 TCP/IP 检测到 IP 地址有冲突而导致的。

（4）连接故障诊断工具 Ping

Ping［-t］［a］［-n count］［-I size］［-f］［-I TTL］［-v TOS］［-r count］［-s count］［［-j host-list］｜［-k host-list］］［-w timeout］

参数：

-t——用当前主机不断向目的主机发送数据包。

-n count——指定 ping 的次数。

-I size——指定发送数据包的大小。

-w timeout——指定超时时间的间隔。

常见错误信息：

unkonw host　主机名不可以解析为 IP 地址，故障原因可能是 DNS server。

Network unreacheble　表示本地系统没有到达远程主机的路由。

No answer　表示本地系统有到达远程主机的路由，但接受不到远程主机返回报文。

Request timed out　可能原因是远程主机禁止了 ICMP 报文或是硬件连接问题。

Ping　是我们最常使用的工具。

例 1：主机无法连接到网络时，用 Ping 命令检查的步骤是：

Ping 127. 0. 0. 1　　　判断网络协议安装正确

Ping 本机地址　　　判断本机网卡正常

Ping 默认网关　　　判断网关是否可达

例 2：使用 Ping 域名时失败，但 Ping IP 的方式却成功了，那么问题显然是出在主机名称解析服务上，此时就应该检查本机 TCP/IP 属性中设置的 DNS 服务器是否能够正常解析。

（5）Tracert

tracert［-d］［-h maximum_ hops］［-j hostlist］［-w timeout］

参数：

-d——不解析主机名。

-w timeout——设置超时时间。

"网络路径"诊断工具，用于跟踪路径，Tracert 可以帮助我们确定网络中从一台主机到另一台主机的路径（包括路由器和网关）。通过 Tracert 反馈的消息，我们可以初步判定故障所在的位置。

（6）Netstat 命令的格式

netstat［-a］［-e］［-n］［-s］［-p proto］［-r］［interval］

参数：

-a——显示主机的所有连接和监听端口信息。

-e——显示以太网统计信息。

-n——以数据表格显示地址端口。

-p proto——显示特定协议的具体使用信息。

-r——显示本机路由表的内容。

-s——显示每个协议的使用状态（包括 TCP、UDP、IP）。

interval——刷新显示的时间间隔。

通过 Netstat 命令可以了解网络的整体使用情况，显示当前正在活动的网络连接的详细信息，例如显示网络连接、路由表和网络接口信息，可以统计目前总共有哪些网络连接正在运行。

利用命令参数，Netstat 命令可以显示所有协议的使用状态，这些协议包括 TCP 协议、UDP 协议以及 IP 协议等，另外还可以选择特定的协议并查看其具体信息，还能显示所有主机的端口号以及当前主机的详细路由信息。

复习与思考题

1. 什么是网络工程测试？
2. 网络设备测试包含哪些内容？
3. 网络可靠性测试的主要内容是什么？
4. 网络工程验收的主要内容是什么？
5. 网络管理系统主要由哪几部分组成，各部分的主要功能是什么？
6. 网络故障包含哪几种？如何处理？
7. 常用的网络故障处理工具有哪些？

第9章 综合布线工程的招投标与合同管理

9.1 综合布线工程的招投标管理

9.1.1 概述

由于综合布线系统是智能建筑弱电、通信、自动控制等领域信息传递的基础设施，因此，必须根据主体工程的性质、类型和用户通信需求进行配置，以便为用户提供可靠的通信服务。为了保证工程质量，控制工程投资，鼓励施工企业公平竞争，我国采用了招标投标制度。目前，综合布线系统常用的招标投标形式有以下几种，可依据工程实际需要确定。

（1）主体工程项目内统一对外招标。

（2）与弱电系统结合形成整体进行招标。

（3）综合布线系统单独对外招标。

1. 工程建设项目实行招标投标的概况

我国在工程建设领域内实行招标投标制度是在 20 世纪 80 年代中期开始的。历经 30 多年的不断发展完善，特别是 2013 年 4 月（七部委 30 号令）《工程建设项目施工招标投标办法》的修订，使得我国的招标投标工作更加规范，招标投标的各项活动进入了法制化轨道。

2. 工程招标投标的定义和基本概念

根据《中华人民共和国招标投标法》的规定，工程建设项目招标和投标活动的主要名词有以下几个，下面分别进行解释说明。

（1）招标

是指建设单位（或业主，简称招标人）对自愿参加工程项目建设或进行大宗设备采购的投标人进行审查、评议和选定的过程。招标人对项目的建设地点、规模容量、质量要求和工程进度等予以明确后，向社会公布招标文件，招聘承包者或承买者的行为和活动，是选择实施者（即承包单位或供货单位）的一种方式。

（2）投标

是指投标人按照招标文件的具体要求编制投标文件（即标书，明确其应标的方案和价格），以响应建设单位的行为和活动，参与投标竞争。这种响应的行为称为应标或投标。

（3）评标

是指招标人依照投标人的技术方案、工程报价、技术水平、人员的组成及素质、施工能力和措施、工程经验、企业财务及信誉等方面的评价标准，对各个投标单位提交的投标文件进行评价、比较和分析，从中选出最佳投标单位的过程。

（4）开标

是指在招标文件预先约定的地点，在投标文件截止提交时间之后，即刻公开所有响应招标的投标文件，并当众拆封，宣读每件投标书的主要内容，使所有参与开标的单位和个人都了解整个招标投标的情况。

（5）决标

是指评标组织机构对所有投标单位提交投标文件进行评审，根据招标投标法的规定，决定是否中标（即决标），投标文件应符合下列条件之一才能中标。

① 能够最大限度地满足招标文件中规定的各项综合评价标准。

② 能够满足招标文件的实质性要求，并且经评审的投标价格最低，但是投标价格低于成本的除外。中标是指被评标委员会评审决定选中的，并经招标人最终确认的投标单位的投标文件，所以对于评标委员会来说是决定中标的投标单位称为"决标"；对于投标单位来说就是"中标"。

工程招标投标法中的名词还有不少，例如法人、当事人、代理人或代理机构等，但都是常用的，不是招标投标方面的专用名词，且在公开场合经常遇到，它们是众所周知的，所以本书不予以解释。

9.1.2　招标投标的作用

我国从 20 世纪 80 年代初开始逐步推行招标投标制度，取得了明显成效，起到以下的作用。

（1）规范了市场经济竞争交易活动

通过实践总结招标投标的经验和教训，我国在研究借鉴国际上招标投标普遍做法的基础上制定的招标投标法，是以法律的形式对招标投标活动的规范，它的实施与不断完善，使我国建立了与社会主义市场经济体制相适应的招标投标制度，使得大宗货物的买卖、工程建设项目的发包与承包，服务项目的采购与实施有了公平竞争的交易方式。它与供求双方"一对一"的直接交易方式相比，具有明显的优越性，既有利于节约和合理使用投资，保证工程项目质量；又有利于创造公平竞争的市场环境，促进企业间的公平竞争，还有利于堵住经济交易活动中行贿受贿等腐败和不正当竞争行为的"黑洞"；同时铲除国有资金交易活动中滋生腐败的土壤，总之，它是以国家法规的形式保护了国家的利益和社会公共的利益。

（2）保护了参与招标投标双方当事人的合法权益，起到了净化和规范建设市场的作用

这里招标投标双方当事人主要是指招标方（人或单位）和投标方（人或单位），此外，招标方还包括委托招标代理机构代为办理招标事宜的，参与招标投标活动的当事人也包括招标投标代理机构。

招标投标法对参与这项活动的当事人，提出了各方享有的基本权利和应履行的基本义务，使市场经济活动中各方当事人的合法权益有了法律保护，同时，也促进了建设市场经济活动的规范化。

（3）确保了工程建设项目的质量，提高了社会和经济效益

招标投标制度的实施，使得建设市场得以净化，有效地节约了工程建设的资金、缩短了工期，并保证了工程建设项目质量，取得显著的经济和社会效益。

从上述的招标投标制度的目的和作用分析中看出，我国的招标投标法是保护各方利益的法律依据，参与招标或投标的各方都应严格遵循，切实执行，只要各方坚持正确履行法律规定的基本义务，各方的权利就能得到切实保护。

根据我国目前情况分析，实施招标投标制度涉及面很广，且非常复杂，仍需在实践中不断完善，尤其是加强监督和严格管理等方面的制度建设。

9.1.3　招标投标的内容、范围、原则和要求

本书所述的招标投标内容、范围、原则和要求是通用的，对于综合布线系统等工程来

说，要结合实际需要参照执行。

1. 招标投标的内容

招标文件或投标文件的内容是互相对应的，现分别进行介绍，供使用时参考。

（1）招标文件

招标单位应根据工程项目的具体情况，参照《招标文件示范文本》编写招标文件，并报招标投标管理机构同意后方可对外发放。招标文件应包括以下内容：

① 主要有投标须知和其附表、招标单位名称（或建设单位名称）、工程名称、建设地点、工程范围（例如智能化建筑或数据中心）、建设规模等；合同条件、合同协议条款和合同格式等；技术规范；图纸；投标文件参考格式（包括投标书及投标附录）；工程量清单与报价表、辅助资料表、资格审查表（资格预审的不采用）。

② 招标文件应包含评标原则和评标办法。投标价格（当综合布线系统工程结构不太复杂或工期在 12 个月以内的工程可采用固定价格，考虑一定的风险系数。如综合布线系统工程结构比较复杂，或工期在 12 个月以上的，应采用调整价格。价格的调整方法及调整范围应在招标文件中明确说明）等。

③ 投标价格计算依据（包括工程量清单、执行定额及其依据等）。

④ 工程质量标准和建设工期等。

⑤ 投标准备时间，招标文件应明确规定。如从开始发放招标文件之日起，至投标截止时间的期限。招标单位根据工程的具体情况确定投标准备时间，综合布线系统工程可定为 28 天以内。

⑥ 投标保证金，在招标文件中应明确投标保证金数额，通常它不超过投标总价的 2%。

⑦ 履约担保，中标单位按规定应向招标单位提交履约担保。如为银行保函，其保金为合同价格的 5%。

⑧ 投标有效期，视工程情况而定。中小型综合布线系统工程，且网络结构不复杂的可定为 28 天以内；网络结构复杂的大型工程可定为 56 天以内。

⑨ 设备器材的采购供应方法，要求在招标文件中明确地写清楚。如由建设单位提供，应列出设备和器材的名称、规格和数量及交货地点等。

⑩ 工程量清单，按国家统一规定的要求计算。例如项目划分、计量单位和工程量计算规则等。

⑪ 合同协议条款的编写，按规定格式填写。

（2）投标文件

投标单位领取招标文件后（包括图纸和有关资料），应仔细阅读"投标须知"，它是投标单位投标时应注意和遵守的事项。投标单位应根据图纸核对招标文件中工程量清单中的工程项目和工程量，组织投标人员根据招标文件的各项要求准备投标文件，主要内容有以下几方面：

① 投标书及其附录；

② 投标保证金；

③ 投标单位法定代表人资格证明书或其委托授权者的证明；

④ 具有标价的工程量清单及报价表；

⑤ 辅助资料表；

⑥ 资格审查表（资格预审的不采用）；

⑦ 按招标文件中的合同协议条款内容的顺序确定和响应；

⑧ 按招标文件规定提交的其他资料。

最后，在招标文件规定的投标截止时间之前，将投标文件递交至招标单位约定的地点。

2. 招标投标的范围

在我国招标投标法中对其范围有以下规定：

（1）在中华人民共和国境内进行下列工程建设项目：包括项目的勘察、设计、施工、监理以及与工程建设有关的重要设备、材料等的采购，必须进行招标。

① 大型基础设施、公用事业等关系社会公共利益、公众安全的项目；

② 全部或者部分使用国有资金投资或者国家融资的项目；

③ 使用国际组织或者外国政府贷款、援助资金的项目。

（2）法律或国务院规定的必须进行招标的其他项目，应依照其规定执行。

上述第二款是对第一款的补充，因为在实际工作中并不仅限于第一款所列举的项目，例如不是法律规定，但属于政府采购范围内的，也应纳入强制性的招标投标的范围之内。

3. 招标投标的原则

招标投标的最基本原则必须遵循公开、公平、公正和诚实信用的原则，如果不执行这一基本原则就违背招标投标法的原意。

（1）公开

是指有关招标活动的信息公开、开标过程公开、评标的标准和程序公开、中标结果公开等，使招标开始到中标为止的整个过程处于透明、公开的状态。

（2）公平和公正

招标投标对招标方或投标方都有不同内涵和要求，各方都应严格遵循执行。

① 招标方：要严格按照公开的招标条件和具体的程序实施，同等地对待每一个投标竞争者，不得以行业、部门或地区等条件限制，搞厚此薄彼、拉帮结派等不正当活动。

② 投标方：应当以正当的手段，参与投标竞争，不得串通投标或向招标方及其工作人员行贿等不正当竞争行为参与投标。

③ 招标方与投标方之间的关系：在招标投标的整个过程中，双方的地位平等，任何一方不得向另一方提出不合理的要求，不得将自己的意志强加给对方，以势服人或以权压人。

（3）诚实信用

这是经济交往中必须遵循的基本原则。它包括要求招标方或投标方都要有诚实守信的思想和观念，不得有任何背信弃义、有意欺骗的行为。对于故意违反诚实信用原则，使对方造成名誉或经济上损害时，要依法承担相应的赔偿责任。

4. 招标投标的管理要求

招标投标法是经济领域中的一项重要法规，对于规范建设市场的导向和正常竞争具有重要的作用。为此，必须严格遵循、切实执行。对于招标投标的具体实施，必须依法监督和加强管理。

（1）对于依法规定必须采用强制招标投标的项目，任何单位或个人都不得采取化整为零或采取其他方式规避招标。

（2）进行招标投标的项目，其所有招标投标活动都不应受到当地地方或有关部门的干预或限制，也不得以任何方式非法干涉招标投标活动。如有上述行为或现象，均属于违法，应受到追究和承担法律责任。

（3）在招标投标活动具体实施中，应当接受政府的行政监督和有关部门的管理（它们的监督或管理的具体职权划分，由国务院规定），上述监督和管理必须是依法进行的。

（4）在招标投标的整个过程中，应按法律规定程序进行。例如，招标项目按照国家有关规定需要事先办理项目审批手续，招标人有权自行招标或委托聘请招标代理机构进行招标等。

所有参与招标投标的各方当事人或具体工作人员都应按法办事，尤其是招标方，不得非法限制投标单位之间的竞争。如发现问题，除责令其改正外，还可视具体情况，对有关责任人员依法处理，甚至取消招标投标活动的结果，重新进行招标投标。

9.1.4 招标组织机构及职责

1. 招标组织机构的建立

关于招标组织机构的是否建立应依法办理。

按照我国招标投标法的规定，招标人具有编制招标文件和组织评标能力的，可以自行办理招标事宜。任何单位和个人不得强制其委托招标代理机构办理招标事宜。

招标人有权自行选择招标代理机构（例如工程建设监理单位或技术咨询单位），委托其办理招标事宜。任何单位和个人不得以任何方式为招标人指定招标代理机构。

由上所述可见，是否组建招标组织机构，或委托招标代理机构，是由招标人自己决定，从法律上授权给招标人自行决定。招标人与招标代理机构的关系是委托代理关系。根据招标投标法和国内民法通则的规定，这种委托代理关系表现为：招标代理机构受招标人的委托，在招标代理的权限范围内，以招标人的名义组织招标工作。因此，它们的关系是招标人与委托人，招标代理机构为受托人，招标人对招标代理机构的代理行为承担民事责任。

招标代理机构是依法设立的，从事招标代理业务并提供相关服务的社会中介组织。它的性质既不是一级行政机关，也不是从事生产经营的企业，而是以自己的知识、智力为招标人提供服务，且独立于任何行政机关的组织。招标代理机构的业务范围有以下几项：

（1）从事招标代理业务，即受招标人的委托，组织招标活动。

（2）具体业务活动包括帮助招标人或受其委托拟定招标文件，依据招标文件规定，审查投标人的资质，组织评标和定标等。

（3）提供与招标代理业务相关的服务，即提供与招标活动有关的咨询等相关服务。

上述招标代理机构的业务范围同样是其代理的权限范围，也是它的职责范围。为此，在招标投标法中明确规定，招标代理机构应当具备以下资格条件，才能依法设立。

（1）有从事招标代理业务的营业场所和相应资金。

（2）有能够编制招标文件和组织评标的相应专业力量。

（3）有符合我国招标投标法规定的条件，有可以作为评标委员会成员的技术、经济等方面的专家库，其中所储备的专家均应当从事相关领域工作八年以上，并具有高级职称或者具有同等专业水平。

2. 招标组织机构的职责

招标投标法规定招标代理机构应当在招标人委托的范围内办理招标事宜，同时要遵守法律规定的招标人的规定要求。招标代理机构应在招标人授予的权限范围内行使代理权，因此，代理权是招标代理机构代理活动的基础，代理权限范围就是代理机构以被代理人的名义进行活动的全部业务范围。其法律意义是招标代理机构在代理权限范围内从事招标活动，所造成的法律后果由被代理人即招标人承担；招标代理机构在没有代理权、超越代理权或代理权已终止的情况下的任何所为都不是代理行为，其所造成的后果应由招标代理机构自行负责。招标代理机构因其无权代理或超越代理权的行为给招标人造成损失时，还应当对招标人承担赔偿责任。

招标代理机构作为专门从事招标投标工作的中介组织，必须具有与其所从事的招标代理业务相适应的专业代理资格，并须经有关行政主管部门的认定。在国内现行体制下，招标代理机构所从事代理业务的领域不同，其资格认定机关也有所不同。根据招标投标法的规定，综合布线系统工程的招标代理机构应由建设行政主管部门认定。

9.1.5　工程项目招标类型

按工程实施过程划分，工程项目招标类型有招标聘用技术咨询、招标委托勘察设计、招标承包安装施工、招标采购设备器材和招标聘用建设监理。有时技术咨询和建设监理可以合并，但只限于建设规模和工程范围均较小的综合布线项目，现分别叙述。

1. 招标聘用技术咨询单位

由于目前科学技术发展迅猛、不同学科相互融合渗透，相关行业彼此依附存在，因此，工程项目做出决策性的结论前，通常会咨询跨行业或跨学科的单位或机构，甚至专家，根据其掌握的科学知识和最新信息，进行系统分析和综合研究，提出可以解决的技术方案或建设性的意见，上述单位或机构（包括专家）就是技术咨询服务单位（或个人）。

（1）技术咨询单位的服务范围和内容

技术咨询单位提供的服务范围和内容应视工程实际需要来定。例如可为建设单位（或业主）提供综合布线系统工程前期规划各项工作的服务；或为工程实施阶段对施工单位提供技术咨询服务。它们的具体细节通常有以下服务内容：

① 以综合布线系统工程项目为例，向建设单位提供的工程前期和全过程技术咨询服务主要有以下内容：

a. 策划综合布线系统工程项目的前期规划或初步设想。

b. 对工程进行可行性研究，编写可行性研究报告并组织评估。

c. 提出勘察设计要求，组织设计方案评选；代理招标选聘委托工程设计单位，或协助建设单位自行组织设计班子；制定设计计划和监督管理制度，以确保具体实施进度和工程设计质量。

d. 做好各种价格素材调查和收集，编制概（预）算，有效控制综合布线系统工程投资。

e. 组织招标各项具体工作（包括准备招标文件和具体组织招标事宜），进行评标和决标，与中标单位商签合同。

f. 审定和控制承包安装施工的进度计划，监督施工进度，力求履行施工计划的约定。

g. 严格按照承包施工合同的约定，控制工程造价，签发付款凭证，结算工程款。

h. 参与工程验收，整理工程中各项文件和资料（包括合同、协议书等）；做好工程文件和技术档案的具体事项。

i. 做好建设单位（或业主）、设计单位或承包施工单位以及供货单位的协调工作，保证工程按计划进度实施。

② 向施工单位提供技术咨询服务，主要有以下几项，其主要目的是帮助施工单位履行合同约定，使施工单位获得更大的经济和社会利益。

a. 对施工方案进行技术经济比较，帮助选用最佳施工方案。

b. 协助施工单位做好工程现场平面布置，确定设备、线缆和连接件各分屯点的数量和保管方法。

c. 确定各个施工阶段的人员数量、机械工具和器材部件的需要数量，做好人、财、物等的调配计划。

d. 编制施工计划，检查工程进度，督促各个环节的配合和协调。

e. 负责质量管理，随时注意隐蔽性工程或关键部位的检查，并按规定执行。

f. 制定投标报价方案。

g. 与建设单位（或业主）、施工单位（包括分包单位）和设备器件供应单位会签合同，及时处理合同期内的各种事项（包括违约索赔）。

h. 控制工程建设成本，负责安排各个阶段的验收和工程款的结算，并负责整个工程的竣工决算。

从上述内容来看，技术咨询单位的管辖范围较宽，内容也较繁杂，要求技术咨询单位做好是有一定难度的。目前国内多数技术咨询单位采用与工程设计单位合并设置或工程设计单位兼有技术咨询业务等做法，通常称为××技术咨询工程设计公司，应该说这还是一种过渡的组织结构方案。

（2）招标选聘技术咨询单位的标准和程序

① 招标选聘技术咨询单位的标准

由于技术咨询单位是以高技术、高智力向社会提供服务，其具体责任主要是对建设单位（或业主）负责，一般是技术责任。因此，对它的能力验证应以技术标准为主，其他因素都应服从技术第一。因此，在招标选聘时，应以其技术能力能否胜任为核心，管理能力、业务熟悉度和执业诚信度综合考虑。

② 招标选聘技术咨询单位的程序

对招标选聘技术单位的程序，首先要根据要求的专业知识领域和服务性质类型来考虑，主要招标选聘程序如下：

a. 拟定选聘范围，收集被聘单位的资料。

b. 对选聘单位的情况进行资格预审，把具备被聘资格的技术咨询单位按其条件先后顺序排列。

c. 按照以下条件逐一分析比较，预选出 3~5 家候选技术咨询单位（最少 3 家，最多 7 家）。具体条件如下：

· 经验资历。

· 人力资源状况。

· 资金财力状况。

· 以往履约或完成任务情况。

· 经营场地和活动区域范围。

· 业界关系和社会地位及其声誉。

d. 分别与候选技术咨询单位商谈合作事宜和合作原则性条件，要求各候选单位提出建议书。建议书中应包括的内容有工作说明、与合同有关的证明和资料等。

e. 审核各候选单位提交的建议书中所有细节，了解各单位以往实施的具体情况，从过去工程的业主处收集资料或反映，按照单位优劣顺序，将建议书一一排列以便进一步选择。按照排列顺序，从建议书细节、合同款项和收费标准与各候选单位商谈，最终确定咨询单位并公布结果。

2. 招标委托勘察设计单位

按照我国有关法规的规定，工程项目的勘察设计任务应实行承包制。发包方式可采用招标，也可协商。承包勘察设计的单位必须持有主管机关核发的合格证书和营业执照。如无上述文件，不允许参与承包勘察设计的活动。

（1）勘察设计的资格等级

原建设部 2007 年 9 月发布实行的《建设工程勘察设计资质管理规定》，对从事工程勘察、工程设计的单位资格和从业任务进行了明文规定，其资格分为甲、乙、丙、丁四级，分级标准和划分原则如下：

① 甲级

可在全国范围内承担证书规定行业的大、中、小型工程建设项目的勘察设计任务。要求该单位技术力量雄厚、专业配备齐全。有同时承担两项复杂条件工程项目勘察或设计任务的技术骨干；具有本行业的技术专长和计算机软件开发的能力；独立承担过本行业两项以上大型工程项目勘察或设计任务，并已建成投产并取得好的效果；在近 5 年内有两项以上的工程获得国家或省部级优秀工程勘察或设计奖；参加过国家和部门、地方工程建设标准规范的编制；建立切实有效的全国质量管理体系；有先进、齐全的技术装备和固定的工作场所；且其社会信誉好、影响大。

② 乙级

可在本省、自治区、直辖市范围内承担证书规定行业的中、小型工程项目勘察或设计任务；如需跨省、自治区、直辖市承担任务时，须经工程项目所在地的省、自治区、直辖市勘察设计主管部门的批准。要求该单位技术力量强、专业配备齐全，有同时承担两项工程项目勘察或设计任务的技术骨干，有相应的技术特长，能利用国内外本行业的软件，做出较先进的勘察或设计成果；独立承担过本行业两项以上中型工程项目勘察或设计任务，并已建成投产和取得较好的效果；近 5 年内有一项以上的工程获得过省、部级优秀工程勘察或设计奖；建有一套有效的全面质量管理体系；有相应配套的技术装备和固定的工作场所，社会信誉好。

③ 丙级

可在本省、自治区、直辖市承担证书规定行业的小型工程项目的勘察或设计任务。铁道行业持有丙级证书的单位可在本路局内承担本专业相应的勘察或设计任务。其他行业持有丙级证书的单位需要跨省、自治区、直辖市承担任务的，应持有该工程项目主管部门出具的证明，经工程项目所在省、自治区、直辖市勘察设计主管部门批准。要求该单位有一定的技术力量，专业技术比较齐全、人员配备基本合理，有同时承担两项小型工程项目勘察或设计任务，并已建成投产，效果良好；有比较健全完整的管理制度；有必要的技术装备和固定的工作场所，社会信誉较好。

④ 丁级

只能在单位所在地的市或县范围内承担证书规定行业的小型工程项目的勘察或设计任务。要求该单位有一定的技术力量；专业技术基本齐全，人员配备基本合理，主要专业应配备有工程师以上职称，有从事过勘察或设计实践的技术人员；独立承担过小型或零星工程项目的勘察或设计任务，并已建成投产；效果良好，有比较健全的管理制度；有必需的技术装备和固定的工作场所。

上述资格等级并非固定不变，相关单位在工程项目的增多和实施能力的增强的基础上，可以提出升级申请，但必须是按照规定的程序，经过申报审查批准后变更。

（2）勘察设计的招标投标

综合布线系统工程勘察设计可采用招标投标方式，也可以采用协商方式。

① 招标投标方式

可以是一次性总招标，也可以分单项、分专业招标。由于综合布线系统建设规模和工程范围不同，通常采取总承包。也可以向其他设计单位分包。例如综合布线系统工程为总承包，其中地下通信（信息）管道工程的专业管道设计单位为分包。

② 协商议标方式

目前，国内多数综合布线系统工程采取协商议标方式。一般是直接邀请专业实力较强、业界信誉较好的设计单位或在以往曾同其有过良好合作关系，且双方都彼此了解的情况下采用。议标的内容主要是委托勘察设计的具体任务、要求达到的目标、提交勘察设计文件的内容和深度、完成任务的时间、勘察设计的费用计算等。

3. 招标承包安装施工单位

根据我国招标投标法和其他有关规定，综合布线系统工程应大力推行工程施工招标承包制，由建设单位（或业主、发包人）择优选定安装施工单位。同时，明确规定安装施工单位必须持有营业执照、由主管部门批准的资质等级证书和所采用产品的生产许可证（通信网或信息网的入网证）、开户银行的资信证明等文件。在招标承包安装施工时，不允许无上述证明的单位参与招标，即不准无证承包、未经批准越级承包或超范围承包。

4. 招标采购设备器材的供应单位

综合布线系统的设备器材采购是一项重要工作，其内在质量、价格都直接影响工程质量和建设投资。

目前，国内综合布线系统工程因主体工程的性质、类型、规模和范围的不同有很大区别，一般有以下几种招标采购方式。

（1）由工程总承包单位负责组织招标采购。

（2）由工程总承包单位与建设单位（或业主）联合招标采购。

（3）由建设单位（或业主）负责组织招标采购。

（4）由承包安装施工单位负责，将设备器材采购纳入施工招标之内，类似包工包料的方式。

9.1.6　招标方式和程序

1. 招标方式的种类

根据《中华人民共和国招标投标法》的规定，招标方式分为公开招标和邀请招标两种。

（1）公开招标

是指招标人以招标公告的方式邀请不特定的法人或者其他组织投标。凡是具备相应资质等级，并符合招标条件的法人或组织不受地域和行业限制的均可申请投标，所以又称为无限制竞争性招标。公开招标的优点是招标人可以在较广泛的范围内选择中标人，投标竞争激烈，有利于将工程项目的建设交与可靠的中标人实施，并取得有竞争性的报价，其缺点是因申请投标人较多，一般需设置资格预审程序，且评标工作量大，所需招标时间长，费用高。

（2）邀请招标

是指招标人以投标邀请书的方式邀请特定的法人或其他组织投标。即由招标人向预先选择的若干家（以5～7家为宜）具备相应资质等级、符合招标条件的法人或组织发出邀请函，将招标工程的概况、建设范围和实施条件等简要说明，请他们参加投标竞争。要求招标的优点是不需发布招标公告和资格预审程序，因而费用和时间相对较少。其缺点是邀请范围小、选择面窄、竞争的激烈程度较差，且可能排斥在技术和价格上有竞争实力的潜在投标人。综合布线系统工程通常采取邀请招标方式，只有在建设规模和工程范围很大，且与主体工程同时招标的综合布线系统工程才采用公开招标。

2. 招标方式的程序

公开招标和邀请招标的程序基本相同或类似，可视实际情况进行，适当增加或减少不必要的程序，以利于工程迅速顺利进行。公开招标方式的一般程序如下：

（1）申报招标项目，发布招标信息。在申报招标项目时，必须写明招标项目的名称、时间地点、招标的内容和概况、招标单位的资质、工程项目具备的条件，拟采用的招标方式和对投标单位的基本要求等。

（2）组织招标机构和配备有关人员，并报请上级主管机构核准，组建招标工作班子。

（3）对报名的投标单位进行资格预审，对符合招标要求的投标单位予以确认，并分发招标文件，收取投标保证金。

（4）依法规定组织评标委员会（或评标、议标组织）、编写招标文件和标底等，报请上级主管机构核准。

（5）组织投标单位赴工程现场勘查并对其提出的疑问进行答复或讲解，使所有参与投标的单位了解工程概况。

（6）确定评标办法和评议要求、公开开标和评审所有投标文件。

（7）筛选决定中标单位。

（8）招标机构发出中标通知书给中标单位，并向所有未中标的投标单位告知本次招标结果。

（9）招标单位与中标单位签订有关承包合同，中标单位缴纳投标保证金，项目结算后退回。

邀请招标的工程通常是保密的机要工程或有特殊要求的工程；或者属于建设规模小、工程范围不大、内容比较简单的中、小型工程。

3. 关于议标

在国内工程建设领域中还有一种使用较多的"议标"方式。通常是由招标单位和投标单位之间，通过一对一的谈判而最终达到双方直接签订合同的目的，所以又称为谈判性方式。它不具有公开性和竞争性的特点，有时被称为非竞争性招标或指定性招标，因而不属于招标投标法规定的范围，凡是招标投标法中规定的必须招标的项目，都不得采用议标的方式。

对于不宜或不值得公开招标或邀请招标的特殊工程，应报上级主管机构，经批准后才能采取议标，参加议标的单位一般不得少于两家。议标过程同样是经过报价、比较和评议，最后公布结果。建设单位（或业主）通常采用多家议标，采取货比三家的选择性原则，择优选用。对于综合布线系统工程规模小、工期紧、专业性强，且工程性质特殊，有保密要求，其采取议标方式较多。

9.1.7　开标、评标与决标（中标）

众所周知，开标、评标与决标（中标）等活动都是招标投标过程中的重要环节和关键内容。为此，都应按我国招标投标法的规定办理。现分别对开标、评标与决标（中标）等活动要点进行介绍。

1. 开标

（1）开标的时间和开标地点

按我国招标投标法的规定，开标的时间和开标地点，都应在招标文件中明确对外公开公布，使所有投标单位都能事先了解，有利于参与开标活动的单位提前做好各项准备工作（其中包括人员的安排和准备参与招标活动中单位等）。通过公开开标，并使所有投标单位了解各方面的情况，体现招标投标的公开和透明。

（2）参与开标的人员

在招标投标法中对参与开标会议的人员作了明确规定，其主要要点如下：

① 参与开标会议的单位和人员有：招标组织机构或单位及其选派的负责人员，或招标单位委托招标代理机构的人员；评标专家；所有投标单位的负责人或代表；此外，还有上级主管机构或社会有关单位的人员（包括工程建设监理单位、公证机构等）。

② 开标会由招标单位主持，应按法定程序和招标文件的规定，例如核对出席开标会的人员身份和出席人数，安排投标单位选派人员监督开标活动，在整个开标活动中，招标单位和投标单位都以平等的身份参与开标，不应采取排斥、限制等手段对付对方。要求开标活动在所有参与会议的人员监督下，按照公开、透明的原则进行，确保公开、公平、公正的原则得以全面实施。

③ 所有投标文件必须密封，在会上经过监督检查或公证确认无误后，当众拆封，宣读投标文件的主要内容。开标过程应当有相应记录，并形成完整的招标资料，以便存档备查。

2. 评标

（1）评标组织机构或单位及其人员的组建及要求

① 评标组织机构或单位和其人员应由招标单位负责依法组建，其人员资格和要求应按法律规定执行。

② 招标单位应采取必要的措施，保证评标过程中具体活动和工作进程处于严格保密状态，以确保评标的结果客观、公正，不受任何单位或个人的非法干预或干扰，以免影响评标过程顺利进展和评标结果的公正。

③ 评标组织机构（或单位）应按招标文件中确定的评标标准和方法，对所有投标文件进行评议和分析比较；如设有标底时，评标组织机构应参照标底综合考虑。评标组织机构对投标文件评议后，应向招标单位提出书面报告，详细叙述评标结论，并推荐符合招标要求的中标候选单位。

　　招标单位根据评标组织机构提出的书面报告和具体建议以及推荐的中标候选单位进行分析研究，从中确定中标单位。招标单位也可以授权或委托评标组织机构直接确定中标单位。中标单位应当符合招标投标法中规定的选择条件。

　　④ 评标组织机构如经过对所有投标文件评议后，认为所有投标文件都不符合招标文件要求时，可以提出否决所有投标文件的意见，按废标处理。为此，应依法重新进行招标投标。

　　3. 决标（中标）

　　按招标投标法的规定，招标单位根据评标组织机构（或单位）提出的书面评标报告和推荐中标候选单位的建议考虑决定中标单位，也就是由招标单位以评标报告和建议为依据，对评标组织机构推荐的中标候选单位进行分析比较，从中决定中标单位，这就是决标。对于投标单位来说，被招标单位选中即为中标。

　　按照法律规定，中标单位必须符合下列条件之一：

　　（1）能够最大限度地满足招标文件中规定的各项综合评价标准，其报价、工期、质量、主要材料用量、施工方案或组织设计、以往业绩和社会信誉等方面能够最大限度地满足招标文件中的各项规定要求。通常采取的方法是逐项打分累计、以最高得分的投标文件所在单位作为中标方。

　　（2）能够满足招标文件的实质性要求，并经过评审，投标标价最低（低于成本价的除外）。

9.1.8　工程设计招标

　　工程勘察设计招标投标目的是鼓励有序竞争和自主创新，促进工程勘察设计单位改进管理体制，积极采用先进设计技术，合理降低工程建设投资，加快勘察设计工作进度，缩短工期和提高效益。对于综合布线系统工程设计来说，投标的勘察设计单位应具有建筑智能化专项工程设计资质等级证书，才可参与和承担综合布线系统工程的勘察设计。

　　综合布线系统工程勘察设计任务可以采用招标委托方式，也可采用直接邀请信誉较好、实力较强的或以前曾有过良好合作关系的勘察设计单位洽谈协商的办法。工程勘察设计的招标投标是法人间在法律规定范围内的经济活动，它受到法律的监督管理和保护。

　　1. 工程勘察设计招标程序和内容及要求

　　综合布线系统工程设计可以是随主体工程（即智能化建筑或数据中心）采取一次性总招标；如综合布线系统建设规模小，设计任务比较单一时，也可以根据工程实际需要采取分单项或分专业招标。例如综合布线系统作为单项工程，地下通信（信息）管道作为专业工程进行招标。中标单位应承担初步设计；施工图设计经招标单位同意后也可由专业设计单位承担。

　　综合布线系统工程附属于智能化建筑或数据中心的主体工程，由于智能化建筑或数据中心的使用性质、业务类型、建设规模和工程范围有很大区别，因此，综合布线系统工程建设规模和覆盖范围也会随两种主体工程变化，不会完全相同，也不可能采取统一的网络拓扑结构和总体布局方案。所以，它们的工程勘察设计招标投标程序和内容及要求，不应一致，应根据工程实际情况进行增加或减少。

　　（1）工程勘察设计招标投标的程序

　　整个工程勘察设计招标的程序如下：

① 由招标单位编制招标文件。

② 发布招标广告或招标通知书。

③ 投标单位购买或领取招标文件和有关资料。

④ 招标单位或委托有关单位对投标单位进行资格预审。

⑤ 招标单位组织所有投标单位进行现场勘查，同时，解答招标文件中的有关问题。

⑥ 投标单位按照招标文件要求编制投标文件，其内容应与招标文件对应。

⑦ 投标单位按招标文件规定的时间地点密封报送投标文件。

⑧ 招标单位按招标文件公开开标的时间和地点组织投标等单位，当众开标，组织评标，确定中标单位，并向所有单位公布中标结果，向中标单位发出中标通知书。

⑨ 招标单位与中标单位签订合同。

（2）招标单位发出的招标文件

① 投标须知和要求。

② 经过上级机关或有关部门批准的勘察设计任务书以及有关文件（包括复印件）。

③ 工程设计项目说明书（包括工程项目的内容、设计范围和深度、施工图纸内容、提交文件的份数、设计的大致进度和设计文件交付日期等）。

④ 设计基础资料和内容以及提交的方式和时间。

⑤ 组织投标单位去工程现场勘查和对招标文件进行答疑。

⑥ 合同的主要内容、具体条件和要求。

⑦ 投标截止日期及投标地点。

招标文件一经发出，不得擅自更改其中的内容。如果因客观情况变化，必须对招标文件做某些变更，招标单位必须在投标文件投送的截止日前 28 天，书面告知所有购买招标文件或已登记投标的单位。如果工程现场的客观情况变化很大时，应作出原先招标作废、重新招标的处理结果，并分发新的招标文件。

（3）工程勘察设计投标

凡是参加投标的勘察设计单位必须按照招标文件或招标通知书规定的时间，编制和密封投标申请书和投标文件。投标文件必须符合招标文件的要求，其主要内容应包括以下各项：

① 综合布线系统工程总体方案设计（包含网络拓扑结构和主要设备配置）和综合说明书。

② 总体技术方案设计内容及有关图纸。

③ 主要的施工技术要求和施工组织方案以及建设工期。

④ 工程投资估算和经济分析。

⑤ 设计进度和收费标准。

此外，在投标文件中应附设计单位的简单状况说明，说明中应写明设计单位名称、地址、负责人姓名、勘察设计资质（包括等级、证书号码）、开户银行账号，单位的业务性质、成立时间、近期主要工程设计情况、工程技术人员的数量和技术水平、技术装备以及专业配套情况等。

投标文件的主体必须加盖设计单位和负责人的印鉴，投标文件应妥善密封，送至招标单位。投标文件一经报送，不得以任何理由要求更改或退回。

2. 工程勘察设计单位的评标和定标

综合布线系统工程勘察设计单位的招标投标的时间不宜过长，按照规定，自发出招标文件到开标，其期限最长不得超过半年。开标、评标至决定中标，一般不得超过一个月。

评标和定标由招标单位负责。招标单位应邀请有关部门的代表和选聘专家组成评标组织机构进行评标。根据投标设计单位提供的设计方案质量（即技术是否先进、经济是否合理、功能是否满足使用需要、方案是否具有扩展性等）、投入产出比例、经济效益高低、设计进度的快慢、设计单位的资质等级和社会信誉等具体条件进行分析、认真评议提出综合评标报告，推荐工程勘察设计候选的中标设计单位。招标单位可根据评标组织机构的评标报告和推荐中标单位的建议，在其职权范围内自主地作出决定，确定中标单位。因综合布线系统是附属于主体工程，一般不需经上级主管部门批准，也不允许其他单位或个人对招标单位做出的决策或结论进行干预。

当招标单位决标后（即选定中标设计单位），应立即向中标单位或未中标单位分别发出中标或未中标的通知书。中标设计单位接到中标通知书后，应在 1 个月内与建设单位签订委托勘察设计合同。

9.1.9 安装施工招标

众所周知，综合布线系统工程质量和技术性能，主要决定于优良的工程设计、可靠的设备器材和施工工艺。因此，安装施工是整个工程建设中的关键环节，必须给予足够重视，这就要求在招标投标活动的全过程和施工阶段的工作中都要慎重对待和严格管理。

1. 建设单位（或业主）应具备的施工招标条件

根据《工程建设施工招标投标管理办法》等法规规定，要求建设单位或由其委托的招标代理机构，按规定的条件和程序，遵循公平、等价、有偿、诚信等原则有组织地进行招标投标活动，务必使工程建设施工的招标投标相关工作做到规范。

建设单位安装施工招标的必备条件如下：

（1）必须是法人或依法成立的组织。

（2）工程项目必须履行报批手续，且已被批准立项。

（3）项目资金或资金来源已经落实（或工程投资概算已被批准）。

（4）配备有与招标工程相应的经济和技术管理人员，具有切实可行的施工管理能力。

（5）有组织编制招标文件的能力。

（6）有审查投标单位资质的能力。

（7）有组织开标、评标、定标的能力。

如招标单位不具备上述（4）～（7）项条件的，必须委托具有相应资质的技术咨询、施工监理等中介机构（或单位）代理招标。除上述必备条件外，招标的工程项目还必须符合以下要求：

（1）项目已正式列入国家、行业、部门或地方的年度固定资产投资计划。

（2）建设用地的征地工作已经完成。

（3）有能够满足施工需要的施工图纸和技术资料。

（4）建设资金和主要设备、材料来源已经落实。

（5）项目所在地的规划部门已经批准并办理了有关手续。

2. 招标文件的编制原则

招标单位在编写招标文件时，应遵循以下原则和要求：

（1）招标文件的内容必须符合我国颁发的合同法、招标投标法等法律法规的规定。

（2）招标文件内容应准确、详细地叙述工程项目的客观实际情况，力求减少在签订、执行中的争议，以免影响工程进度。

（3）招标文件编写力求统一规范化，内容齐全，用语标准，条理清晰。

（4）招标文件编写应坚持客观、公正的原则，不应受到外界的干扰。

3. 安装施工招标文件的主要内容

综合布线系统工程安装施工招标文件的主要内容由以下几部分组成。

（1）投标邀请书

① 建设单位（或业主）的名称、地址和联系人姓名及联系方式等。

② 安装施工招标项目名称、内容和范围，安装施工工程简况（包括主要工程量、技术功能要求和工期进度计划、设备器材采购或供应方式等）。

③ 领取或发售招标文件的时间、地点和招标文件的售价等。

④ 投标文件的份数、送交地点和投标截止日期，送交投标保证金数额和缴款时间。

⑤ 安装施工招标的开标日期、时间和地点。

⑥ 其他联系的通知方式（例如工程现场勘查或临时的会议及活动安排）。

（2）投标者须知

① 投标单位的名称、地址和资质等级要求，提供完成综合布线系统工程技术力量的资料（包括以往的业绩）。具有对安装施工和技术管理的能力。

② 投标单位提供的设备和器材，需具有相关的产品合格证、入网证或鉴定证明等有效文件。

③ 投标单位应提供在国内承建的综合布线系统工程的有关证明，或具有一定代表性的业主证明文件以及用户对安装施工后使用的评价。

（3）对投标文件的正文和附件的要求

投标文件除正文外，要求有附件（包括辅助资料、合同协议、主要图纸和工程量表等）。此外，还应提供投标单位的有关资质等级证明，投标报价（包括单价或总价）并明确货币种类，原则上均以人民币为准。

（4）投标有效期

通常是从投标截止之日起到中标之日为止的一段时间，一般为一个月左右，可根据综合布线系统工程建设规模大小和网络拓扑结构繁简而定，须确保招标单位有足够的时间进行开标、评标等的准备工作。为此，所有参与综合布线系统工程安装施工的投标单位，都必须在投标截止日期以前，按招标文件的规定，将投标文件报送到指定地点，如若逾期，按照法规规定，招标单位有权拒收或将其作废。

4. 安装施工投标

综合布线系统工程安装施工投标是指施工单位依照建设单位（或业主）招标文件中提出的各项要求，提交投标文件应标。这里要注意的是工程安装施工投标并不是单指报价，在投标文件中还应包括方案和技术应答。投标既是施工单位取得安装工程施工许可的主要手段，也是对建设单位（或业主）的承诺。施工单位一旦提交投标文件，就要在规定的期限内，保质保量地完成施工任务，信守自己的承诺和约定，如有违约，就将形成违法行为，必须承担法律责任；同时，还需赔偿对方的经济损失。因此，它是响应招标、参与竞争的法律行为。

（1）投标必须遵循的原则和要求

按照国内招标投标法的规定，投标单位（投标人）应符合以下原则并满足其要求。

① 实事求是的原则

投标单位应具备承担招标项目的实施能力，即具备招标要求投标的资格条件，遵守规定期限，按招标文件的程序进行公平竞争。

② 诚实守信的原则

在招标投标的过程中，投标单位必须遵循公开、公平、公正和诚实守信的原则，参与竞争；不得以不正当手段参与竞争，也不得以低于成本价竞标。

（2）投标时应提交的资料和投标文件

在综合布线系统工程安装施工招标时，施工单位在投标时或在参与资格预审时必须提供以下证明文件或资料，以便招标单位查证。

① 施工单位营业执照和资质等级证书。

② 施工单位简历。

③ 施工单位的财务状况。

④ 施工单位人员概况（包括技术人员、高级工和工人的数量、比例、平均技术等级、施工机械装备等）。

⑤ 近3年施工单位的主要业绩及施工质量情况。

⑥ 目前施工单位现有的主要工程施工任务，包括在建和尚未开工的工程在内，应以明细表或一览表的形式列出（如有保密要求的工程可以不列）。

综合布线系统工程施工单位提出的投标文件，通常有以下内容和资料。

① 投标书是响应招标的信函；信函中应响应招标文件的各项要求。

② 综合说明。包括工程概况、总工期（计划开工和竣工日期）、报价总金额等。

③ 主要设备和器材的采购或供应方式。

④ 报价说明，如注明报价总金额中未包括的内容和要求招标单位配合的条件。

⑤ 施工组织设计或施工方案。

（3）单项（位）工程标书

施工单位提交单项工程标书时，其内容应包括工程名称、结构类型、单项（位）工程造价及总价构成等，内容可以适当简化。

5. 安装施工招标的开标、评标与决标

综合布线系统工程安装施工招标的开标、评标和决标的规定与工程设计招标内容和要求类似，可参照执行。

9.1.10 设备器材招标

凡是进行设备器材采购供应招标的工程项目，例如综合布线系统工程，必须由设计单位提供设备、器材的采购清单，并由建设单位筹措项目所需资金。

目前，综合布线系统工程所需设备器材多数采用公开招标或邀请招标方式采购。如工程规模小，设备器材数量少，也可采用询价方式和直接订购方式，这两种方式都是非竞争性的采购方式。

　　采用公开招标或邀请招标时，它们的程序、要求和方法与工程设计招标相同，同样通过开标、评标和定标等过程，最后签订采购供货合同。

9.1.11　招标投标活动的管理

　　由于综合布线系统的招标投标活动具有时间长、内容杂、头绪多和要求高等特点，就必须自始至终抓好管理，搞好综合布线系统工程的前期技术咨询、中期的设计、设备和施工的招标投标的各项工作。按照我国招标投标法的规定，必须招标的工程建设项目和具体范围均有比较明确的内容，在实施招标投标时，应依法进行管理。通常可依照招标投标工作的程序分以下几个阶段进行管理，也可根据工程实际情况，对建设规模小、工程建设资金较少的项目做适当简化。

　　1. 招标准备阶段

　　（1）招标单位应将招标项目的范围和方式等内容报送上级审定，有关部门审阅后，核准采取招标投标的方式。

　　（2）确定招标组织方式，即自行招标还是委托招标，并向有关行政监督部门备案和接受其招标管理。如委托代理招标时，应签订委托代理合同。

　　（3）确定招标方式。招标单位应依法确定招标方式。如采用邀请招标方式，须经上级有关主管部门批准。在确定招标方式后应马上进行监督管理。

　　2. 招标实施阶段

　　（1）发布招标信息

　　有公开招标和邀请招标两种，它们发布招标信息的方式有所不同。

　　① 公开招标。应在国家指定的报刊、信息网络或其他媒体上发布招标公告。

　　② 邀请招标。应向三个以上符合资质等级条件的潜在投标人发送投标邀请书。

　　招标单位应按上级有关主管部门批准的招标方式具体实施，不得随意改变招标方式。

　　（2）将招标文件发放给合格的投标人

　　3. 投标到开标前的阶段

　　（1）由招标单位组织所有投标单位进行工程现场踏勘，对投标单位提出的疑问给予书面形式回复，同时向上级有关主管部门备案。有关部门应作好管理，例如监督招标单位具体实施答疑，发放书面答复文件等环节，力求澄清疑问。有时还可采用会议方式，集中答疑或发放说明文件。

　　（2）招标单位接收各投标单位的投标文件，记录接收日期和时间，拒收逾期送达的投标文件。将接收的投标文件妥善保存，有关上级主管部门应对接收或退回投标文件等情况进行监督和管理。

　　4. 开标和评标以及中标阶段

　　（1）开标会议由招标单位主持召开，各投标单位代表和有关单位参加。

　　（2）由招标单位依法组织评标委员会。

　　（3）招标会现场公开开标，由参会人员共同进行监督。

　　（4）评标委员会对所有投标文件进行评审，如有疑问，评标委员会有权要求投标单位说明或澄清。

　　（5）完成评标，评标委员会推荐中标候选人或确定中标人。评标委员会编写评标报告，报送有关行政监督部门。有关行政监督部门应接受评标报告，实施监督管理。

（6）招标单位编写招标投标情况书面报告，同时确定中标单位，向有关行政监督部门备案。招标单位向所有单位公布中标结果，并向中标单位发出中标通知书。

（7）招标单位与中标单位签订合同，办理有关手续，如果合同内容超出范围，招标单位应将实际情况报送原审批部门审查同意后，合同才能有效执行。

对于综合布线系统工程项目的招标投标，主要有勘察设计、安装施工和器材采购，虽然内容有所不同，但招标投标的程序和管理基本类似，可以互相参照执行。

9.2　综合布线工程的合同管理

9.2.1　概述

1. 合同管理的含义

（1）合同

合同是指在市场经济体制中，双方或多方在办理某项事件时，为了确定各自的权利和义务而签订的共同遵守的文件。此外，财产的流转或服务的承诺都主要依靠合同作为文字依据或交易凭证。

（2）合同管理

是工程建设监理工作中的专用名词之一。这里是泛指在综合布线工程建设过程中对所有签订的各种合同的监督和管理，合同有委托工程建设监理的合同、承担勘察或设计的合同、承包安装施工的合同、设备器材采购或供应的合同等，此外，还有提供技术咨询或其他技术服务的合同。合同管理包含合同订立、履行、监督、变更和撤销等内容，它是指依据法律规定和合同约定，对参与签订合同各方主体（当事人）的权利和义务的监督管理。

智能化建筑和数据中心的综合布线工程建设项目虽然建设规模和工程范围不大，但因工程投资大，建设时间长，协调关系多和涉及面宽以及技术含量高等特点，受外来或人为的因素影响较多，容易发生变化，所以签订合同尤为重要。凡是参与综合布线系统工程建设的各方主体（当事人），包括建设单位（或称业主）、勘察设计、安装施工、工程监理、设备器材供应以及技术咨询服务等单位，都要依靠签订合同，确立相互之间的权利和义务，并应按照法规和合同中约定的内容严格执行。同时，工程监理单位应依法加强合同管理。合同管理在不同场合有不同的含义，目前，主要有以下两种说法。

① 宏观的合同管理和微观的合同管理

宏观的合同管理是指国家和政府为建立和健全合同制度所实施的规范化管理。主要有编制法律、行政执法和监督管理等，是属于政府行为，具有全局性和强制性的管理。

微观的合同管理是指企事业等不同主体对具体合同的管理，本书讨论的是工程监理单位的合同管理，属于微观的合同管理，如细分即可分为广义的和狭义的合同管理。

② 广义的合同管理和狭义的合同管理

广义的合同管理是指以合同为依据所开展的所有合同管理工作。

狭义的合同管理是指在合同变更过程中所开展的有关管理工作，例如，工程变更、工程延期等。

2. 合同管理的依据、任务和作用及效果

合同管理是综合布线工程项目管理的核心。监理单位和人员应熟悉和了解合同的内容和要点，掌握和运用合同管理的方法和手段，依据国家法规和合同规定，对工程质量、投资和进度等多个目标依法进行控制和管理，以达到综合布线工程项目管理的目标。

（1）合同管理的依据和其作用

实施合同管理制是工程监理的主要工作，其依据有《中华人民共和国合同法》、《中华人民共和国招标投标法》和《建设工程监理规范》等文件，在这些法规文件中对合同管理均有明确规定。此外，还有各种合同的示范文本。上述依据对合同的管理有以下作用。

① 推广合同示范文本，规范订立和履行合同的格式和条款，减少合同的争议和纠纷，完善合同管理内容。

② 普及相关法律和法规知识，增强合同观念和合同意识，培养合同管理人才，提高工程监理的合同管理水平，做好合同管理，促进工程顺利开展。

③ 严格按照有关法规办事，即依照各种法律、法规、条例和规范等组成的合同管理法律体系执行，使合同管理切实有效，妥善解决工程中存在的诸多问题。

（2）合同管理的任务和效果

合同管理的任务艰巨，它的效果是人们最最关注的，必须给予足够重视。其任务和效果如下。

① 严格依法实行合同管理，既可保障各参与方的合法利益，又可保障各参与方的资金、技术、信息、劳力等不受侵害，规范和完善工程建设市场，促进工程建设的健康发展。

② 实施合同管理，可推动和加快各种管理体制改革，例如，项目法人责任制、招标投标制和工程监理制等，其中最重要的是合同管理制，因为在市场经济中，是以合同形式为核心内容来联系各个参与方的。在工程建设领域中的任何具体活动和改革举措都是以合同来互相关联、共同促进的。

③ 加强合同管理，提高工程总体的管理水平。

工程总体管理水平的高低，主要体现在工程质量、进度和投资三个控制目标，要使这三个控制目标能达标，必须依赖合同进行约束，当然也包括合同管理，关键是在合同管理中要求所有参与签订合同的当事人都应严格履行合同中约定的条款，这就能促使工程建设总体的管理水平大大提高。

④ 清除和避免工程建设领域的经济违法和犯罪事例的发生。

因工程建设的投资大，涉及面宽，管理环节多，参与人员多而杂，容易滋生腐败。加强合同管理，实行招标投标等制度，可以切实有效地杜绝各种暗箱操作行为，大大消除各种非法和滥用权力的活动。

（3）合同管理工作的内容、范围和要点

① 合同管理的内容和范围的划分

合同管理的内容和范围有以下几种划分方法：

a. 建设单位（或业主）与第三方签订的合同，涉及监理业务的合同管理有勘察或设计合同、安装施工合同、设备器材采购或供应合同、委托工程监理或技术咨询合同等合同的管理。

b. 涉及合同内容的合同管理有：签订合同、履行合同等。

c. 在合同实施中的合同管理有合同终止、纠纷调解和申请仲裁等。

d. 合同其他事项的合同管理有工程变更（包括业主的变更和设计的变更）、工程暂停或复工、工程延期和延误、工程费用索赔、合同纠纷和解决及合同违约等。

② 监理单位协助建设单位（或业主）在合同管理方面的工作范围和要点

a. 主要有勘察设计合同、安装施工合同和设备器材采购合同等。

b. 参与上述各种合同在签订前的谈判、拟订和起草合同初稿或提供合同示范文本，提出决策方面的建议，防止合同的各项条款和表达出现问题。

c. 在综合布线工程实施过程中，实行全过程、全方位和多目标的监督控制及合同管理，并对上述合同履行、检查和管理等经常性工作作为监理工作的要点。

d. 参与合同纠纷协商、调解，秉公处理工程建设中各个阶段发生的问题。

e. 协助对合同终止、解除或违约责任等事项的处理。

（4）合同管理的主要措施

由于综合布线工程服务的主体工程不同，采取的管理措施和方式方法也有差别，在合同管理工作中主要采用以下措施来提高管理水平和工作效率。

① 监理人员加强学习，严格执行与合同管理有关的法律法规，熟悉和掌握合同和合同管理的业务知识，提高法律意识，增强合同管理的基本素质，力求提高管理水平和工作能力。

② 按工程建设规模的大小和管理业务的繁简，设置相应的合同管理机构，配备合同管理人员，建立合同管理的监督、检查和报告制度，采取切实有效的合同管理措施，例如，发现施工方不认真履行合同中约定的条款，忽视工程质量时，应及时制止，使其按合同规定严格执行。

③ 推行和实施合同示范文本制度，使各方当事人掌握或了解合同有关的法律法规，同时，使签订的合同符合规定，以免发生缺项欠款等缺陷，保证合同的公平，减少和消除今后执行合同过程中可能发生的争议和纠纷，维护各方当事人的合法利益。

④ 加强和建立合同管理制度，使合同管理制度化、规范化，必要时，可建立合同管理检查和评估制度，从而有效地督促管理人员，提高其管理水平和业务素质。

9.2.2　委托监理合同的合同管理

1. 委托监理合同的法律地位及其特性

（1）委托监理合同的法律地位

根据《中华人民共和国建筑法》、《工程建设监理规定》和《建设工程监理规范》等法规和文件的规定，在实施工程建设监理前，监理单位（监理方）必须与建设单位（委托方）签订书面工程建设委托管理合同。合同中除了包含监理单位对工程建设项目的质量、投资和进度进行全面控制和监督管理的内容，同时，还须包括建设单位和各承建单位之间与工程建设合同有关的联系活动，应通过监理单位进行等条款。此外，在合同中还应明确双方（即委托方和监理方）的权利和义务。因此，委托监理合同对双方都具有法律约束力，依法签订的合同是受到法律保护的，这就是委托监理合同的法律地位。

（2）委托监理合同的特征

委托监理合同是工程建设领域中委托合同的一种，除具有与其他委托合同相同的特点外，还具有其独立的特征，主要有以下几点：

① 对签订委托监理合同的双方都有一定的限制要求和前提条件。

a. 双方都应是具有民事权利能力和民事行为能力，且依法取得法人资格的企事业单位。

b. 委托监理方（又称委托人）必须是具有国家或政府部门批准的工程建设项目且已落实工程投资计划的企事业单位或其他社会组织及个人。

c. 受托人（即工程建设监理单位）必须是依法成立，具有法人资格的工程建设监理企业，且所承担的工程监理业务应与该监理企业的资质等级和业务范围相符合。

② 委托监理合同的委托工作内容必须符合工程建设程序。

③ 委托监理合同的标的是服务，它是无形的成果（又称虚体成果），所以不同于其他合同（例如勘察设计、安装施工和设备采购合同）的标的物，后者大都产生新的物质成果或信息效果，是具有有形实体的成果。监理单位或监理人员等是以自己的智慧、经验和技能向建设单位提供切实有效的服务。

2. 委托监理合同的订立

委托监理合同的订立应按照有关法规办理。为了保证合同的质量，通常推行委托监理合同示范文本的方式，以求提高协商、起草和签订合同的效率，保证合同的有效性和合理性，防止合同内容发生缺项少款等缺陷，减少协商合同内容的时间和今后的合同争议以及不必要的纠纷，对准确制订和全面履行合同是有利的。为此，在订立委托监理合同前，双方都应认真按法律规定办事，全面熟悉和了解合同示范文本中的内容和含义，严谨快速地商定合同内容，做好相关准备，应该说上述工作也是合同管理的组成部分，它是工程建设监理工作重要的开端。为了充分地了解监理合同示范文本中的内容，本书结合监理工作的要求，对合同签订的要点进行了阐述，力求做好合同管理工作。

（1）委托监理的工作内容和业务范围

委托监理的工作内容和业务范围就是监理单位和监理人员提供的服务内容和范围，必须在合同中予以明确。尽管工作内容繁多，业务范围广泛，各类工程建设项目又有不同的特点和要求，但都有共同点。从工程建设整个周期来说，通常都有前期立项、工程设计、安装施工和验收保修等各阶段的全程监理或上述某一个短暂阶段的监理。在每一阶段又可主要以质量、投资和进度三大控制和合同管理等内容为核心。就综合布线系统工程项目而言，应根据工程的特点（例如，是智能化建筑还是数据中心，工程的不同类型、规模和范围等）拟委托监理任务，结合监理单位人员的具体情况（包括业务素质和人员数量）等诸多因素，将商定委托监理的任务写入合同的专用条件之中。

此外，在委托监理合同中应明确约定监理单位执行监理任务的要求。例如，根据综合布线工程的实际情况要求监理单位组建现场监理机构，配备专职监理人员，采取安装施工和监理任务的具体方法或相应措施，从而保证监理合同得到切实履行。

（2）监理合同的履行期限、地点和酬金支付方式以及合同有效期

① 履行期限（又称建立期限）

合同中应标明何时开始生效，何时完成（即合同失效）。如果这个时间是根据综合布线工程情况估算的，应在合同中注明，因监理酬金是根据这个期限估算的。如建设单位需要增加委托工作内容和业务范围，从而导致合同期限延长的情况，可通过双方协商，另行签订补充协议。

② 地点

即综合布线工程建设项目所在地点，也是工程监理服务的地点。

③ 监理酬金的支付方式

在委托监理合同中必须明确以下几点内容：监理酬金的总额，首次支付款项的多少，以后分期支付是每月等额支付或根据工程进度支付，支付货币的币种等。这些内容应详细、具体，以便执行和检查。

④ 合同的有效期

虽然双方签订的委托监理合同中注明了"何年何月何日开始实施，至何年何月何日完成"，但这一期限仅指完成正常监理工作预定的时间，不一定就是监理合同的有效期。根据《建设工程委托监理合同（示范文本）》（以下简称示范文本）第二十五条规定"监理人的责任期即委托监理合同的有效期"，它不是用约定的日历天数为准，而是以监理人是否完成了包括附加和额外工作的义务来判断。所以在示范文本第三十三条规定，监理合同的有效期为签订合同后从工程准备工作开始，到"监理人向委托人办理完竣工验收或工程移交手续，承包人和委托人已签订工程保修责任书，监理人收到监理报酬尾款，监理合同即告终止"。如果在工程保修期间仍需监理人执行相关的监理工作，双方协商确定，并在专用条款中另行约定，或另订补充协议予以明确。

（3）签订监理合同当事人的权利和义务

① 双方的权利

委托人（建设单位）与监理人（监理单位）签订的合同中必须明确双方的权利和义务以及与监理人的关系。现分别介绍如下。

a. 委托人的权利

委托人是工程建设项目的投资者，也是工程产权的所有者。因此，他拥有最终的决定权和否决权。

——委托或授予监理人权限的权利

委托人根据工程项目的特点和需要以及自身的管理能力等因素，委托或授予监理人一定权限以便进行监理工作，在执行过程中可随时通过书面附加协议予以扩大或缩小其委托的权利范围。所以在监理合同中除需明确委托的工程监理任务外，还应规定委托人授予监理人的权限范围，例如，监理人对委托人与第三方（如安装施工单位）签订的各种承包合同履行监理，如果超越权限，应首先征得委托人的同意后才能实施监理。

——对其他承建单位的选定权

对参与工程建设的各承建单位（如设计或施工单位）具有最终的选定权和订立合同的签字权。

此外，在综合布线工程中，他还拥有对设备、器材和布线连接件等产品的选型权。

——有对工程重大事项的审批权和决定权

委托人有对综合布线工程的建设规模、设备配备、设计标准和使用功能以及投资额度等重大事项作出最终审批和决定的权利，对工程设计变更有审批权。

——对监理单位履行合同的监督控制权

监督控制权有对监理单位转让和分包的监督，对总监理工程师及其监理机构主要成员的监督和按合同规定对日常监理工作的监督等，在上述活动中，监理单位重大事项必须事先经过委托人的同意，否则工程如造成损失，委托人有权要求按合同规定处理。

b. 监理人的权利

监理人的权利按合同示范文本的规定可分为两类，一类是监理人在委托监理合同中已明确应享有的权利，另一类是履行委托方与第三方签订承包合同的监理任务时可行使的权利，后者是委托方授权赋予监理的权利。

——委托监理合同中赋予监理人应享有的权利

监理人根据委托监理合同中的明确规定的权利条款，在完成监理任务后，应有获得酬金和奖励的权利。

——终止合同的权利

如委托人违约，严重拖欠应付的监理酬金，监理人可按合同规定终止合同或停止履行监理业务活动和监理工作。

——监理人执行监理业务时可行使的权利

对综合布线工程规模、设计标准和使用功能等重要问题，有向委托人或设计单位的建议权，对安装施工中的工程质量、工期和费用的监督控制权，组织和主持与工程建设有关单位的工作协调权。在工程突发紧急情况时，有权发布变更指令，以保证工程和人身安全，但应尽快告知委托人。最后，还有审核承建单位索赔的权利。

② 双方的义务

按委托工程监理合同示范文本的规定，双方的义务分别如下：

a. 委托人的义务

——负责与工程有关的所有外部关系的协调工作，派专人与监理人做好配合，为监理工作提供外部协调条件。

——凡是监理方以书面形式提交的要求委托方做出决定的一切事宜，应及时做出书面决定。

——为监理人顺利履行合同义务，委托方要做好协助工作。主要有以下几点，需在合同中注明：

将授予监理人的监理权利和监理机构主要成员的职能分工、监理权限等内容及时书面通知第三方，并在与第三方签订的合同中明确。

在约定时间内，免费向监理方提供与工程监理有关的工程资料。

为监理机构驻守施工现场的监理人员开展工作提供便利和协助，其服务内容包括：信息服务（如提供生产厂家和配合协作单位的名录）、物质服务（如通信设施、测试设备、办公和生活用房等）等。

b. 监理人的义务

——监理人在履行合同期间，应遵循守法、诚信、公正、科学的原则，认真勤奋地工作，公正地维护和保障参与工程建设各方的合法权益。

——在综合布线工程的合同履行期间，应按约定组建工程监理组织和派驻相应的监理人员在施工现场进行监理。总监理工程师如需调动，应首先经委托人同意。

——在任何期间，未征得有关方同意，不得泄露与本工程、合同业务有关的保密资料和信息等。

——委托人提供给监理人使用的设施和物品为委托人的财产，监理工作完成或中止时，应将设施和剩余物品全部归还委托人。

——监理单位和监理人员不应接受委托监理合同约定以外的，与监理业务有关的任何形式的报酬，以保证监理行为的公正性和独立性。

——监理人不得参与有可能与合同规定的与委托人利益发生冲突的任何活动。

——监理人应负责合同协调管理的工作。

（4）监理工作的酬金

按照我国原建设部价费〔1992〕第479号文《关于发布工程建设监理费有关规定的通知》的精神，我国现行的监理工作酬金的计算方法主要有以下四种，在使用时，应结合工程实际情况选用。

① 按所监理工程概（预）算的百分比计算（有时可以采用工程结算方法的百分比计算）。

② 按参与监理工作的年度平均人数计算。

③ 不宜按照前述两项办法计收的，以委托人和监理人双方商定的方法计收。

④ 中外合资、合作、外商独资的建设工程，工程建设监理收费双方参照国际标准协商确定。

上述四种方法中后面两种已有明确的适用范围。第一、二两种方法各有特点。第一种方法比较简便、科学，在国内的一般新建、改建和扩建工程，都采用这种计算方法，在国际上也是一种常见的方法。第二种方法主要适用在单工种或临时性，或不宜按工程概、预算的百分比提取监理费的工程项目。建议综合布线工程应以第一种方法为好。

此外，委托监理合同还应包含违约责任以及其他合同条款等内容，应根据示范文本的要求进行协商议定。

3. 委托监理合同履行中的其他管理

委托监理合同（示范文本）中各条款内容都必须严格执行，作为监理方必须按委托方的要求履行合同中规定的义务。按示范文本要求在履行合同时还需注意下面几点，这同时也是合同管理的一部分。

（1）附加工作和额外工作

在履行合同时，除正常监理工作外，还可能出现附加监理工作和额外监理工作，这些工作从性质上来看是正常的监理工作，是在订立合同时未能或不能合理预见，但在合同履行过程中可能发生而需要监理人来完成的工作。

① 附加工作

它是与正常监理工作相关，但在委托监理业务范围以外，且监理方应完成的工作。可能产生的附加工作如下：

a. 由于委托人或第三方原因，使监理工作受到阻碍或延误，从而增加的工作或延误的工期。以综合布线工程为例，智能化建筑中的管槽系统因土建设计或施工单位发生误差，导致增加监理工作量或推迟综合布线工程的施工时间等。

b. 增加监理工作的内容和范围从而增加的附加工作。例如，因委托人或承建人的原因，不能按期竣工而必须延长监理的工作时间，又如委托人就综合布线工程中采用新技术或新工艺，使监理工作增加相应的工作等。

② 额外工作

它是指原来监理工作未曾预先估计到的工作。例如，在合同履行过程中发生不可抗力的自然灾害或突发性事件，施工被迫中断，造成灾前的应急措施或灾后的善后处理而增加的必要的监理工作。

（2）违约责任

在合同履行过程中，由于当事人一方的过错，造成合同不能履行或不能完全履行，应由有过错的一方承担责任；如属于双方的过错，应根据实际情况和过错大小，由双方分别承担各自的违约责任。因此，在委托监理合同示范文本中还分别对"委托人责任"和"监理人责任"进行了规定，以此来约束双方的行为。

（3）协调双方关系的条款

在委托监理合同（示范文本）中对合同履行期间，委托方和监理方之间的联系、工作程序等都作了严格周密的规定，以便双方遵循执行，避免发生争议。

总之，委托监理合同应按法定程序签订。它是明确双方承担的义务和责任的协议，也是双方合作和相互理解的基础。在履行合同时，双方既是合同的执行者，又是合同的管理者，都必须认真切实地全面履行，一旦出现争议，委托监理合同是双方权利的法律基础，尽量通过友好协商妥善解决。

9.2.3　勘察或设计合同的合同管理

1. 对勘察或设计进行监理的重要性

勘察或设计是工程建设的先行工作，对工程建设项目的质量起着重要的保证作用。

（1）由于监理单位是一个智能人才密集型的组织机构，对工程建设具有专业化的高超水平，它能充分发挥专家的群体智慧，提供先进的科学技术和丰富的工程经验，有利于提高工程建设项目的总体效果。

（2）监理单位可对工程项目的建设规模、采用的技术标准、选择的产品类型和确定的投资额度以及具体设计方案等重大问题，提供科学合理的建议，从而帮助建设单位在技术决策和审定工程设计时，提高正确性，避免盲目性，达到监督管理的要求。

（3）监理单位可以协助勘察、设计单位做好各方面工作，避免在勘察、设计工作中可能出现的不足，甚至产生失误，消除浪费，优化设计，达到工程设计优质高效、安全可靠、经济适用的目标和要求。

（4）要把好勘察设计的质量关，单靠勘察设计单位内部的审核显然是不够的，工程设计的质量直接影响工程质量，采取工程设计监理制度，有利于加强工程的质量控制，提高工程设计的技术水平。

（5）工程建设项目在勘察设计阶段的投资较少，节约投资的潜力极大，监理单位对工程的技术把关可对工程投资进行控制。

（6）实施勘察设计阶段的第三方监理体制，可以促进设计市场管理的规范化。

遗憾的是，国内通信建设工程的设计市场还没有形成，也缺乏有效的规范化管理，对于综合布线工程，实施监理制度的时间很短，存在诸多问题，一时还难解决。目前，综合布线工程勘察或设计的监理（包括合同管理）工作经验很少，有关管理方面的资料和数据等素材也很缺乏，亟待积累、总结和提高。

2. 勘察或设计合同的合同管理

目前，综合布线工程勘察或设计合同的管理工作刚起步，积累的经验不足，这里提出有关合同管理的几点建议如下：

（1）为了保证勘察或设计合同的内容全面完备，责任明确，建议采用勘察或设计合同的示范文本，规范合同内容，以减少争议，防止纠纷。

（2）按设计合同规定设计阶段和设计进度计划，协调内外关系，加强日常合同的管理工作，协助和督促设计单位按计划进度实施，保证工程设计如期或提前完成。

（3）按设计阶段的合同管理要求，参与设计方案的遴选工作，促进优化设计，加快设计进度，达到既能保证设计质量，又能按合同规定的设计文件提交期限完成任务。

9.2.4 安装施工合同的合同管理

1. 建设工程安装施工合同管理的基本概念

（1）安装施工合同的法律地位和作用

安装施工合同是发包方（或称委托方）与承建方（或称承包方）就完成具体的工程建设项目的建设施工、设备安装、系统调试和工程保修等工作内容，经双方友好协商，确定双方当事人应享有的权利和应承担的义务，最后以书面形式，由双方当事人签订的合同。按照合同法的规定，依法成立的合同，受法律保护，对双方当事人均具有法律约束力，当事人都应按照合同中约定的条款履行自己的义务，不得擅自变更或随意解除合同。这就是安装施工合同的法律地位。

安装施工合同的作用是将设计文件和施工图纸的文字和图样变成具有使用功能的建设产品，以满足合同规定的功能、质量、进度和投资等各项控制目标要求。

（2）安装施工合同的特点

安装施工合同除具有与其他合同一样的共性，也有它自身的特点。

① 合同的标的独立性和特殊性

工程建设安装施工合同的标的是各种类型的建设产品［例如房屋建筑、通信线路和地下通信（信息）管道等］，它们都是有形态的不动产，在建造过程中通常受到自然条件（包括气象、地质、水文等）、社会环境和人为条件等诸多外界客观因素的影响，因而也就决定了每个安装施工合同的标的物不同于工厂批量生产的产品。因为在不同地点建设的通信线路和通信管道，在施工过程中所遇到的情况和困难不可能完全相同，所以，工程建设项目之间具有不可替代性，具有各自不同的独立性和特殊性。

② 合同履行期限的长期性和多变性

综合布线工程具有点多面广，技术要求高，施工工艺精细，工作量大，工程期限较长的特点，易受外界的客观条件、不可抗力的因素、法规政策的变化、施工方案的修正等多方面的影响，在合同履行的过程中，当遇到合同的内容需作调整的情况时，合同的履行会有阻碍，因而，其合同具有履行期限的长期性和多变性的特点，这就使得合同管理应采取相应的方法和措施来解决。

③ 合同涉及方面的复杂性和协调性

签订安装施工合同虽然只有委托方和承建方两个当事人，但因综合布线工程建设涉及的方方面面较多，且相互融合，彼此联系密切，这就增加了合同管理的复杂性和协调性。例如其涉及的工程主体有房屋建筑，其他管线系统，各种公用设备、内部装修工程等；此外，合同内容的约定也会产生与其他相关合同的互相配合问题（例如房屋建筑和内部装修施工进度与综合布线系统的管槽系统的施工配合等），这就要在合同管理中与工程设计合同、设备供应合同和其他工程的施工合同互相协调，解决相互矛盾或彼此脱节等问题，力求配合协调，密切有序。

2. 综合布线工程安装施工合同的合同管理

（1）综合布线工程安装施工合同的合同管理依据

安装施工合同的合同管理比较成熟，且已有一定基础。《综合布线系统工程施工监理暂行规定》（YD 5124—2005）对合同管理的内容有了明确规定。

① "监理工程师应协助建设单位确定建筑与建筑群综合布线系统工程项目的合同结构，并起草合同条款，参与合同谈判。"

② "监理工程师应收集好建设单位与第三方签订的与本工程有关的所有合同的副本或复印件。" 以便进行合同管理。

③ "监理工程师应熟练掌握与本工程有关的各种合同内容，严格按照合同要求进行工程监理，并且对各种合同进行跟踪管理，维护建设单位和承包单位的合法权益。" 熟悉掌握各种合同的基本内容是监理人员做好合同管理工作的前提条件。

④ "监理工程师应协助建设单位签订与工程相关的后续合同，并协助建设单位办理相关手续。" 做好后续合同的工作，有利于合同管理的连贯性。

⑤ "当合同需要进行工程变更、工程延期或分包时，应协助建设单位履行变更等手续，并做好变更后的各项调整工作。"

⑥ "监理工程师应协助建设单位处理与本工程项目有关的费用索赔、争端与仲裁、违约及保险等事宜。"

（2）具体的合同管理

① 推行安装施工合同示范文本

由于综合布线工程有智能化建筑或智能化小区两种主体工程，尤其是智能小区的综合布线系统的缆线又由屋内和屋外两大部分组成，其合同内容较为复杂，且涉及面广。为此，应采用国家规定的安装施工合同示范文本，以免发生漏项缺款等缺陷。

因此，推行安装施工合同示范文本是合同管理的重要举措之一，是规范合同管理的基础。目前，推荐的安装施工合同示范文本的条款内容较全面，不仅涉及各种情况下，双方的合同责任、规范履行的管理程序，而且还涵盖了非正常情况下的处理方法和原则要求，例如工程变更、索赔、不可抗力、合同的被迫终止、争议的解决等各个方面。

现在推荐的示范文本条款属于通用型，应结合综合布线工程的实际需要和工程特点，合理取舍，适当补充和完善。

② 各方对安装施工合同的合同管理

安装施工合同有来自各方的合同管理，以保证按合同约定条款切实全面地履行。除建设单位（委托方）有权对合同进行管理外，还有以下几方参与相应的合同管理。

a. 监理单位

由建设单位委托监理单位，全部或者部分负责监督合同的履行管理。

b. 建设行政主管部门

通过颁布规章对建设活动的监督管理（包括批准工程项目）。

c. 质量监督机构

它是受建设行政主管部门委托，负责监督工程质量的中介组织。质量监督机构对合同履行的工作监督，分为对工程各参建方（如建设单位、监理单位和施工单位）质量行为的监督和工程建设项目实体质量监督两方面，其中有些质量监督涉及合同的履行和相应的管理要求。

d. 金融机构

它对安装施工合同的合同管理主要是通过对信贷管理、结算管理、当事人的账户管理进行。金融机构还有义务协助执行已生效的法律文书（包括委托安装施工合同），以保护有关当事人的合法权益。

③ 合同管理中的注意事项

a. 搞清施工合同中的每一项内容和每一条条款的实质，以求真正能解释条文和具体履行。

b. 在工程建设施工合同的商讨中，应设法把能弥补工程损失的条款列入合同，以减少今后的风险损失。

c. 有效的施工合同管理能够解决不少工程中的问题（例如因施工矛盾妨碍双方关系或对方设置困难等问题），这就要求监理人员具有敏捷的思维能力、灵活的处理技巧、及时妥善解决和化解矛盾的能力，并把管理工作做到其他工作的前面，这样才能排除各方面的困难和阻力以及一切有碍于履行合同的外来干扰。

d. 注意收集工程中的各种文件和记录，例如来往信函、会议记录、业主通知（或规定和指示）、变更方案的书面记录等，尤其是要收集安装施工中的一切基础资料、测试数据（例如各种线缆的测试原始记录）和有关文件（例如与有关单位协商确定的协议等）。此外，特定的施工现场图片实证（如照片）更需广泛收集。

e. 有效的施工合同管理是管理工作的重要部分，避免双方责任不清或合同上产生的分歧。

f. 在施工合同谈判和起草拟稿过程中要特别注意以下几点，它们也是合同管理的组成部分，不宜轻视。

——在合同谈判中，应以书面凭证为据，必须写入合同条款才算商定。

——合同条款应写清细节，不怕条款多。应列入合同的问题必须写入，以免日后产生争议和纠纷，甚至发生重大失误。

——要争取乙方拟稿，以求主动，如双方都要争拟稿，则各方分别起草后统一归纳，切忌让对方成为主动，乙方被动而受损害。

——合同中避免采用词意表达不清和含糊的字句，以求清除可能引起合同争议和纠纷的隐患。

9.2.5 设备器材采购或物资供应合同的合同管理

1. 设备器材采购或物资供应合同管理的基本概念

综合布线工程所需的设备器材、布线部件和各种材料种类及类型较多，且技术性能要求较高，价格又较昂贵。所以，对物资供应合同管理应特别重视。

（1）设备器材采购或物资供应合同的概念

按合同法的规定，设备器材采购或物资供应合同（以下又称物资采购供应合同或者简称供应合同或供货合同）是指平等主体的自然人、法人或其他组织之间，为实现工程建设的物资买卖，设立、变更、终止相互权利和义务关系的书面协议。上述合同属于货物转移的买卖合同，具有以下买卖合同的一般特点：

① 买卖合同是出卖货物（或财产）人（简称出卖人）以转移其货物所有权为目的，与

买受货物（或财产）人（简称买受人）签订的文字协议（或称书面凭证），它是转移货物所有权的依据。

② 出卖人转移其货物的所有权，必须得到受买人按买卖合同约定的货款，受买人才能取得合法的货物所有权，这就是市场经济中通常所说的等价交换原则。

③ 买卖合同是双向有偿合同，它是双向和对等的合同。出卖人应保质、保量、按期交付合同约定的物资（如设备器材），受买人应按合同的约定接收物资（如设备器材），并及时按合同约定支付相应的货款。

④ 买卖合同是双方承诺合同。只要双方当事人经过友好协商，意向一致，经双方在合同上签字后，买卖合同就依法生效。

（2）综合布线工程供货合同的特点

综合布线工程中的设备器材采购和供应与其他工程建设项目合同的性质相似，但也有自身特点。

① 物资采购或供应合同的双方当事人一般不是固定不变的，根据目前综合布线工程中所需物资的供应和接收双方当事人有所不同，有买卖双方当事人不同的组合。

a. 采购方，即买受人，有建设单位、承包施工单位或工程总承包单位等。

b. 供应方，即供货人，有国内外的生产厂商，或其代理商以及从事物资流通运转业务的供应商或其他中介机构。

② 物资采购或供应合同的标的品种、类型繁多，其技术性能要求差异较大。

智能化建筑或智能化小区的工程建设规模和范围不同，综合布线工程中所需的设备器材、布线部件和其他材料也不一样，品种、类型极多，其技术性能要求差异极大。例如，配线连接设备及各种缆线（包括光缆），因类别多，其产品精度和技术性能分别有严格的要求和指标；对于各种管材或槽道等大量型材，相对而言技术要求较为简单。所以，除一般物资交货外，精尖设备和布线部件还涉及检验测试等相关问题（如保修和退货等具体细节），在合同中应有相关条款加以约定。

③ 物资供应时间的约定与安装施工的进度有密切关系。

物资供应时间必须与安装施工的进度配合密切，以保证安装施工顺利进行，因智能化建筑或智能化小区中综合布线工程的内容和范围有很大区别，尤其是智能化小区的工程有屋内和屋外两部分，其安装施工时间和工程计划进度有所区别。因此，物资供应时间与施工进度应密切配合，这是工程中的关键环节，供应方应严格按照合同约定的时间交货。如果延误交货有可能导致安装施工停工，丧失施工的最佳季节，以致工期延误；相反，提前交货因施工计划和施工人员难以安排，将会导致长时间占用施工现场场地和仓储保管费用的增加。

2. 物资采购或供应合同的合同管理

综合布线工程的物资（包括设备器材、布线部件和各种缆线等）供应合同的合同管理内容与其他工程一样有交货方式、交货检验、货款支付和违约责任等。这里主要以合同法的内容为主，叙述有关交接货物的合同管理部分，交货检验等部分的内容将不作阐述。

（1）交货方式

交货方式有货物支付方式和货物交付期限两部分，在合同中都应有相应条款予以明确，以便监督实施。

① 货物交付方式

货物交付方式分为采购方到合同约定地点自提货物和供货方负责将货物送达指定地点两种。供货方送货如细分有将货物负责送达施工现场或委托运输部门代运并送达施工现场两种方式。为了明确货物运输和交接责任，应在合同的相应条款中写明货物交付方式（包括交接货的具体方式）、交（接）货的地点、接货单位（或接货人）的名称（均应采用详细的全名），以免发生错误。

② 货物交付期限

货物交付期限是指货物交接的具体时间要求，如细分有一次交货和分批交货两种情况。为此，应在合同内对交（接）货期限明确写明一次交货或分批交货，且都要明确写清每次交货的月份或更具体的时间（如旬或日）及货物品种和数量等，以明确双方的责任。

在合同管理中应对交货的履行情况进行监督管理，例如是否按期交货或提货。依照合同约定的交（提）货方式的不同，通常有以下规定：

a. 供货方负责送货到施工现场的交货日期，以采购方接收货物时，在送货单上签收的日期为准，一般不以供货方的发货日期为签收日期。

b. 供货方委托运输部门代运的货物，以发货时承运部门签发货单上的戳记日期为准。如在合同内双方约定采用代运方式后，供货方应根据合同规定的交货期，办理发货手续，并将货运单据、合同证明等寄给采购接货方，以便接货。如因发货的单证不齐导致无法接货造成的额外支出费用应由供货方承担，接货方不承担任何责任。

如因承运部门的原因，货物不能如期运到或供应，影响施工计划，其责任应由供货方负责，由他们与承运部门交涉处理。

c. 采购方自提的货物，以供货方通知的提货日期为准。采购方如不按时提货，应承担逾期提货的违约责任。当供货方早于合同约定日期发出提货通知时，采购方可根据施工需要和仓储保管能力，决定是否按通知提前提货，可拒绝提前提货，也可按通知提前提货后，但仍按合同规定的交货时间付款。

实际交（提）货日期早于或迟于合同规定期限的，从合同管理来分析都应视为提前或逾期交（提）货，由有关方面承担相应的责任。

当货物在交接时，发现供应货物的数量或质量不符合合同或供货清单规定的情况时（例如货物数量少于或多于合同规定的数量，或货物质量不能满足工程技术的要求），应分清产生上述问题的原因，并判定供货方应承担的责任。如使施工进度发生延迟，应按合同规定的要求办理，例如按违约责任解决，或采用其他方式妥善处理。

（2）货款支付

综合布线工程的设备器材采购或供应合同通常采用总价合同，且在合同交货期内价格不变。合同总价内还包括设备的备品备件、专用工具、技术资料和技术服务等费用。此外，还包括合同设备的税费、运杂费和保险费等与合同有关的其他费用。

货款支付（包括支付条件、支付时间、支付次数和费用比例）等具体内容应在合同条款中约定，尤其是对分批交货，应明确分批付款的方式和付款时间等，以便监督管理和具体实施。

货款支付时间以采购方银行承付日期为实际支付日期，如果实际支付日期晚于约定的付款日期，采购方应承担延迟支付责任，应从合同约定的日期开始，按合同约定计算延迟付款违约金。

合同管理中应加强双方的监督，使其按合同约定的要求，按时交货和支付款项。

（3）违约责任

① 违约金的规定

签订合同当事人的任何一方如不能正确履行合同义务，均应承担违约责任，通常采用以违约金的形式来解决。因此，双方在签订合同前，应通过友好协商，将采用的违约金比例明确写在合同条款中。如发生违约的事例，在合同管理时应以合同条款为准来处理和解决违约问题。

② 供货方的违约责任

供货方的违约主要有未能按合同约定时间交付货物，供应货物的数量或质量不符合合同约定和货物运输发生问题等。如有上述现象，供货方应承担违约责任，向采购方赔偿损失。

③ 采购方的违约责任

采购方的违约现象主要有不按合同规定接收货物、逾期付款和货物交接错误等三种情况。如有上述行为，采购方应承担违约责任。

复习与思考题

1. 工程建设项目招标和投标活动的主要名词有哪些？
2. 工程建设项目招标投标活动的内容和范围有哪些？
3. 招标的方式和程序是什么？
4. 合同管理工作的内容、范围和要点是什么？

第10章 工 程 实 例

10.1 某大学校园网综合布线系统

10.1.1 工程概况

某大学校园占地面积 40 余万平方米,包括教学区、办公区、图书馆、宿舍区以及家属院等部分,总建筑面积达 20 余万平方米,平面示意图如图 10-1 所示。

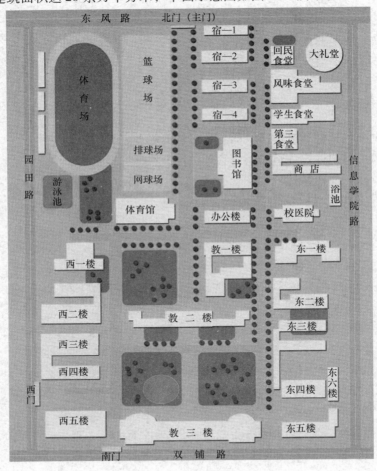

图 10-1 平面示意图

该大学校园网包括教学区、办公区、图书馆、宿舍区以及家属院在内的几千个信息点,每个工作间配备不少于两个数据点,为网络工程的建成提供稳定、不间断的多业务服务,以方便学校教师及学生对校园网的访问。

该综合布线不仅有其合理、便于维护和管理的布局,而且始终保证核心技术的领先,已

244

将核心交换机从 SB－2 型号升级为 WS－C6505－E 型号，所用的各类设备、配件均结合学校自身实际要求，以学校建设成高水平教学研究型大学为目标，共同打造安全、实用的信息化支撑平台。

该综合布线系统主要满足校园网络和电话通信的需要。

10.1.2　基本要求

该综合布线的基本要求有：

（1）数据主干采用光纤，支持万兆以太网。

（2）水平线缆均采用超五类 4 对 UTP 双绞线，与其相应的信息插座模块也采用超五类产品。

10.1.3　总体方案设计

执行的标准及规范：

《综合布线系统工程设计规范》（GB 50311—2016）

《综合布线系统工程验收规范》（GB/T 50312—2016）

《大楼通信综合布线系统　第 1 部分：总规范》（YD/T 926.1—2009）

《大楼通信综合布线系统　第 2 部分：电缆光缆技术要求》（YD/T 926.2—2009）

《大楼通信综合布线系统　第 3 部分：连接硬件和接插软线技术要求》（YD/T 926.3—2009）

该校综合布线系统由六个子系统构成：工作区子系统、水平干线子系统、管理间子系统、垂直干线子系统、设备间子系统、建筑群子系统。其布线系统结构图如图 10-2 所示。

10.1.4　设计方案详述

校园网拓扑结构如图 10-3 所示。

1. 工作区子系统

标准间的信息点不少于 2 个，采用超五类的信息出口，支持高速数据传输，可以百兆到桌面

2. 水平干线子系统

采用超五类 4 对 8 芯 UTP 电缆。

3. 管理间子系统

为了方便维护和管理，系统由互连、交连、配线架和跳线组成。配线架一般有 3 种布放方式：

（1）壁挂式：在选定的墙壁上装上背板，在其上涂上防火漆，再将配线架装在背板上。

（2）机架式：将配线架装在铁柜中，将铁柜装在墙壁上。

（3）机柜式：将配线架装在标准机柜中。

为了系统的安全可靠，本系统采用落地式标准机柜安装方式。

4. 垂直干线子系统

主要连接设备间子系统与管理间子系统。数据主干由室内光缆连接。

5. 设备间子系统

作为综合布线系统的核心，根据校园功能区划分，共设配线间 17 个。

主配线间设在教二楼第五层的网络管理中心，安放着校园网的核心交换机等交换设备，连接各个楼的光缆端接于此。

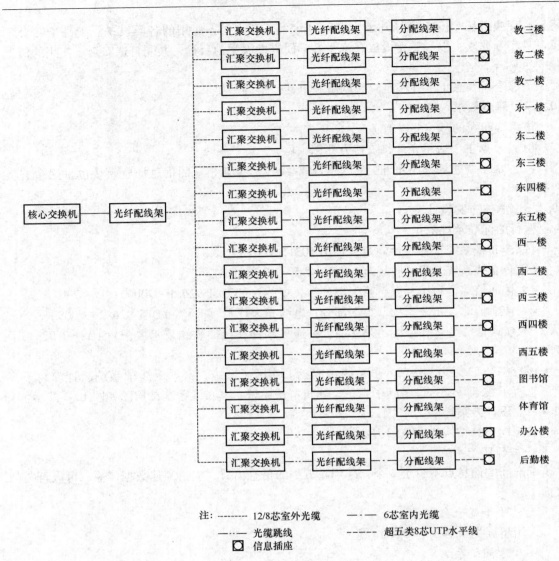

注: -------- 12/8芯室外光缆   —·— 6芯室内光缆
   —··— 光缆跳线   ------ 超五类8芯UTP水平线
   ◻ 信息插座

图 10-2   布线系统结构图

分配线间设在每个楼内，每个楼设一个分设备间。分设备间应位于建筑物的中心，靠近弱电竖井。

6. 建筑群子系统

教二楼通过光纤与校园其他楼相连。

综合布线系统通过多模、单模光纤将图书馆、教书楼、宿舍楼等楼宇进行连接，构成以位于教二楼第五层的网络中心为中心的校园网。主干网宽带为万兆、千兆。

与网络中心构成万兆、千兆连接的楼宇有：教三楼、教二楼、教一楼、办公楼、东一楼、东二楼、东三楼、东四楼、东五楼、西一楼、西二楼、西三楼、西四楼、西五楼、宿舍楼等。

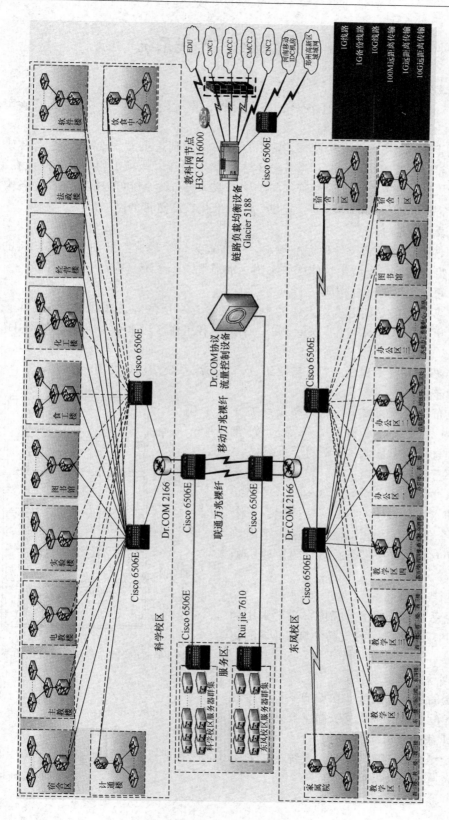

图 10-3　拓扑结构图

10.2　某实验楼综合布线系统

10.2.1　工程概况

某实验楼，地上 6 层（高度 21.6m），该实验楼 1 层为主办公区，2 ~ 6 层为实验室，办公面积 2177.28m²。

综合布线所用的线缆以及连接硬件均能以百兆传输量到达桌面，干线采用 12 芯或 8 芯的室外光缆，室内则采用 6 芯光缆和超五类 8 芯 UTP 水平线。该项工程的设备间设在 1 层，分别在第 1、3、5 层设置机柜，以便管理与维护。该综合布线系统可以满足实验中各类型通信及计算机等的传输需要和网络结构，提供一个标准化、高宽带的网络环境。

10.2.2　总体设计方案介绍

1. 根据本楼的项目要求及各种标准规定，本方案为一个较典型的树形拓扑结构的综合布线系统，实验楼的综合布线由工作区子系统、水平干线子系统、垂直干线子系统、管理间子系统和设备间子系统五部分构成。

2. 根据该实验楼的功能需求，大楼的主设备间设在一层的综合布线机房，从主设备间引线缆经桥架和竖井引至 1、3、5 层的机柜，再分至各工作区。水平布线电缆均采用超五类 8 芯 UTP 电缆。

3. 该综合布线系统工程仅由单栋建筑组成，其布线系统结构如图 10-4 所示。

10.2.3　设计详述

按照综合布线技术的要求，把此布线系统分为五块：工作区子系统、水平干线子系统、管理间子系统、垂直干线子系统、设备间子系统。

1. 工作区子系统

工作区由办公室和实验室区域构成，按照办公和实验的需求，分设 1 ~ 4 个信息插座，每个插座有 1 ~ 2 个信息点。超五类的信息插座出口可支持 100Mbit/s 的高速数据通信、图像通信和语音通信。

2. 水平干线子系统

各层水平系统对应的信息插座，全部采用超五类 4 对 UTP 双绞电缆，可支持 100Mbit/s 的传送速率。

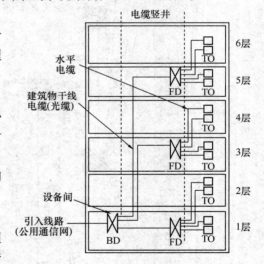

图 10-4　实验楼综合布线系统结构图

3. 管理间子系统

根据各层的数据点统计，在楼内共设 3 个楼层配线架，各配线架的位置及数据点数见表 10-1。

4. 垂直干线子系统

根据实验楼的特点及其需要，系统干线采用 6 芯多模光缆，传输速率可达 500Mbit/s 以上，满足了高速传输的需求。

5. 设备间

设备间位于实验楼一楼，靠近弱电井，可节省线缆，便于施工。

表 10-1　各楼层数据点统计

楼层　　　类型	数据点	位置/层
1 楼	9×4	主配线架、分配线架
2 楼	9×4	
3 楼	9×4	分配线架
4 楼	9×4	
5 楼	9×4	分配线架
6 楼	9×4	

10.2.4　布线要求

原则上采用该楼已经铺好的管路，如果不满足需要设计要求，应该尽量降低对原建筑的损害。

水平系统是连接设备间和工作区间的桥梁，其布线距离不应超过 90m，信息口到终端的连接线和配线架之间的连线之和不超过 10m。一般可采取两种走线方式：

1. 地面线槽走线方式

这种走线方式比较适用于有着密集的地面型信息出口的大开间办公室的情况。先在地面垫层里预先埋上线槽，主干槽从弱电井引出，沿着走廊引向各个工作间再用支架槽引向工作间内的信息点出口。线槽的容量的计算应根据水平线的外径来确定，即：

$$线槽的横截面积 = 水平线路横截面积 \times 3$$

2. 走吊顶的槽型电缆桥架方式

适用于大型的建筑物。为了保护和支持水平线，通常采用一种闭合的装配式的金属电缆桥架。

从弱电竖井引向工作间，在由预埋在墙内的不同规格的铁管将线路引到墙上的暗装铁盒内。

综合布线系统的水平线是放射型的，线量很大，所以线槽容量的计算非常重要。

10.3　某商业广场综合布线系统

10.3.1　工程概况

某商业广场由主楼和裙楼构成，主楼地上 7 层，地下 1 层，裙楼地上 3 或 4 层，地下 1 层。该建筑物中安置的有强、弱电间。地下第 1 层为超场；地上第 1～4 层为品牌专柜，第 5 层为餐饮，第 6 层娱乐城，第 7 层为办公区。

整栋大楼的数据线路、语音线路、视频线路等弱电线路以及各强电线路统一规划、设计、布线。主机房设在第 1 层的设备间，监控室设在第 7 层的总值班室。

10.3.2　总体方案介绍

1. 根据该综合性大楼的功能需求，综合布线系统由计算机网络系统、语音系统和保安监控系统等组成。

2. 系统语音要求支持电话交换机系统。

3. 设备间（建筑物配线架）设在第 1 层，每层楼都有安置楼层配线架，其中地下 1 层与地上 1 层共用楼层配线架。

4. 综合布线结构图如图 10-5 所示。

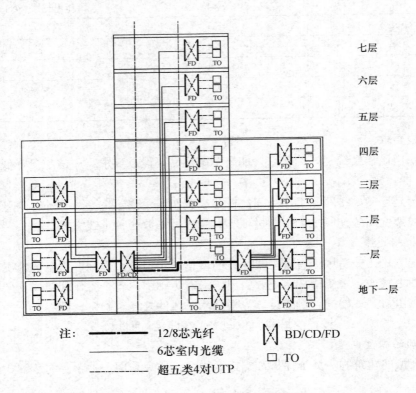

注： ────── 12/8芯光纤　　　⊠ BD/CD/FD
　　　────── 6芯室内光缆　　　□ TO
　　　------ 超五类4对UTP

图 10-5　商业综合广场综合布线结构图

10.3.3　方案设计详述

根据设计要求，本系统共分为五个子系统。

1. 工作区子系统

工作区包括插座及终端，终端包括计算机、电话机等。插座一般装双口插座，一个口用于连接数据设备，另一个口用于连接语音设备。

2. 水平干线子系统

水平干线分数据干线、语音干线两种。无论哪种，都采用超五类 4 对 UTP 双绞电缆配置。经过配线架上简单的跳线处理数据插口和语音插口可以通用。干线是从分配线架引出，通过大楼地板预埋的管道连接到相应的工作区插座上。

大楼第 7 层水平干线包括 150 根数据水平线和 160 根语音水平线，第 6 层水平干线包括 160 根数据水平干线和 160 根语音水平干线，第 5 层包括 50 根数据水平干线和 50 根语音水平干线，第 4 层到第 1 层每层水平干线都包括 80 根数据水平干线和 80 根语音水平干线，地下 1 层水平干线包括 20 根数据水平干线和 20 根语音水平干线。

3. 垂直干线子系统

数据干线采用 6 芯室内光缆，建筑群和建筑配线架位于主楼地上 1 层，楼层配线架位于主楼的地上 2、3、4、5、6、7 层，裙楼的 1、2、3、4 层。语音干线采用超五类 UTP 双绞电缆，主配线架在地上一楼，其余每层都有一个分配线架。为了方便管理和维护以及安全，干线都敷设在弱电间的 PVC 线槽内。

4. 管理间子系统

根据布线设计规范，该综合布线工程设 16 个管理区。左侧裙楼地下 1 层到地上 3 层每层设一个管理区，每层的管理区管理该层的布线，且每层的配线间安装两个配线架。右侧裙楼从地下 1 层到地上 4 层每层 1 个管理区，每层的管理区只管理该层的布线，且每层的配线间安装两个配线架。主楼地下 1 层、地上 2 层到地上 7 层都设一个管理区，其中地上 2 层管理区管理地上 1 层和地上 2 层的布线，其余管理区只管理该层的布线。此外各管理区的数据线和语音线都安装在同一个配线架上，只要在配线架上进行简单的跳线就可通用。

5. 设备间子系统

由于该楼是由主楼和裙楼构成，故需设三个设备间，位于地上 1 层的裙楼两侧和主楼。设备间包括了交换机、外连路由器、调制解调器以及用于连接干线的主配线架。

10.4　某智能化住宅小区综合布线系统

10.4.1　工程概况

某智能化住宅小区有住宅建筑 20 栋，其中高层住宅 3 栋，多层住宅 17 栋，共计 780 户居民。此小区以湖心亭为中心，设置了物业管理中心、老年文化活动中心、儿童游戏场、健身休闲区等公共场所，小区共有三个出入口，分别位于小区正南、正北和正东，各出入口均朝向马路，另外还有智能化停车场系统等配套设施。

10.4.2　总体设计方案介绍

该智能化小区综合布线系统包括 6 个子系统：工作区子系统、水平干线子系统、管理间子系统、垂直干线子系统、设备间子系统、建筑群子系统。

1. 安全防范对智能化小区有很大的作用，其中闭路电视监控系统、楼宇可视对讲系统、住宅联网报警系统等都是必不可少的。

2. 智能化大多体现在对居民生活的便捷性、舒适性，因此包括了停车场管理系统、音乐广播系统、公共设备集中监控系统、"三表"远传抄收系统。

3. 智能小区综合布线系统是小区管理、生活、通信智能化的神经系统，它以控制、通信、计算机管理为内容，以综合布线为基础，实现小区的控制管理整体智能化。

4. 该智能化小区综合布线系统原理图如图 10-6 所示。

10.4.3　系统设计方案

按照设计要求，该智能住宅小区由 6 个部分构成：工作区子系统、水平干线子系统、管理间子系统、垂直干线子系统、设备间子系统、建筑群子系统，采用星型拓扑结构连接，主要部分设计如下：

1. 工作区子系统

工作区子系统由信息插座和终端设备组成，使用 UTP 信息插座，可方便与计算机连接。

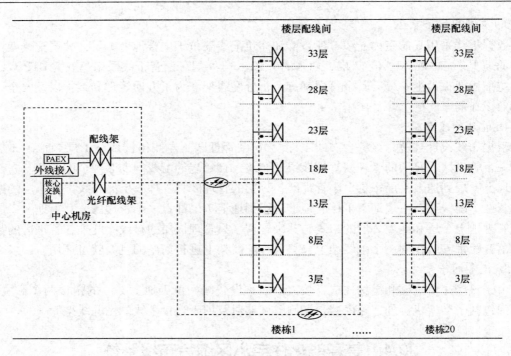

图 10-6　综合布线原理图

工作区子系统设计如下：

（1）每个家庭住户设两个数据点；

（2）管理中心每间设一个数据点；

（3）从信息插座到终端设备全部采用超五类 4 对 UTP 双绞电缆。

2. 水平干线子系统

水平干线子系统由管理间延伸到用户工作区的连接构成。水平干线子系统设计如下：

由于光纤是直接到楼的，所以楼层的水平干线子系统的连线由楼栋管理间连至每个用户插座。

数据的水平线缆采用的是超五类 4 对 UTP 双绞电缆，能在一定的范围内进行高速数据传送，使系统具有很好的灵活性，且对未来的多媒体高速数据传输均有良好的支撑。

按照有关规范，每一根线缆都不能超过 90m，且全部采用暗槽的走线方式。

3. 垂直干线子系统

该小区的垂直干线子系统设计如下：

高层住宅的管理间设在底层，多层住宅的管理间设在中间单元的底层。

由于主干采用光纤到楼，超五类 4 对 UTP 双绞电缆连接到用户工作区，因此管理间中应放置相应数量的光纤配线架和双绞配线架来连接主干和用户工作区。

4. 建筑群子系统

建筑群子系统是由连接各个建筑物之间的综合布线线缆、建筑群配线系统和跳线等组成。设计方案如下：

数据传输采用 6 芯多模光纤，使得从小区设备间至各栋楼的管理间的数据传输速率达千兆每秒。

本系统小区设备间到各栋楼管理间的连接采用星型拓扑结构，可以支持未来的扩容。

5. 设备间子系统

小区设备间是小区物业管理中心管理电信设备和计算机网络设备及配线设备的地方。设计方案如下：

设备间设在物业管理中心，与各栋居民楼间采用星型的拓扑结构。

设备间里有电话、计算机的主机设备以及相应数量的光纤配线架、大对数配线架等，为了以后能够进行扩容，这些设备都要留有足够的冗余。

住宅小区的电话系统和有线电视系统相对比较重要，设计如下：

1. 住宅小区的电话系统

由于住宅小区电话系统的主干线是由电话局铺设，故本系统只设计各楼内的电话布线。设计如下：

用户端设置：每个用户设置两条电话线路和 3～4 个电话插座，分别设在卧室、客厅和卫生间。

水平连线：由管理间至用户端插座的水平连线均采用超五类 UTP 线缆，长度不超过 90m。

2. 有线电视系统

为使该系统适应现代化信息通信网络的要求，采用 750MHz 带宽，包括增补频道在内的邻频传输系统，系统器件按双向工作考虑。信号传输线采用低损耗铜芯的同轴电缆。在每户的主卧室、起居室各安装一个信号输出端。

（1）前端部分：各信号源（包括开路电视接收信号、调频广播、地面卫星、微波以及有线电视台自办节目等）经过滤波、变频、放大、调制、混合等，使其适用于在干线传输系统中进行传输。

（2）干线部分：将系统前端部分所提供的高频电视信号通过传输媒体不失真地传输给分配系统。传输方式主要用同轴电缆。

（3）用户端部分：信号到住宅楼后都经放大器箱进行放大。

10.5 某办公大楼综合布线系统

10.5.1 工程概况

某办公大楼高 8 层，计算机中心设在第 1 层，电话主机房也设在第 1 层，均独立而设。每层 40 个数据点、40 个语音点，总计 320 个数据点、320 个语音点；数据、语音水平系统均使用五类非屏蔽双绞线；数据垂直主干系统采用光纤，语音垂直主干系统采用五类 25 对大对数电缆。

10.5.2 布线设计方案

根据设计要求，该布线系统由工作区子系统、水平干线子系统、管理子系统、垂直干线子系统、设备间子系统构成。本方案充分考虑到布线系统的可靠性、安全性、扩充性以及传输特性。

1. 工作区子系统

工作区是由信息插座以及终端设备组成。工作区共设数据点 320 个，语音点 320 个。全部采用超五类 UTP 双绞电缆，能够满足信息高速传输。数据点、语音点在每层的分布见表 10-2。

表 10-2　工作区子系统数据、语音分布表

楼层	数据点	语音点	总计	非屏蔽五类跳线 （条）	T568AB 插座芯 （个）	国际防尘墙盒面板 （个）
8	40	40	80	40	80	40
7	40	40	80	40	80	40
6	40	40	80	40	80	40
5	40	40	80	40	80	40
4	40	40	80	40	80	40
3	40	40	80	40	80	40
2	40	40	80	40	80	40
1	40	40	80	40	80	40
总计	320	320	640	320	640	320

2. 水平干线子系统

水平干线子系统是由建筑物各管理间至各工作区间的电缆构成。为了使系统信息能够高速传输，该系统采用超五类 UTP 双绞电缆。

3. 管理间子系统

管理间子系统连接水平电缆和垂直干线，是综合布线系统中关键的一环。它包括快接式配线架、理线架、跳线和必要的网络设备。数据系统层管理间的设备配置见表 10-3。

表 10-3　数据系统层管理间设备配置表

楼层	数据点	24 口 配线架	32 口 配线架	1U 配 线架	6U 配 线架	6 口壁 挂机架	ST 耦 合器	1m 尾纤	2MSC/ST 双芯跳线
8	40	1	1	2	1	1	6	6	1
7	40	1	1	2	1	1	6	6	1
6	40	1	1	2	1	1	6	6	1
5	40	1	1	2	1	1	6	6	1
4	40	1	1	2	1	1	6	6	1
3	40	1	1	2	1	1	6	6	1
2	40	1	1	2	1	1	6	6	1
1	40	1	1	2	1	1	6	6	1

4. 垂直干线子系统

垂直子系统是由连接设备间和各层管理间的干线构成，任务是将各层楼层管理间的信息传递到设备间并送至最终接口。该数据系统采用 6 芯多模室内光纤，能够满足信息高速传输。语音系统采用超五类 25 对非屏蔽电缆。

5. 设备间子系统

设备间子系统是整个布线系统的中心单元，计算机中心设在第 1 层，电话主机房也在第

1 层，实现每层楼汇接来的电缆的最终管理。计算机中心设备统计表见表 10-4。

表 10-4 计算机中心设备统计表

序号	种类	数量
1	24 口光纤交接箱	1 套
2	48 口光纤交接箱	1 套
3	ST 耦合器	60 个
4	1m 尾纤	60 条
5	2MSC/ST 双芯跳线	10 条
6	36U 机柜	1 套

10.6 某图书馆综合布线系统

10.6.1 工程概况

某图书馆高 6 层，计算机中心设在第 1 层。其中第 1 层和第 6 层设有教师办公室，第 4 层和第 5 层设置有图书阅览自习室，同时为了实现电子检索和电子图书的阅览，在第 6 层设有专门的计算机机房。网络内的普通数据和多媒体数据的传输量比较大，要求建立通信和计算机网络实现信息通信自动化，为此需建立合适的综合布线系统，以适应图书馆的发展应用需求。

10.6.2 方案详述

根据设计要求，本系统由工作区子系统、水平干线子系统、管理子系统、垂直干线子系统、设备间子系统构成。整体综合布线如图 10-7 所示。

1. 工作区子系统

工作区子系统是由信息插座、连接线以及终端设备组成。为了能实现数据高速传输，本系统全部采用超五类 4 对 UTP 双绞电缆。根据布局要求，合理的安排信息插座的数量和位置。

2. 水平干线子系统

水平干线子系统是连接各楼层管理间到工作区间的水平电缆。根据设计要求，采用超五类 4 对 UTP 双绞电缆。传输速度能够达到 100Mbit/s 以上。水平干线通过大楼预埋的管道连接到工作区间。

3. 管理间子系统

管理间是连接水平电缆和垂直干线的系统。它包括配线架、跳线、理线架和必要的网络设备，是综合布线系统的关键的一个环节。为了方便管理，每一层设置一个管理间。

4. 垂直干线子系统

垂直干线子系统是连接设备间到各楼层的管理间的电缆。为了能够实现数据高速传输，采用 6 芯的室内光纤。

5. 设备间子系统

根据设计及大楼结构，设备间设在一楼，里面包括主配线间、交换机、跳线等。

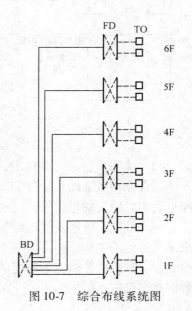

图 10-7 综合布线系统图

10.7 某市智能卡口系统集成工程

10.7.1 工程概况

随着城市交通网络的发展，政府部门对城市交通管理也面临重重困难。面对着近年来与机动车有关的事故层出不穷的问题，某市建立了智能卡口系统。此智能卡口系统是城市安防的第一道防护线，是加强社会治安，防范和打击涉车、涉路等现行违法犯罪的重要措施。此系统能够全天候检测过往车辆，能准确地测量通过车辆的行驶速度，并对过往超速车辆进行抓拍，对过往车辆进行图像抓拍记录，实时识别出车辆的牌照和司乘人员，记录在中心数据库系统中。该智能卡口系统的自动报警功能能大幅度减轻警察的工作量，迅速提高案件的侦破情况。

10.7.2 方案设计详述

1. 技术方案设计

（1）系统总体网络架构，如图 10-8 所示。

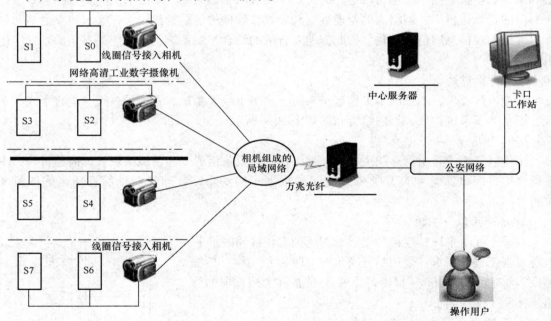

图 10-8 系统总体网络架构

（2）本系统由三部分组成：前段抓拍系统、中心管理系统和网络通讯系统。

前段抓拍系统能对经过卡口的车辆进行抓拍，获得车辆及车内人员的图像等信息，而且能自动实时地识别车牌号，记录该车辆及驾驶员的特征等数据。

中心管理系统主要实现对各卡口设备实时的控制和处理，对可疑的车辆及违法人员进行记录及处罚等工作。中心系统还可以设立一个 WEB 数据库服务器，安装有 ORACEL 数据库，让它收集服务器上的数据，掌握全部的通过卡口的车辆信息。网络通讯系统主要是实现数据和图像信息的传输。

（3）中心网络拓扑图，如图 10-9 所示。

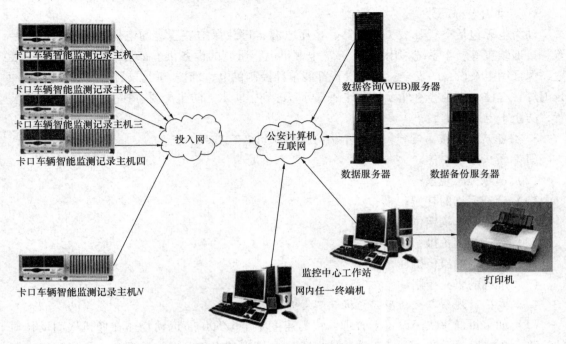

图 10-9　中心网络拓扑图

2. 卡口系统方案设计

（1）工作原理

卡口由车辆检测部分、图像采集抓拍部分、主控计算机部分、辅助光自动控制部分、动力电源部分等组成。

（2）车辆检测部分

系统靠感线圈来检测车辆的到达信息。车辆检测是由地感线圈、车辆检测器两部分组成。

地感线圈的工作原理是涡流传感，车辆检测器为线圈提供频率稳定的交变电磁场，一旦有车辆经过线圈，车辆的金属底盘会产生涡流，而涡流电磁场又反过来影响线圈中的频率，车辆检测器就是根据线圈中变化的频率判断车辆经过的信息，并给出相关的信号。

（3）检测与图像采集抓拍部分

本系统中我们采用高清晰工业摄像机对车辆进行抓拍以及车牌的识别。

我们在每一个车道上安装一个专业的高清晰的摄像机，这样不仅能够清晰地分辨汽车牌照，且能清晰地分辨车内人员的面部特征。

（4）辅助光自动控制部分

为了更好地拍摄车内人员的面部特征，我们用频闪光给汽车驾驶室补光。辅助光自助控制装置由脉冲频闪灯和控制电路组成，主要用于增亮车内照明亮度和夜间智能补光。

（5）主控计算机部分

主控机是整个系统的核心部分。由工业控制计算机、卡扣车辆智能检测记录软件组成。车牌识别软件可以识别 0～9 十个阿拉伯数字，26 个大写英文 A～Z 以及车牌常用汉字，车牌颜色等。

（6）动力电源部分

动力电源包括空气开关、断路器、稳压电源、过载保护装置、漏电保护装置、防雷装置、接地装置等。本系统采用220V交流电源供电，所有的设备供电都要经过必要的安全装置，保证用电及设备的安全。各类设备都能单独控制供电，维护方便。摄像机防护罩、脉冲频闪灯、立柱、机柜等室外设备设计都充分考虑到了防水、防尘需要。在立柱上安装避雷装置，防止雷电破坏。

3. 要想清晰拍摄高速行驶中的车辆，必须做到以下几点

（1）镜头准确对焦；

（2）消除拖尾现象；

（3）合理适当的补光；

（4）准确的车辆定位；

（5）高速触发拍摄；

（6）高清晰的摄像机；

（7）准确的曝光控制。

4. "拖尾"现象产生的原因分析和解决方案

（1）如果摄像头快门设置不合理，快门速度小于1/500s，运动物体在像机快门动作时的位移量会被记录下来，造成运动物体发生径向模糊的现象，即拖尾现象。将快门提高至1/500s以上固定即可。

（2）图像采集方式不合理。普通的摄像机扫描系统是采用隔行扫描方式，每秒钟快门打开50次，产生25帧图像，而每帧图像由奇数场和偶数场构成。在观看动态图像时，由于人视觉的暂留现象，画面会很流畅。但如果以帧采集的方式获取图片，则会获得一副由两场组合的图像，画面即会出现"拖尾"现象。解决方案：每次采集只能采集一场的图像，这就使得采集下来的图像更加清晰。

5. 摄像机没有拍到车牌的原因和解决方案

（1）车辆检测器响应速度慢，图像采集同步速度慢，当系统采集相片时，车牌已经离开了拍摄区域。因此我们设计的车辆的检测器响应的速度应不少于5ms，完全满足拍摄的要求。

（2）普通摄像机是场同步失序为20ms，即使采用了5ms的检测器，计算机采集图像也会延时25ms，当车辆的速度很大时，就会使车牌离开像机的取景范围。而我们采用的高清晰的工业摄像机是采用异步触发方式采集图像，即当一有检测器的触发信号，像机就立即异步采集，几乎没有同步延时时间，故所拍摄的车牌也不会超出拍摄区域。

6. 夜间补光设备选型的技术分析及依据

大部分的卡口都在无路灯的场合，即使选用超低度的摄像机，也不能看清车辆和车牌，加上车辆的大灯对图像产生直接的影响，因此有效的补光是解决夜间成像质量的关键。

传统的补光方式能耗高，既不经济也影响车内人员的视线。我们的解决方案是采用脉冲频闪灯配合弱金卤灯的补光方式，我们专门为卡口应用设计了小功率的脉冲频闪灯，应用视频同步技术，需要采集的那一场时同步进行闪光，短时间的强光可使图像质量达到最佳。

7. 白天逆光和强光的解决技术分析和依据

一般卡口均采用逆光补偿和强光抑制的摄像机来解决逆光和强光问题。但是摄像机的这两种功能启动需要较长时间，故无法很好地识别车牌。

因此，我们采用可远程控制曝光的摄像机，当拍摄车辆时，软件会自动分析并调节图像的亮度和车牌的亮度，从而使图像的亮度和对比度达到最佳，提高了车牌的识别率。

10.7.3 工作流程

当有车经过测速点时，2个感应线圈检测到车辆经过，车辆检测器立即发触两个触发信号，高清摄像机根据这2个收到的触发信号完成车速计算，启动控制设备自动控制脉冲频闪灯闪光，同时抓拍车辆图像并传送到后端主控计算机中；计算机对该图像进行处理，自动识别出车牌的号码字符及颜色，记录下车辆通过时间、车速、车长、前部特征图像和车辆全景图像，所有可能的信息上传到中心，录入数据库以备查询。测速点的高清摄像机全天候实时监控道路过往的每一辆机动车，并对超速车辆实施抓拍。

10.8　某居民楼综合布线系统

10.8.1 工程概况

某小区一幢居民楼，居住面积 $2177.28m^2$，地上9层（高度27m），地下1层，1至9层均为居民住房，地下1层为业主车库和设备间。该综合布线系统主要目的为满足居民日常网络、电话通信、闭路电视系统的需要。

数据干线采用12芯或8芯的室外光缆，室内则采用6芯光缆和超五类8芯UTP水平线，语音主干线采用三类大对数电缆。水平线缆语音采用超五类四对UTP双绞线。闭路电视系统则采用同轴电缆。

10.8.2 总体设计方案介绍

根据本楼的项目要求及行业标准规范，本方案采用较典型的树形拓扑结构的综合布线系统，本居民楼的综合布线由工作区子系统、水平干线子系统、垂直干线子系统、管理间子系统和设备间子系统五部分构成。

根据该居民楼的功能需求，大楼的主设备间设在地下一层的弱电机房，从主设备间引线缆经竖井引至各楼层机柜，再由桥架分接至各工作区。水平布线电缆均采用超5类8芯UTP电缆。

该综合布线系统工程施工对象为单栋建筑，其布线系统结构如图10-10所示。根据安防的要求，其电视监控系统如图10-11所示。

10.8.3 设计详述

按照综合布线技术的要求，把此布线系统分为五块：工作区子系统、水平干线子系统、管理子系统、垂直干线子系统、设备间子系统。

1. 工作区子系统

工作区位于居民生活区，按照家庭的一般需求，设2个信息插座，每个插座为2个信息点。采用超五类的信息插座出口可支持高速数据通信、图像通信和语音通信。

2. 水平干线子系统

考虑到双绞线的长度限制（链路距离为90m），大楼各层水平系统对应UTP信息插座，

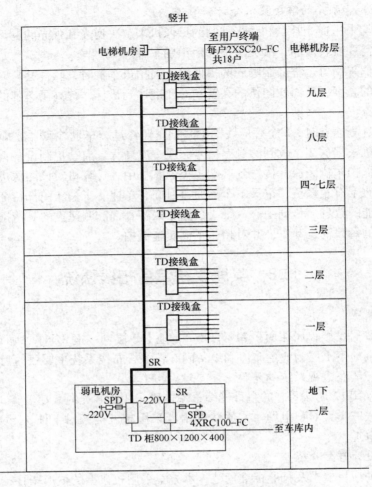

图 10-10　居民楼综合布线系统结构图

全部采用超五类 4 对 UTP 双绞电缆配置，可支持 100Mbit/s 的传送速率。

3. 管理间子系统

根据各层的数据点统计，考虑到经济因素与实际需求，在楼内共设 3 个楼层配线架，各配线架的位置及数据点数见表 10-5。

表 10-5　楼层数据点统计

楼层	类型数量	数据点	位置（层）
1 楼		2×4	主配线架、分配线架
2 楼		2×4	
3 楼		2×4	
4 楼		2×4	分配线架
5 楼		2×4	
6 楼		2×4	
7 楼		2×4	分配线架
8 楼		2×4	
9 楼		2×4	

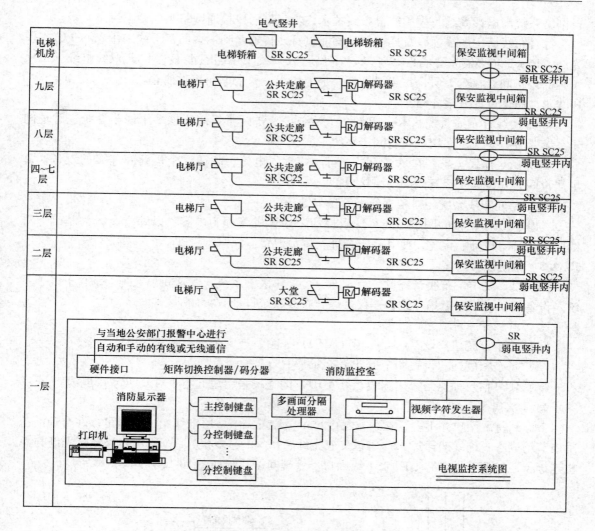

图 10-11　电视监控系统图

4. 垂直干线子系统

垂直干线子系统是综合布线的骨干部分，主要连接大楼综合布线系统设备机房与管理子系统楼层配线架连接。系统干线采用 6 芯多模光缆，传输速率可达 500Mbit/s 秒以上，满足了高速传输的需求。

5. 设备间子系统

设备间位于地下一层，靠近弱电井，可节省线缆，便于施工。该子系统包括楼内数字程序交换机、计算机网络服务器及互联设备、管理工作站和主配线架等。

10.9　某高层居民楼的网络与电话综合布线系统

10.9.1　工程概况

某高层居民楼的网络与电话系统，其楼高 33 层，分为 4 个单元，共 130 户居民。楼内设网络系统与电话系统，应用综合布线技术，为每位居民接通网络与电话系统。

综合布线所用的线缆以及连接硬件均能以百兆传输量到达桌面，干线采用 32 × 2 芯多模光纤、16 × 2 芯多模光纤或 8 × 2 芯多模光纤，入户线采用超五类 8 芯 UTP 双绞电缆。该项工程的设备间设在第 1 层，每 4 层设立一个配线间，每个单元相对独立。

10.9.2　总体设计方案介绍

1. 本楼综合布线系统基本包括 5 个子系统：工作区子系统、水平干线子系统、管理间子系统、垂直干线子系统、设备间子系统。

2. 为满足居民需求，在总机房设立可与移动、电信、联通 3 个运营商连接的设备，每个居户同时开设 3 个运营商的网络接口。

3. 每单元布线系统相对独立便于管理与维护。

4. 本高层居民楼的网络布线系统以通信、计算机管理为内容，以综合布线为基础，对线路进行统筹设计、优化，使其趋于合理，避免浪费。

10.9.3　系统设计方案

按照设计要求，布线系统可分为 4 部分：工作区子系统、管理间子系统、垂直干线子系统、设备间，采用星型拓扑结构连接。综合布线系统设计方案如下。

1. 工作区子系统

（1）每个家庭住户设家居配线箱（AHD）一个，与 3 个运营商的入户线连接；

（2）每个家庭住户设置两个 UTP 信息插座；

（3）UTP 信息插座与家居配线箱（AHD）的连接采用超五类 4 对 UTP 双绞电缆。

2. 管理间子系统

考虑到每层用户并不多，在本方案中每 4 层设置一个楼层配线架，这样可以在合理的范围内节约成本，配线架通过 32 × 2 芯多模光纤、16 × 2 芯多模光纤或 8 × 2 芯多模光纤与总机连接，通过超五类 8 芯 UTP 水平线入户。管理间子系统如图 10-12 所示。

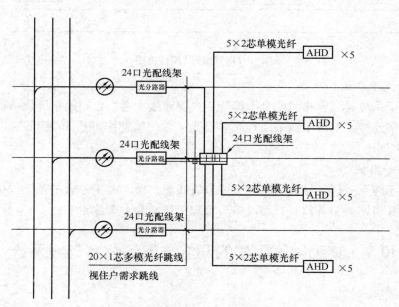

图 10-12　管理间子系统

3. 垂直干线子系统

考虑到维护和管理，每个单元布线应当相对独立，布线如图 10-13 所示。

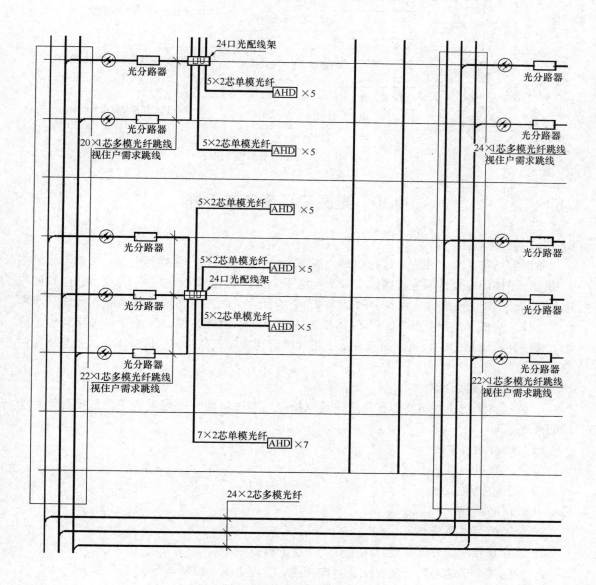

图 10-13　垂直干线子系统

4. 设备间子系统

设备间是现代楼宇中必不可少的设计，是容纳了电信设备、计算机网络设备和配线设备的地方。在本设计方案中考虑到用户需求，设立移动、电信、联通 3 个运营商的设备，以满足不同住户的需求。如图 10-14 所示。

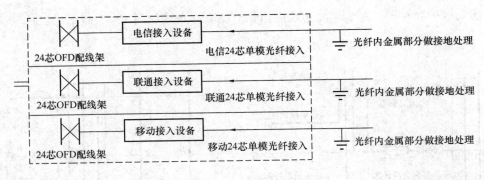

图 10-14　设备间子系统

10.10　某医院系统集成工程

10.10.1　工程概述

　　某医院是集手术、住院、医疗护理、医学示教、远程医疗、多媒体会议、医院办公等多种功能于一体的综合性研究型医院。该医院地下 1 层，地上 12 层，总共 13 层，总建筑面积达 33000m² 。其中内部含有 446 个网点，423 个语音点。此建筑将现代化医院与智能建筑综合于一体，构成了数字化医院，不仅体现了现代化医院的建筑设计智能化、医疗环境家庭化、楼宇环境园林化的特色，而且满足了现代医院智能化人员密集、设备密集、信息密集的三个特点。

10.10.2　总体方案介绍

　　1. 根据本医院项目功能需求及现代建筑特点，本医院项目楼宇系统工程包括如下 5 个功能系统：

　　（1）综合布线系统。

　　（2）计算机网络系统。

　　（3）有线电视系统。

　　（4）广播系统。

　　（5）医护对讲系统。

　　2. 综合布线系统设备间设在医院楼的 2 层的设备室中。

　　3. 医院楼 1 层的消防控制室配备有电视墙、管理电脑、控制器等。

　　4. 整栋医院楼的网络总设备间以及语音总设备间均设在医院楼 2 层的网络中心机房。

　　5. 有线电视总设备间设在医院楼 1 层。

10.10.3　方案设计详述

　　根据设计要求，本系统集成共分为五个功能系统。

　　1. 工作区子系统

　　（1）综合布线系统

　　有终端设备连接到信息插座的连线，包括信息插座、连接线、适配器等，信息插座为 6芯［RJ45］的标准插口，双交机。如图 10-15 所示。

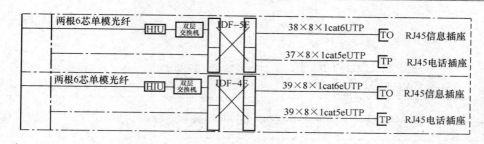

图 10-15 信息连线图

（2）计算机网络系统

有插座及终端，终端包括计算机、电话机等。插座安装双口插座，一个口用于连接数据设备，另一个口用于连接语音设备。

（3）有线电视系统

在医生及护士值班室、医院会议室、休息室、候诊大厅、住院部每个病房等场所根据场所需求设置相应电视。机房设置有市政有线电视信号的接收设备，其中包括前端机、调制器、混合器、放大器、分配器、分支器以及传输线缆、75Ω 连接电阻、终端用户机顶盒。如图 10-16 所示。

（4）广播系统

在控制室安装 DVD、话筒、采播工作站、交换机、网络控制器，在各层楼设一个网络中端和功放器，医生及护士办公室、医院会议室、等候诊区、休息区、走廊等安装广播扬声器。系统按防火分区和使用功能要求划分广播分区，任何时候都可以根据需要对独立的范围进行广播。如图 10-17 所示。

（5）医护对讲系统

在医院的各个科室的病房内和打针输液的病床附近设有医护对讲求助系统，在护士站设置护士站模数可视对讲机、无线主机转换器、无线主机、电源液晶屏控制盒，每个病房设一个分机，每一个床位设一个床头呼叫分机、一个信号灯及一个输液报警器，每个洗手间设置一个防水沐浴呼叫按钮，走廊指示，呼叫系统示意图如图 10-18 所示，各楼层呼叫系统布线图如图 10-19 所示。

2. 水平干线子系统

水平干线子系统由信息插座、信息转接点、水平 6 芯单模电缆等设备构成。有线电视系统采用 SYWV-75-5-SC20-WCFC；广播系统采用 ZNB-BYJ-2×1.5mm SC20。医护对讲系统采用 RVV2×0.5mm，ZBN-BV2×0.5mm。

3. 垂直干线子系统

垂直干线子系统采用超五类 UTP 双绞电缆；计算机网络系统的数据主干采用 6 类低烟无卤双绞线；语音主干采用 3 类 25 对大对数电缆；有线电视系统广播系统干线采用 SYWV-75-9-SC80；医护对讲系统干线采用 RVV2×3.5mm。

4. 管理间子系统

根据综合布线设计规范，该综合布线工程每层安装两个配线架，弱电线安装在配线架内相对独立。有线电视系统每四层安装一个分线盒，每层楼的护士值班室安装一台二端网主机，便于管理相应楼层的病房。

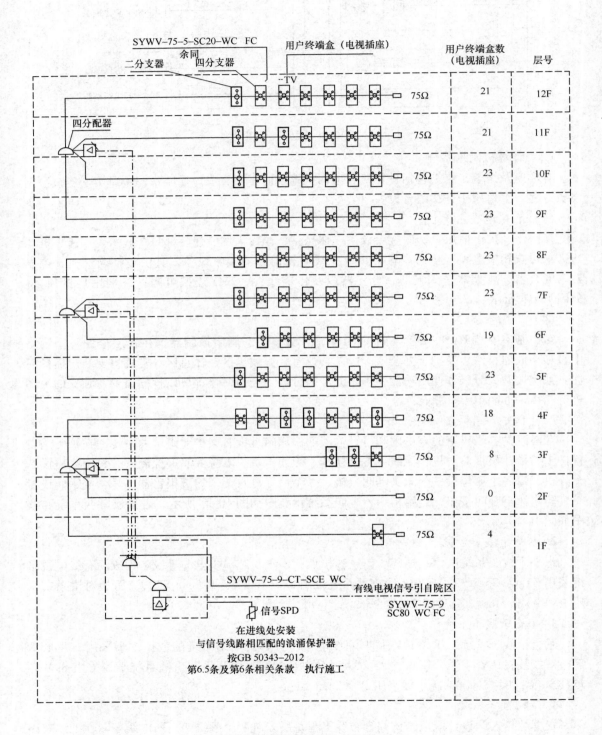

图 10-16　有线电视布线图

5. 设备间子系统

每个设备间均配有交流三相电源、单相电源、直接电源，USP、稳压电源、配电柜等各

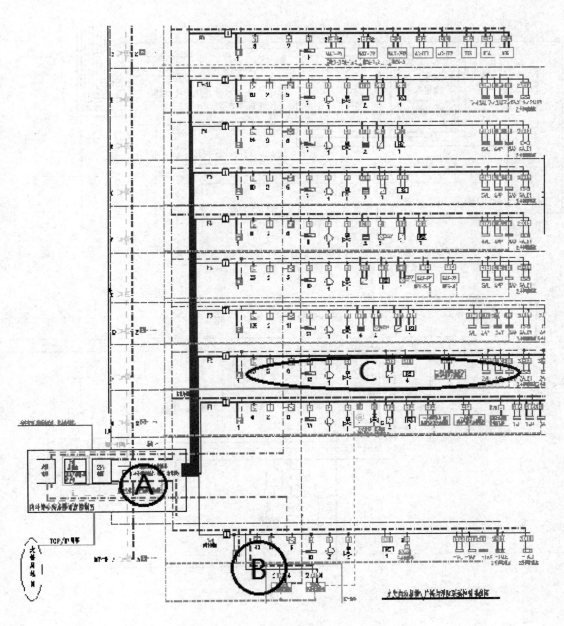

图 10-17 广播系统连线图（一）

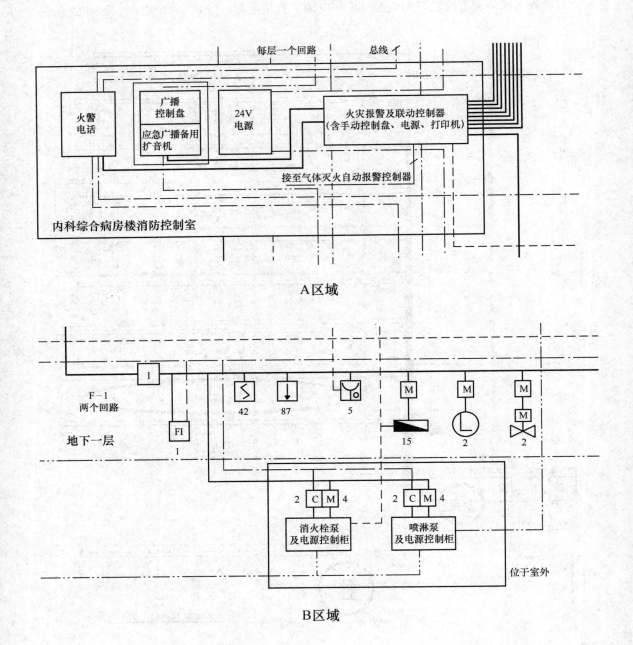

图 10-17　广播系统连线图（二）

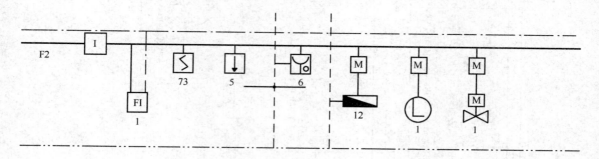

C₁区域

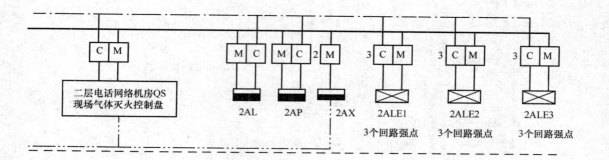

C₂区域

图 10-17 广播系统连线图（三）

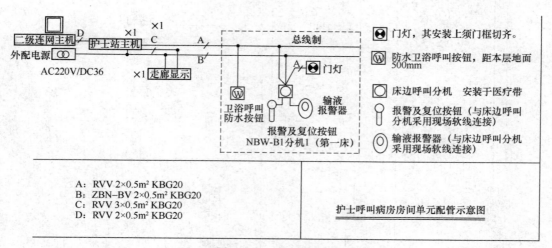

图 10-18 呼叫系统示意图

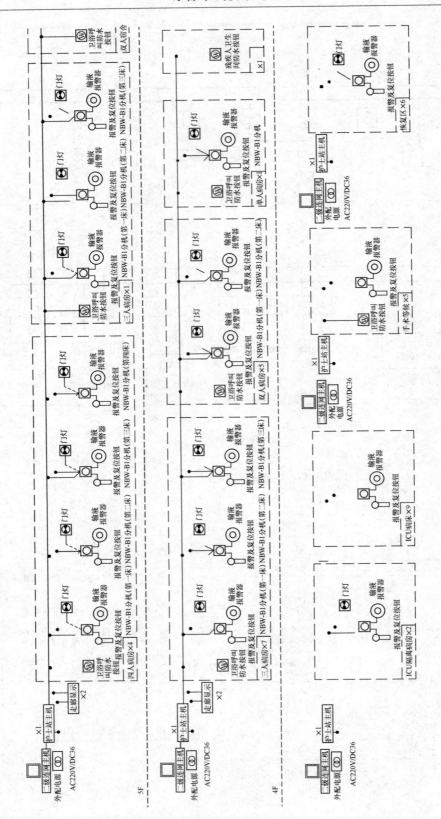

图 10-19　各楼层呼叫系统布线图

种主机配线设备及配线保护设备。除此之外消防控制室还有火警报警器、广播控制器、24V电源、火灾报警及智能控制器、打印机等。

10.10.4　方案的优越性

　　本方案是按照设计规范要求设计的，做到了节能、节约投资降低建设低成本、按需求的多元化设计、无缝集成的统一，实现了现代智能建筑的统一规划和设计的要求。

复习与思考题

　　1. 某大学的综合布线有何优点？某大学综合布线的基本要求是什么？配线架一般怎么布放？

　　2. 办公室和实验室区的工作子系统该如何设计？地面线槽走线方式和走吊顶的槽型电缆桥架方式各适用于什么情况？为什么？

　　3. 某商业广场综合布线系统有哪几个系统？某商业广场综合线系统工作区由什么组成？

　　4. 智能化小区综合布线的设计要求是什么？智能化住宅小区工作区子系统设计有何要求？

　　5. 图书馆综合布线系统应该满足怎样的需求？

　　6. 智能卡口系统集成工程工作原理是什么？

　　7. 现代智能化医院的综合布线有何优越性？

附录

表1 英文缩写语说明

英文缩写	英文名称	中文名称或解释
ACR	Attenuation to crosstalk ratio	衰减串音比
BD	Building Distributor	建筑物配线设备
CD	Campus Distributor	建筑群配线设备
CP	Consolidation Point	集合点
dB	dB	电信传输单元:分贝
d. c.	direct current	直流
EIA	Electronic Industries Association	美国电子工业协会
ELFEXT	Equal Level Far End Crosstalk Attenuation (Loss)	等电平远端串音衰减
FD	Floor Distributor	楼层配线设备
FEXT	Far End Crosstalk Attenuation (Loss)	远端串音衰减 (损耗)
IEC	International Electrotechnical Commission	国际电工技术委员会
IEEE	The Institute of Electrical and Electronics Engineers	美国电气及电子工程师学会
IL	Insertion Loss	插入损耗
IP	Internet Protocol	因特网协议
ISDN	Integrated Services Digital Network	综合业务数字网
ISO	International Organization for Standardization	国际标准化组织
LCL	Longitudinal to differential Conversion Loss	纵向对差分转换损耗
OF	Optical Fibre	光纤
PSNEXT	Power Sum NEXT attenuation	近端串音功率和
PSACR	Power Sum ACR	ACR 功率和
PS ELFEXT	Power Sum ELFEXT attenuation	ELFEXT 衰减功率和
RL	Return Loss	回波损耗
SC	Subscriber Connector (optical fibre connector)	用户连接器 (光纤连接器)
SFF	Small Form Factor connector	小型连接器
TCL	Transverse Conversion Loss	横向转换损耗
TE	Terminal Equipment	终端设备
TIA	Telecommunications Industry Association	美国电信工业协会
UL	Underwriters Laboratories	美国保险商实验所安全标准
Vr. m. s	Vroot. mean. square	电压有效值
APC	Angled Physical Contact	光纤连接器的插芯端面为8°角
dBm	dBm	取1mW作基准值,以分贝表示的绝对功率电平
dBmo	dBmo	取1mW作基准值,相对于零相对电平点,以分贝表示的信号绝对功率电平
EPON	Ethernet Passive Optical Network	基于以太网方式的无源管网络

英文缩写	英文名称	中文名称或解释
FC	Fiber Channel	光纤通道
FDDI	Fiber Distributed Data Interface	光纤分布数据接口
FRP	Fiberglass-Reinforced Plastics	聚酯纤维, 用于光纤中的一种非金属加强材料
FTTB	Fiber To The Building	光纤到楼宇
FTTC	Fiber To The Curb	光纤到路边
FTTD	Fiber To The Desk	光纤到桌面
FTTH	Fiber To The Home	光纤到家庭用户
FTTO	Fiber To The Office	光纤到办公室
GPON	Gigabit-capable Passive Optical Network	千兆能力的无源光网络
ITU-T	International Telecommunication Union-Telecommunications	国际电信联盟-电信 (前称 CCITT)
LAN	Local Area Network	局域网
OBD	Optical Branching Device	光分路器
ODN	Optical Distribution Network	光配线网
OLT	Optical Line Terminal	光纤路终端
ONU	Optical Network Unit	光网络单元
PC	Physical Contact	光纤连接器的一种端面形式
PON	Passive Optical Network	无源光网络
UNI	User Network Interface	用户网络接口
UPC	Ultra Physical Contact	光纤连接器的一种端面形式
VOD	Video On Demand	视像点播
WAN	Wide Area Network	广域网
TO	Telecommunications Outlet	信息点

参 考 文 献

[1] 中华人民共和国住房和城乡建设部. 综合布线系统工程设计规范（GB 50311—2016）[S]. 北京：中国计划出版社，2017.

[2] 中华人民共和国住房和城乡建设部. 综合布线系统工程验收规范（GB/T 50312—2016）[S]. 北京：中国计划出版社，2017.

[3] 中华人民共和国住房和城乡建设部. 智能建筑设计标准（GB 50314—2015）[S]. 北京：中国计划出版社，2015.

[4] 中华人民共和国住房和城乡建设部. 建筑物防雷设计规范（GB 50057—2010）[S]. 北京：中国计划出版社，2011.

[5] 中华人民共和国住房和城乡建设部，中华人民共和国国家质量监督检验检疫总局. 建筑物防雷工程施工与质量验收规范（GB 50601—2010）[S]. 北京：中国计划出版社，2011.

[6] 中华人民共和国住房和城乡建设部. 建筑物电子信息系统防雷技术规范（GB 50343—2012）[S]. 北京：中国建筑工业出版社，2012.

[7] 张宜，陈宇通等. 综合布线系统白皮书 [M]. 北京：清华大学出版社，2010.

[8] 中国建筑标准设计研究院. 住宅小区建筑电气设计与施工 [Z]. 12DX603. 北京：中国计划出版社，2014.

[9] 中国建筑标准设计研究院. 综合布线系统工程设计与施工 [Z]. 08X101 - 3. 北京：中国计划出版社，2008.

[10] 杨威. 网络工程设计与系统集成 [M]. 北京：人民邮电出版社，2010.

[11] 秦智. 网络系统集成 [M]. 北京：北京邮电大学出版社，2010.

[12] 黎连业. 计算机网络系统集成技术基础与解决方案 [M]. 北京：机械工业出版社，2013.

[13] 吴达金. 综合布线系统管理教程 [M]. 北京：北京大学出版社，2012.

[14] 杨堃，白皓. 网络综合布线 [M]. 北京：北京航空航天大学出版社，2009.

[15] 杨树峰. 招投标与合同管理 [M]. 重庆：重庆大学出版社，2013.

[16] 刘伊生，刘菁. 建设工程招投标与合同管理（第 2 版）[M]. 北京：北京交通大学出版社，2014.

[17] 杨国庆，张志钢. 网络通信与综合布线技术 [M]. 天津：天津大学出版社，2008.

[18] 黎连业. 网络综合布线系统与施工技术 [M]. 北京：机械工业出版社，2011.

[19] 胡金良，王彦，刘书伦. 综合布线系统工程技术 [M]. 北京：北京师范大学出版社，2014.

[20] 刘化君. 综合布线系统 [M]. 3 版. 北京：机械工业出版社，2014.

[21] 郝文化. 网络综合布线设计与案例 [M]. 北京：电子工业出版社，2008.

[22] 王勇，刘晓辉等. 网络综合布线与组网工程（第 2 版）[M]. 北京：科学出版社，2011.

［23］ 李瑛，郝宁等. 综合布线技术教程［M］. 北京：人民邮电出版社，2011.

［24］ 安永丽，张航，毕晓峰. 综合布线与网络设计案例教程［M］. 北京：清华大学出版社，2013.

［25］ 王公儒. 网络综合布线系统工程技术实训教程［M］. 2 版. 北京：机械工业出版社，2012.

［26］ 姜大庆，洪学银. 综合布线系统设计与施工［M］. 北京：清华大学出版社，2011.

［27］ 谢希仁. 计算机网络［M］. 6 版. 北京：电子工业出版社，2013.

［28］ 杨陟卓. 网络工程设计与系统集成（第 3 版）［M］. 北京：人民邮电出版社，2014.

［29］ 刘彦舫，褚建立. 网络工程方案设计与实施［M］. 北京：中国铁道出版社，2011.

［30］ 李银玲. 网络工程规划与设计［M］. 北京：人民邮电出版社，2012.

［31］ 奥本海默. 自顶向下网络设计［M］. 北京：人民邮电出版社，2011.

［32］ 吴建胜等. 路由交换技术［M］. 北京：清华大学出版社，2010.

［33］ 杨云江. 计算机网络管理技术［M］. 北京：清华大学出版社，2010.

［34］ 石炎生. 计算机网络工程实用教程［M］. 北京：电子工业出版社，2012.

［35］ 多伊尔，卡罗尔. TCP/IP 路由技术［M］. 北京：人民邮电出版社，2007.

［36］ 王慧升. 网络系统方案的可靠性测试［J］. 网络与信息，2011（03）.